シリーズ 原子力発電と地域　第2巻

# 原子力発電と地方財政

——「財政規律」と「制度改革」の展開——

井 上 武 史 著

晃 洋 書 房

# はしがき

　本書は，原子力発電と地域の関係について2つの視点，すなわち政策と財政の視点から論じた2巻の書物のうちの第2巻（財政編）である．

　原子力発電と地域の関係について多く言われるのは，国策としての原子力政策に対する地域の「協力」，あるいは，原子力発電所や関連施設の立地に対する地域経済や地方財政の「依存」であろう．その大半が批判的立場から論じられているように思われる．

　そのような指摘も確かに地域の一面であるかもしれない．しかし，それだけでないこともまた事実である．本シリーズ第1巻では地域政策に焦点を当て，原子力発電所立地地域が「国策への協力」や「地域の依存」だけでは表すことのできない「自治の実践」を進めてきたことを明らかにした．本書は，地方財政の面でも立地地域が主体的に原子力発電と関わってきた側面があり，「財政規律」と「制度改革」によって持続性を備え自立した財政構造の確立を進めてきたことを述べる．

　本書の意図が主に3つあることも，本シリーズ第1巻と同様である．第1に，これまでの原子力発電と地域の関係について，依存だけでない側面があったことを明らかにすることである．積極的に評価できる部分の存在は，原子力発電と地域の関係をめぐる議論に新たな展開をもたらすであろう．

　第2に，これからの原子力発電と地域の関係についても，立地地域の取り組みに対する理解が重要な役割を果たすことを述べることである．東日本大震災とそれにともなう東京電力福島第一原子力発電所の事故を受けて，原子力政策の見直しが進められている．原発事故の甚大な被害をみれば当然のことであろう．そこで，原子力発電所立地地域も原子力政策の見直しによって大きな影響を受けることが予想される．新たな政策を適切に推進するためには，財政面でも依存の認識だけでは捉えられない側面を積極的に理解し，今後に活かせるものを今の時点で検証することは大きな意義がある．そこで必要となるのが，財政規律と制度改革への着目である．

　第3に，原子力発電だけでなく多様なエネルギーと地域のこれからの関係に

ついても，原子力発電所立地地域における財政が重要な役割を果たすことを述べることである．エネルギー政策の見直しによって，エネルギーと地域の関係も多様化するであろう．しかし，原発事故への反省が従来のエネルギー政策を過度に拒絶するものとなれば，財政の面で継承・発展すべき部分まで見失われかねない．原子力発電所立地地域が持続性を備え自立した財政構造の確立に向けた取り組みを進めてきたことは，新たなエネルギー政策に応じたエネルギーと地域の関係にも活かすことができるのではないだろうか．

　このように，本書はこれまでの原子力発電と地域の関係について，財政規律と制度改革のなかで評価すべき側面があったことを明らかにするとともに，これからの原子力発電と地域の関係，さらには多様なエネルギーと地域の関係にも継承・発展しうることを述べる．このことは，裏を返せばエネルギー政策の推進にも寄与するので，地域だけでなく国にとっても意義深いと言えよう．

　原子力発電所の誘致は1960年代から本格化したが，財政の側面が重視されるようになったのは70年代半ばになってからである．すなわち，電源三法交付金制度が1974（昭和49）年度に創設され，原子力発電所の増設に対する財政面の誘因として機能した．また，固定資産税（償却資産）も初期の設備投資が大きい原子力発電の場合，市町村にとって重要な収入となる．しかし，いずれも初期の収入こそ巨額であるが急速に減少するため一過性のものに終わり，立地地域の財政を不安定にした．このことが新たな収入を確保する手段として原子力発電所の増設を誘発し，依存を深めると批判されてきた．

　しかしながら，原子力発電所立地地域がこれらの収入を長期・安定的な財源として活用しようと模索してきたことも事実である．すなわち，財政規律によって収入が多い時期でも支出を抑制し，後年度の収入減少に備えていた．また，制度改革によって大規模で安定した収入へと変容させてきた．立地地域は財政規律と制度改革の両面から不安定な収入に対処し，持続性を備え自立した財政構造の確立を進めてきたのである．原子力発電所の増設が近年停滞するようになったのも，財政面での誘因が低下したことが一因にあるだろう．

　このような原子力発電所立地地域における取り組みには，今後に継承・発展させるべき部分が存在する．それは原子力発電所の高経年化や廃炉だけでなく，新たなエネルギー源として期待されている再生可能エネルギー，さらには原子力政策の重要課題である高レベル放射性廃棄物の最終処分など，さまざまなエネルギーと地域との関係を展望するうえで活かされるであろう．したがって，

このことは国策としてのエネルギー政策の推進にも寄与しうる.

　本書の執筆に際して，多くの機関や研究者にお世話になった．筆者の所属する福井県立大学地域経済研究所では，2009（平成21）年度から2012（平成24）年度までの4年間，公益財団法人若狭湾エネルギー研究センターからの受託研究「原子力発電と地域経済の将来展望に関する研究」を実施し，その成果として4冊の報告書と2冊のシンポジウム記録集を作成した．これは地域政策が中心で，本シリーズ第1巻にはその一部が収録されている．受託研究で地方財政に言及した部分は必ずしも多くないが，震災と原発事故の前後でエネルギー政策が大きな転機に直面するなかで，原子力発電と地域の関係について多面的に研究できた経験は，本書にも十分に活かされている．まず，研究の機会を与えていただいた若狭湾エネルギー研究センターに感謝申し上げたい.

　また，筆者は1993（平成5）年度から2006（平成18）年度までの14年間，代表的な原子力発電所立地地域である福井県敦賀市の職員として，税の賦課や予算編成，中期財政計画や総合計画の策定などの実務を経験した．収入の面では電源三法交付金と固定資産税（償却資産）に，支出の面でも適切な事業規模の判断や財源の配分に携わることができた．職員の頃に個人的な見解として発表した論考が，本書にも随所で活かされている．このように，本書は貴重な実務の経験に裏づけられている．実務の機会を与えていただいた河瀬一治敦賀市長をはじめ，敦賀市でお世話になった方々に深く感謝したい.

　福島大学の清水修二先生は，原子力発電と地方財政の関係について，以前から貴重な論文や書籍を発表されてきた．また，震災と原発事故を受けて，電源三法交付金制度の廃止をはじめ原子力発電に依存しない地域のあり方を提唱されている．筆者は，2011（平成23）年8月に恩師の池上惇福井県立大学名誉教授が主催する市民大学院（文化政策・まちづくり大学校）の大震災復興研究会に参加し，清水先生とお会いした．その後，清水先生がベラルーシ・ウクライナ福島調査団を結成され，11月にチェルノブイリ原発などを視察された際に，筆者も福井県から同行させていただいた．本書の内容は清水先生の立場とは異なる部分もあるが，清水先生の論文・著書や意見から筆者が得た示唆は大きい.

　南保勝福井県立大学地域経済研究所教授（地域経済部門リーダー）と岡敏弘福井県立大学経済学部教授には，今回のテーマにかかわらず日頃から助言をいただいている．また，研究に際しては福井県内の電力事業者の方々から意見をいただくとともに，関係機関や県民の方々からもさまざまな意見をいただいた.

そして，福井県立大学参与の杉田晃一氏，同地域経済研究所研究補助を務められた藤田あさ香氏にも大変お世話になった．この場を借りて感謝の意を申し上げたい．

　なお，あらためて述べるまでもないが，本書の内容はすべて筆者の責に帰すべきものである．本書は上に記した方々を含めてさまざまな立場の意見や文献等を参考にしているが，筆者の見解とは異なるものも多い．また，本書が従来にはない視点で書かれているため読者にとっても違和感を持たれる部分があるかもしれない．本書の内容は筆者自身の見解として諸兄のご批判を仰ぎたい．

　最後になったが，本書の出版に際しては福井県立大学から特別研究費による助成を頂くとともに，前著『原子力発電と地域政策』に引き続き晃洋書房の丸井清泰氏，阪口幸祐氏に大変お世話になった．出版情勢がますます厳しくなっているなかでシリーズとして2巻の書物を無事出版できたことに深く謝意を表したい．

　　2015年1月

　　　　　　　　　　　　　　　　　　　　　井 上 武 史

# 目　　次

序　章
# 原子力発電と地方財政の関係をあらためて問う

### (1)　原子力発電所立地地域における財政面での主体性

　本シリーズ「原子力発電と地域」の第1巻『原子力発電と地域政策』では，原子力発電所立地地域が「国策への協力」だけでなく「自治の実践」を進めていったことを明らかにするとともに，このことが原子力発電をめぐる「推進か反対か」の二項対立の解消を通じてエネルギー政策の重要課題の解決にも寄与しうることを述べた．

　本書では，原子力発電所立地地域における財政の側面に焦点を当てる．すなわち，立地地域が財政面で原子力発電所への依存を深めていったなどと批判される点について，それが持続性を備え自立した財政構造の確立を模索する過程でもあったことを明らかにするとともに，このことが原子力発電をめぐる「推進か反対か」の二項対立の解消を通じてエネルギー政策の重要課題の解決にも寄与しうることを述べる．

　したがって，原子力発電と地域の関係については，地域政策と地方財政のいずれの面でも立地地域が主体性を発揮してきたと言える．ただし，地域政策と地方財政が必ずしも表裏一体であったわけではない．立地地域は地域政策として独自の原子力安全規制や原子力産業政策を推進してきたが，財政面での主体性はこれらの地域政策を進めるための手段として追求されたのではない．むしろ，立地地域は原子力発電所の立地による収入を長期にわたって多様な分野に活用できるような取り組みを進めてきた．立地地域における主体性は，地域政策と地方財政の分野でそれぞれ発揮されたのである．

　原子力発電所立地地域の財政に対する認識は，地域政策と同様に「国策への協力」という形で「地域の依存」が進んでいった，というものが多い．しかしながら，本シリーズ第1巻で述べたように，地域政策の分野では原子力発電所の立地が「国策への協力」であったとしても，集積にともなう危険性（安全性

への懸念）と経済性が地域にとってきわめて重要になり，メリットの拡大とデメリットの克服をめざす必要があった．そこで，立地地域は原子力安全規制と原子力産業政策の分野で独自の政策を進めてきたのであり，そこに「国策への協力」を前提とする「自治の実践」が存在したと言える．

　地方財政の面でも，原子力発電所の立地は地域に大きな収入をもたらすため，「国策への協力」という形で「地域の依存」が進む側面はある．また，収入が一過性のものであったことから，一定の期間が経過すれば財政規模の縮小は避けられない．使途の制約から特定の支出が増える傾向も指摘された．こうしたことから，収入を回復させるために原子力発電所の増設が誘発される，との批判が強まった．

　原子力発電所立地地域の財政に依存の側面があったことを全面的に否定するつもりはない．しかしながら，依存のみが進んだわけではない．立地地域は，財政面でもメリットの拡大とデメリットの克服を図ってきた．すなわち，「財政規律」と「制度改革」によって収入の一過性や使途の制約などを緩和し，持続性を備え自立した財政構造の確立を進めてきたのである．実際，原子力発電所の増設も1990年代以降には停滞した．財政面での要因があるとすれば，立地地域は増設にともなう収入への依存から徐々に解放されてきたと考えられる[2)]．

　したがって，原子力発電所立地地域における財政面での主体性とは，原子力発電所の立地による収入を一過性で使途の制約の強い財源から持続性を備えた使途の制約が弱い財源へと変えていく取り組みのなかにある．立地地域は「国策への協力」による収入の獲得だけでなく，メリットの拡大とデメリットの克服のために，財政規律と制度改革の両面から，持続性を備え自立した財政構造の確立を模索してきた．立地地域にこのような側面があったことを明らかにするのが，本書の第1の目的である．

### (2) 原子力発電をめぐる「推進か反対か」の二項対立を地方財政からみる

　本書の第2の目的は，原子力発電所立地地域における財政の側面から，原子力発電をめぐる「推進か反対か」の二項対立を乗り越え，エネルギー政策の重要課題の解決に資することである．

　2011（平成23）年3月11日に発生した東日本大震災と，それにともなう東京電力福島第一原子力発電所の事故によって，従来から存在していた二項対立はさらに深まったように思われる．このような対立は，今後の核燃料サイクルに

とって，またエネルギー政策にとって決して有益ではない．財政制度のあり方
にも大きな影響を与えるだろう．しかし，裏返して言えば，原子力発電と地方
財政の関係を理解することが二項対立の解消に寄与しうるのである．

　原子力発電所の立地による地方財政の主な収入は，国庫支出金としての電源
三法交付金と地方税としての固定資産税（償却資産）である．前者は，販売電
気に基づき電力事業者等が国に納税する電源開発促進税を財源として，立地地
域等に交付される．また，後者は電力事業者等が市町村に納税する．いずれも
税で電気料金に含まれるので，実質的な納税者は電力消費者すなわち全国の国
民や企業等である．端的に言えば，原子力発電所の立地による地方財政の収入
は電力消費者の税負担によって生じることになる．そのため，財政民主主義の
第一段階に課税承認権の実現があること［神野2007：78］を踏まえるならば，原
子力発電をめぐる「推進か反対か」の二項対立が深まることによって税負担の
根拠も問われるようになる．

　しかも，多くの原子力発電所は人口規模の小さな市町村に立地するのに対し
て，供給される電力の大半が大都市圏で消費されている．そのため，地方財政
からみた二項対立には別の一面が加わる．すなわち，立地地域は電力供給地域
として，大都市圏の電力消費地域の税負担による収入がもたらされることにな
る．[3] したがって，原子力発電にかかる課税承認権の実現が電力消費地域による
電力供給地域への認識に依拠することになりやすい．財政面での受益と負担が
地域間で分離されていることから，二項対立が電力消費地域と電力供給地域の
対立に結びついて課税承認権が実現しない可能性がある．

　さらに，電力供給地域としての収入を得て受益者となる原子力発電所立地地
域は，市町村や都道府県の数が少ないだけでなく，人口や経済活動の面でもき
わめて小規模であるから，負担者となる電力消費地域に対して少数派となる．
したがって，原子力発電をめぐる「推進か反対か」の二項対立が電力供給地域
と電力消費地域の対立に結びついた場合には，多数派である後者の意思が反映
されて課税承認権が実現しない可能性が高い．

　本シリーズ第1巻では，地域政策の面で原子力発電所立地地域が国策として
の原子力政策に対する影響力を強めていったことを述べた．地方財政の面でも，
立地地域からの要請を受けて一定の制度改革が実現している．しかし，震災と
原発事故を受けて民主党政権下で行われた国民的議論では電力消費地域を中心
に原子力政策が厳しく批判され，二項対立が先鋭化しながら国民に広がった．

多数派としての電力消費地域からの批判は，財政の面で課税承認権を動揺させる要因になると考えられる．

　このような対立を乗り越えるためには，地域政策の場合と同様，原子力発電について「推進」の側も「反対」の側も相互に意見を交わしながら両者の共通部分を少しずつ広げて，合意形成のための基盤を構築しなければならない．二項対立が電力供給地域と電力消費地域の対立に結びついているとすれば，地域間の相互理解を図ることが対立を解消し，エネルギー政策の課題解決に寄与するだろう．それは，少数派である原子力発電所立地地域が，従来の理解とは異なる実態として，持続性を備え自立した財政構造の確立を主体的に模索していたこと，すなわち全国の自治体が進めてきたことと同様の方向性を持っていたことを明らかにすることではないだろうか．

### (3)　原子力発電所立地市町村への着目

　本書では，全国の原子力発電所立地市町村を考察の対象とする．本シリーズ第1巻では福井県の地域政策を中心に取りあげたが，中心的な役割を果たしたのは都道府県[4]であった．これに対して，地方財政の面では市町村の予算規模が都道府県よりも小さく，原子力発電所の立地による収入への影響が大きくなるため，市町村が重要である．また，先に述べたように，地域政策と地方財政が一体となっていたわけではない．そこで，本書では立地市町村に焦点を当てる．

　原子力発電所立地市町村は**表1**（pp.6~7）のとおり，大半が人口規模の小さい町村となっている．県庁所在地は松江市[5]のみで，市も柏崎市と敦賀市・薩摩川内市（石巻市は敷地の一部）と少ない．なお，立地市町村の位置は，**図1**のとおり沿岸部となっている．これは，原子力発電に必要な大量の冷却水として海水を用いるからである．したがって，大半の立地市町村は沿岸部の小規模市町村となる．

　また，原子力発電所立地市町村の主な収入は電源三法交付金と固定資産税（償却資産）の2つであるが，後者は市町村税[6]である．そして，いずれも立地市町村の財政に特有の変動をもたらす．

　このように，原子力発電所が財政規模の小さな市町村に立地するとともに，立地市町村の財政は2つの特徴的な収入によって二重の影響を受ける．そのため，原子力発電と地方財政の関係が明確に表れるのは立地市町村であった．そして，依存に対する批判の中心も，メリットの拡大とデメリットの克服によっ

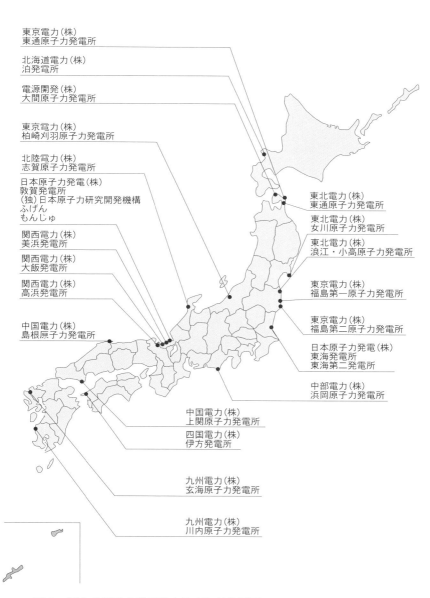

東京電力(株)
東通原子力発電所

北海道電力(株)
泊発電所

電源開発(株)
大間原子力発電所

東京電力(株)
柏崎刈羽原子力発電所

北陸電力(株)
志賀原子力発電所

日本原子力発電(株)
敦賀発電所
(独)日本原子力研究開発機構
ふげん
もんじゅ

関西電力(株)
美浜発電所

関西電力(株)
大飯発電所

関西電力(株)
高浜発電所

中国電力(株)
島根原子力発電所

東北電力(株)
東通原子力発電所

東北電力(株)
女川原子力発電所

東北電力(株)
浪江・小高原子力発電所

東京電力(株)
福島第一原子力発電所

東京電力(株)
福島第二原子力発電所

日本原子力発電(株)
東海発電所
東海第二発電所

中部電力(株)
浜岡原子力発電所

中国電力(株)
上関原子力発電所

四国電力(株)
伊方発電所

九州電力(株)
玄海原子力発電所

九州電力(株)
川内原子力発電所

図1　国内の原子力発電所立地市町村位置図（運転停止・予定などを含む）

(資料) 経済産業省資源エネルギー庁［2010］ほかより作成.

表1　国内の原子力発電所立地市町村の概要（運転停止・予定などを含む）

| 所在地 | 設置者名 | 発電所名<br>(設備番号) | 炉型 | 認可出力<br>(万kW) | 運転開始年月 | 備考 |
|---|---|---|---|---|---|---|
| 北海道古宇郡<br>泊村 | 北海道<br>電力㈱ | 泊 (1号) | PWR | 57.9 | 1989(平成元)年6月 | |
| | | 泊 (2号) | PWR | 57.9 | 1991(平成3)年4月 | |
| | | 泊 (3号) | PWR | 91.2 | 2009(平成21)年12月 | |
| 青森県下北郡大間町 | 電源開発㈱ | 大間原子力 | ABWR | 138.3 | | 建設中 |
| 青森県下北郡<br>東通村 | 東北電力㈱ | 東通原子力 (1号) | BWR | 110.0 | 2005(平成17)年12月 | |
| | | 東通原子力 (2号) | ABWR | 138.5 | | 着工準備中 |
| | 東京電力㈱ | 東通原子力 (1号) | ABWR | 138.5 | | |
| | | 東通原子力 (2号) | ABWR | 138.5 | | 着工準備中 |
| 宮城県牡鹿郡<br>女川町,<br>石巻市 | 東北電力㈱ | 女川原子力 (1号) | BWR | 52.4 | 1984(昭和59)年6月 | |
| | | 女川原子力 (2号) | BWR | 82.5 | 1995(平成7)年7月 | |
| | | 女川原子力 (3号) | BWR | 82.5 | 2002(平成14)年1月 | |
| 福島県双葉郡<br>浪江町, 南相馬市 | 東北電力㈱ | 浪江・小高原子力 | BWR | 82.5 | | 2013(平成25)年<br>3月に取り止め |
| 福島県双葉郡<br>大熊町,<br>双葉町 | 東京電力㈱ | 福島第一原子力(1号) | BWR | 46.0 | 1971(昭和46)年3月 | 2012(平成24)年<br>4月に廃止 |
| | | 福島第一原子力(2号) | BWR | 78.4 | 1974(昭和49)年7月 | |
| | | 福島第一原子力(3号) | BWR | 78.4 | 1976(昭和51)年3月 | |
| | | 福島第一原子力(4号) | BWR | 78.4 | 1978(昭和53)年10月 | |
| | | 福島第一原子力(5号) | BWR | 78.4 | 1978(昭和53)年4月 | 2014(平成26)年<br>1月に廃止 |
| | | 福島第一原子力(6号) | BWR | 110.0 | 1979(昭和54)年10月 | |
| | | 福島第一原子力(7号) | ABWR | 138.0 | | 2011(平成23)年<br>5月に中止 |
| | | 福島第一原子力(8号) | ABWR | 138.0 | | |
| 福島県双葉郡<br>富岡町,<br>楢葉町 | 東京電力㈱ | 福島第二原子力(1号) | BWR | 110.0 | 1982(昭和57)年4月 | |
| | | 福島第二原子力(2号) | BWR | 110.0 | 1984(昭和59)年2月 | |
| | | 福島第二原子力(3号) | BWR | 110.0 | 1985(昭和60)年6月 | |
| | | 福島第二原子力(4号) | BWR | 110.0 | 1987(昭和62)年8月 | |
| 茨城県那珂郡<br>東海村 | 日本原子力<br>発電㈱ | 東海 | GCR | 16.6 | 1966(昭和41)年7月 | 1998(平成10)年<br>3月に営業運転停止 |
| | | 東海第二 | BWR | 110.0 | 1978(昭和53)年11月 | |
| 新潟県柏崎市,<br>刈羽郡刈羽村 | 東京電力㈱ | 柏崎刈羽原子力(1号) | BWR | 110.0 | 1985(昭和60)年9月 | |
| | | 柏崎刈羽原子力(2号) | BWR | 110.0 | 1990(平成2)年9月 | |
| | | 柏崎刈羽原子力(3号) | BWR | 110.0 | 1993(平成5)年8月 | |
| | | 柏崎刈羽原子力(4号) | BWR | 110.0 | 1994(平成6)年8月 | |
| | | 柏崎刈羽原子力(5号) | BWR | 110.0 | 1990(平成2)年4月 | |
| | | 柏崎刈羽原子力(6号) | ABWR | 135.6 | 1996(平成8)年11月 | |
| | | 柏崎刈羽原子力(7号) | ABWR | 135.6 | 1997(平成9)年7月 | |
| 石川県羽咋郡<br>志賀町 | 北陸電力㈱ | 志賀原子力 (1号) | BWR | 54.0 | 1993(平成5)年7月 | |
| | | 志賀原子力 (2号) | ABWR | 120.6 | 2006(平成18)年3月 | |

| 所在地 | 設置者名 | 発電所名<br>(設備番号) | 炉型 | 認可出力<br>(万 kW) | 運転開始年月 | 備考 |
|---|---|---|---|---|---|---|
| 福井県敦賀市 | 日本原子力発電㈱ | 敦賀（1号） | BWR | 35.7 | 1970(昭和45)年3月 | |
| | | 敦賀（2号） | PWR | 116.0 | 1987(昭和62)年2月 | |
| | | 敦賀（3号） | APWR | 153.8 | | |
| | | 敦賀（4号） | APWR | 153.8 | | 着工準備中 |
| | 日本原子力研究開発機構 | ふげん | ATR | 16.5 | 1979(昭和54)年3月 | 2003(平成15)年3月に運転終了 |
| | | もんじゅ | FBR | 28.0 | 未定 | 停止中 |
| 福井県三方郡美浜町 | 関西電力㈱ | 美浜（1号） | PWR | 34.0 | 1970(昭和45)年11月 | |
| | | 美浜（2号） | PWR | 50.0 | 1972(昭和47)年7月 | |
| | | 美浜（3号） | PWR | 82.6 | 1976(昭和51)年12月 | |
| 福井県大飯郡高浜町 | 関西電力㈱ | 高浜（1号） | PWR | 82.6 | 1974(昭和49)年11月 | |
| | | 高浜（2号） | PWR | 82.6 | 1975(昭和50)年11月 | |
| | | 高浜（3号） | PWR | 87.0 | 1985(昭和60)年1月 | |
| | | 高浜（4号） | PWR | 87.0 | 1985(昭和60)年6月 | |
| 福井県大飯郡おおい町 | 関西電力㈱ | 大飯（1号） | PWR | 117.5 | 1979(昭和54)年3月 | |
| | | 大飯（2号） | PWR | 117.5 | 1979(昭和54)年12月 | |
| | | 大飯（3号） | PWR | 118.0 | 1991(平成3)年12月 | |
| | | 大飯（4号） | PWR | 118.0 | 1993(平成5)年2月 | |
| 静岡県御前崎市 | 中部電力㈱ | 浜岡原子力（1号） | BWR | 54.0 | 1976(昭和51)年3月 | 2009(平成21)年1月に運転終了 |
| | | 浜岡原子力（2号） | BWR | 84.0 | 1978(昭和53)年11月 | |
| | | 浜岡原子力（3号） | BWR | 110.0 | 1987(昭和62)年8月 | |
| | | 浜岡原子力（4号） | BWR | 113.7 | 1993(平成5)年9月 | |
| | | 浜岡原子力（5号） | ABWR | 126.7 | 2005(平成17)年1月 | |
| | | 浜岡原子力（6号） | ABWR | 140級 | | 着工準備中 |
| 島根県松江市 | 中国電力㈱ | 島根原子力（1号） | BWR | 46.0 | 1974(昭和49)年3月 | |
| | | 島根原子力（2号） | BWR | 82.0 | 1989(平成元)年2月 | |
| | | 島根原子力（3号） | ABWR | 137.3 | | 建設中 |
| 山口県熊毛郡上関町 | 中国電力㈱ | 上関原子力（1号） | ABWR | 137.3 | | |
| | | 上関原子力（2号） | ABWR | 137.3 | | 着工準備中 |
| 愛媛県西宇和郡伊方町 | 四国電力㈱ | 伊方（1号） | PWR | 56.6 | 1977(昭和52)年9月 | |
| | | 伊方（2号） | PWR | 56.6 | 1982(昭和57)年3月 | |
| | | 伊方（3号） | PWR | 89.0 | 1994(平成6)年12月 | |
| 佐賀県東松浦郡玄海町 | 九州電力㈱ | 玄海原子力（1号） | PWR | 55.9 | 1975(昭和50)年10月 | |
| | | 玄海原子力（2号） | PWR | 55.9 | 1981(昭和56)年3月 | |
| | | 玄海原子力（3号） | PWR | 118.0 | 1994(平成6)年3月 | |
| | | 玄海原子力（4号） | PWR | 118.0 | 1997(平成9)年7月 | |
| 鹿児島県薩摩川内市 | 九州電力㈱ | 川内原子力（1号） | PWR | 89.0 | 1984(昭和59)年7月 | |
| | | 川内原子力（2号） | PWR | 89.0 | 1985(昭和60)年11月 | |
| | | 川内原子力（3号） | APWR | 159.0 | | 着工準備中 |

（資料）経済産業省資源エネルギー庁［2010］ほかより作成.

て持続性を備え自立した財政構造の確立が求められたのも，市町村である．

なお，本書では定量的な分析を行う．本シリーズ第1巻で取りあげた地域政策の分野では，数値よりも政策の具体的な内容が問われるため，特定の地域における定性的な考察が重要であり，先駆的な取り組みを進めてきた福井県に焦点を当てた．これに対して，地方財政の分野では地方財政状況調査（決算統計）などを用いた定量的な分析が可能であり，全国の原子力発電所立地市町村に一定の傾向があることが読みとれる．そこで，本書では全国の立地市町村を対象として原子力発電と地方財政の関係を定量的に明らかにする．

### (4) 岐路に立つ原子力発電と地方財政の関係

原子力発電所立地市町村は，財政規律と制度改革の両面から持続性を備え自立した財政構造の確立を進めてきた．このことは，電力供給地域と電力消費地域の相互理解の基盤となって，原子力発電をめぐる「推進か反対か」の二項対立を解消するための糸口となりうる．

しかしながら，震災と原発事故を受けて国策としての原子力政策やエネルギー政策が新たな段階を迎えている．2012（平成24）年9月に民主党政権下で策定された『革新的エネルギー・環境戦略』や，2014（平成26）年4月に自民党政権下で閣議決定された『エネルギー基本計画』では，いずれも原子力発電への依存度低減が打ち出された．2010（平成22）年6月に閣議決定された従来のエネルギー基本計画では「原子力発電を積極的に推進する」[7] としていた姿勢が大きく転換したのである．

また，使用済核燃料の中間貯蔵施設の整備や高レベル放射性廃棄物の最終処分地の選定，放射性廃棄物の減容化・有害度低減のための技術開発など，新しいエネルギー基本計画ではバックエンド問題[8] への踏み込んだ対応や新たな課題への認識が示されている．

そこで，原子力発電と地方財政の関係が岐路に立たされていると言える．原子力発電所の建設や運転に重点が置かれてきた財政制度が見直されるとともに，立地地域の主体的な取り組みが新たな段階を迎えると考えられる．そこで，今後の方向性についても，震災と原発事故を受けて原子力発電をめぐる「推進か反対か」の二項対立が深まっているなかで，電力供給地域と電力消費地域の相互理解を踏まえた見通しがやはり重要である．

本書では，原子力発電と地方財政の新たな関係について3つの論点を取りあ

げる．第1に，原子力発電所の廃炉への対応である．発電所の立地による収入は建設や運転によるものであるため，現行制度では廃炉を機に収入が失われる．しかし，今後は既存の原子力発電所が高経年化により廃炉を迎える一方で，新たな発電所の建設には見通しが立っていない．そのため，立地地域の財政構造は大きな変化に直面する可能性が高く，新たな財政規律と制度改革が求められるだろう[9]．そこで，高経年化し廃炉が近づく原子力発電所について収入をどのような規模とするのが適切なのか，あるいは廃炉段階での収入が必要かどうか，これらの収入をどのように活用するか，などが重要な論点となる．

　第2に，エネルギー政策の転換への対応である．新たなエネルギー基本計画では，原子力発電への依存度低減だけでなく再生可能エネルギーの普及や火力発電の高効率化など，従来とは異なる方向性が数多く示された．また，省エネルギーやディマンドリスポンス・電力システム改革など，市場構造の再構築などにも踏み込んでいる．かつて多様な電源の立地が対象であった電源三法交付金制度は，エネルギー政策の変遷とともに原子力発電に重点が置かれるようになってきた．そこで，今後の交付金のあり方も新しいエネルギー政策のなかであらためて位置づけられることになるだろう．

　第3の論点として，使用済核燃料の中間貯蔵施設の整備や高レベル放射性廃棄物の最終処分地の選定など，原子力政策にかかるバックエンド問題への対応がある．前者は，原子力発電所に貯蔵されている使用済核燃料が飽和状態になると見込まれるため，整備が緊急課題となっている．また，後者は，本シリーズ第1巻で述べたように依然として選定が進んでいない．これまで，核燃料サイクルの重点は原子力発電所の建設や運転に置かれ，バックエンドの部分が立遅れていた．しかしながら，今後はバックエンド問題が原子力発電の規模を抑制する要因にもなると考えられ，エネルギー政策全体に大きな影響を与える可能性がある．バックエンド問題に財政面で対応するためには，原子力発電所の建設や運転にかかる財政制度と立地市町村の実態を踏まえつつ，どのような制度が必要になるか検討しなければならない．

　いずれの論点についても新たなエネルギー政策からみて重要であるとともに，原子力発電と地方財政の関係に対する理解を踏まえて展望を示すことが不可欠である．立地地域が持続性を備え自立した財政構造の確立を模索してきた経緯は，今後のあり方にも活かされるであろう．

### (5) 本書の構成

繰り返し述べてきたように，本書では原子力発電をめぐる「推進か反対か」の二項対立の解消に向けた1つの視点として，原子力発電所立地市町村の財政に着目する．まず，原子力発電所の立地による主な収入について概観し，財政の面で発電所の増設が誘発される点が批判の中心にあるものの，1990年代後半以降は増設が停滞した事実から，立地市町村が財政規律と制度改革によって持続性を備え自立した財政構造の確立を進めてきたことを明らかにする．次に，今後求められる財政規律と制度改革の内容について述べる．最後に，原子力発電と地方財政の関係が岐路に立たされているなかで，エネルギー政策の転換と新たな課題などにかかる財政制度の方向性を展望する．

本書の構成は次のとおりである．

第1章から第3章までは，原子力発電所立地地域における財政の特徴について述べるとともに，その特徴から指摘される弊害について整理し，現実の変化が弊害の緩和に関係しているのではないか，という問題提起を行う．

第1章では，原子力発電所立地地域における収入として，主に電源三法交付金と固定資産税（償却資産）の特徴と制度の経緯を概観する．特に，電源三法交付金は1974（昭和49）年度に創設されてから現在に至るまで大きな変化を遂げており，交付金種目の多様化をともなう拡充や使途の拡大が収入の安定性と支出の自主性を格段に高めた．これに対して，固定資産税（償却資産）は制度が大きく変わっておらず，原子力発電所1基あたりの出力向上によって収入が不安定になった面はあるが，規模は拡大していった．いずれも，持続性を備え自立した財政構造の確立に寄与するものである．

第2章では，原子力発電所立地地域の財政に対する主な批判を整理する．すなわち，原子力発電所の立地による収入は大規模だが不安定なため，立地地域の財政が大きく動揺して増設を誘発する，という弊害が生じることである[10]．制度の変遷や立地状況の変化によって新たな指摘も行われているが，批判の重点は変わっていない．また，震災と原発事故を受けて電源三法交付金の廃止など財政制度の根幹にかかる見直しを求める主張がなされるようになり，その根拠にもこのような弊害の存在があらためて挙げられている．立地地域の財政に対する批判は，原子力発電所の増設を誘発する点で一貫しているのである．

第3章では，このような弊害が今や該当しないのではないか，という問題提起を行う．確かに1970年代から80年代にかけて原子力発電所の増設が進んだが，

90年代後半からは停滞している．かつての増設に財政面での誘因があったとすれば，近年の停滞も背景に誘因の変化があったのではないだろうか．実際，立地市町村の収入は電源三法交付金も固定資産税（償却資産）も増加もしくは高水準で安定している．また，支出も大きく変化した．そこで，財政面で増設の誘因が低下したと考えられる．

　すなわち，原子力発電所立地市町村は財政規律と制度改革によって持続性を備え自立した財政構造の確立を進めた．第1章で述べる電源三法交付金の制度改革を踏まえ，立地市町村が交付金や固定資産税（償却資産）を活用しながら財政規律として歳出規模を抑制してきたのである．

　そこで，第4章から第6章までは，原子力発電所立地市町村における財政規律の実態を明らかにし，今後のあり方を述べる．立地市町村は他の地域にはみられない特殊な財政構造を持っている．発電所の増設を誘発する弊害は独自の財政規律を持たないまま歳入と歳出のバランスが失われることによって生じる，と考えられてきた．しかし，最近は立地市町村も一定の財政規律を保持しているのである．

　第4章では，原子力発電所立地市町村の歳出構造を分析する．これまで，立地市町村では投資的経費や公共用の施設の維持管理費等が大きいと批判されてきた．しかし，必ずしもあらゆる経費が膨張したわけではない．すなわち，起債の抑制や基金の活用が積極的に行われ，扶助費も類似団体並みの水準にとどまっている．このことは，立地市町村でも一定の財政規律が保持されていることを示すと考えられる．原子力発電所の増設を誘発しない一因にもなっているのではないだろうか．[11]

　第5章では，まず，原子力発電所立地市町村の歳入構造を分析する．これまで，電源三法交付金と固定資産税（償却資産）のいずれも一過性のもので，収入の減少が発電所の増設を誘発すると批判されてきた．しかし，増設が停滞している現在でも類似団体より高い水準の収入を維持している．したがって，歳入構造の面でも発電所の増設を誘発するような状況ではないと言える．

　次に，高水準の収入が原子力発電に対する財政の依存を深めているとの批判について考察する．電源三法交付金は，制度改革によって固定資産税（償却資産）の減少を補完する機能を強めるようになった．すなわち，創設当初の交付金は原子力発電所の建設期間しか交付されず，使途も公共用の施設の整備に限定されていた．しかし，交付金種目の多様化によって運転期間の交付金が加わ

り，使途も拡大した．交付金が固定資産税（償却資産）を量と質の両面で補完する収入になってきたのである．このことが，立地市町村の依存に対する批判を吟味するうえでも，さらに今後の方向性を考えるうえでも，重要な視点になると考えられる．

第6章では，今後の原子力発電所立地市町村に求められる財政規律について述べる．立地市町村が一定の財政規律を保持してきたとはいえ，依然として十分なものとは言えない．すなわち，持続性を備え自立した財政構造の確立に向けて，さらに工夫の余地があると考えられる．具体的には，原子力発電所の立地による収入が立地以前から予見可能であることから，これを長期的に活用するための支出上限額をあらかじめ設定しておくことが重要になるだろう．[12]

第7章では，今後の電源三法交付金と固定資産税（償却資産）に求められる制度改革について述べる．原子力発電所立地市町村が持続性を備え自立した財政構造を強固にするためには，まず財政規律によって主体的な取り組みを十分に行ったうえで，なお残る課題については制度改革が必要である．交付金の課題としては基金にかかる使途や活用期間の拡大が中心となるが，最近の議論や地方分権の進展を踏まえるならば電源開発促進税の部分移譲が求められる．そこで，本書では電源立地地域対策譲与税の創設を提案する．また，固定資産税（償却資産）については耐用年数の延長によって収入の減少を緩和することが課題であるが，原子力発電所の高経年化等に対応した工夫を組み込むことによって，より安定した収入の確保につながると考えられる．

第8章では，まず，原子力発電所立地市町村の実態を考慮し，電源三法交付金と固定資産税（償却資産）の一体的な制度改革によって持続性を備え自立した財政構造の確立に寄与することを明らかにする．すなわち，原子力発電所1基の場合に加えて増設によって3基が集積した場合を想定し，また，高経年化や廃炉の見通しから収入の活用期間を長期に設定すれば，制度改革を行った方が財政規律のみの場合よりも簡素な方法で安定した財政運営が可能になる．続いて，これらの収入が立地市町村の財政需要にかかわらず原子力発電所の状況によって決まっていたことから，制度改革に立地市町村の財政需要をどう加味すべきか述べる．

第9章では，エネルギー政策の転換によって電源三法交付金制度が直面している岐路に際して，主な論点について内容と対応策を示す．まず，原子力発電所立地地域が迎える廃炉への対応や，廃炉との関係を踏まえた増設対策につい

て，財政面で交付金制度をどのように見直すべきか考察する．

　次に，エネルギー政策の新たな課題に対処するための電源三法交付金制度の
あり方について述べる．すなわち，エネルギーミックスの見直しでは再生可能
エネルギーの普及拡大などであり，原子力政策ではバックエンド問題の中心と
なる高レベル放射性廃棄物の最終処分地の選定に向けた対応である．原子力発
電と地方財政のこれまでの関係や交付金制度の趣旨，そしてエネルギー政策の
変化を踏まえ，交付金の対象を広げることの必要性と可能性について述べる．

　エネルギー政策の転換期においても原子力発電をめぐる「推進か反対か」の
二項対立を乗り越えることは必要であり，原子力発電と地方財政の関係が今後
の制度設計をめぐる議論にも資すると期待される．

---

注

1）本シリーズ第1巻では，原子力発電所だけでなく核燃料サイクル関連施設の立地地域
　も含めて「原子力発電所立地地域」もしくは単に「立地地域」と呼んだ．財政の側面で
　は原子力発電所の立地による特徴が顕著に表れるが，青森県六ヶ所村には核燃料再処理
　工場など大規模な核燃料サイクル関連施設が集積しており財政にも大きな影響を与えて
　いることから，本書では原子力発電所が立地する地域に六ヶ所村を加えて原子力発電所
　立地地域とする．
　　また，本シリーズ第1巻では「地域」を一定の区域の広がりを表す概念，もしくはそ
　の区域に含まれる意思決定・実践主体（住民や自治体）として主に用いたが，本書では
　財政に焦点を当てるため，「地域」でも自治体を表す場合が多い．
2）ただし，原子力発電所立地地域の財政には新たな依存の問題が注目されるようになっ
　た．原子力発電所の立地と増設への依存ではなく，集積と運転への依存が進んできたこ
　とである．立地地域が持続性を備え自立した財政構造の確立を進めてきたとはいえ，そ
　れが原子力発電所の集積と運転なくして成り立たないことは間違いない．この点につい
　ては，第3章や第5章などで考察する．
3）厳密にはあらゆる地域で電力が消費されるのだが，原子力発電所立地地域は発電した
　電力の大半を地域外に供給しているため，電力消費地域というよりも電力供給地域とし
　ての性格が強くなる．なお，火力発電所は大都市に近接するものも多いため，火力発電
　所立地地域は電力供給地域であると同時に電力消費地域でもある．また，再生可能エネ
　ルギーは地産地消の電源としても注目されていることから，やはり電力供給地域と電力
　消費地域としての性格をあわせ持つ．
4）原子力発電所立地地域となる都道府県は，北海道を除いていずれも県である．
5）2005（平成17）年3月に，原子力発電所立地地域であった八束郡鹿島町を含む7市町
　村が合併して誕生した．
6）法人事業税や核燃料税（法定外税で，多くの原子力発電所立地道県が課税している．
　市町村に一部交付される場合もある）など都道府県に特有の地方税もあるが，これらの
　財政規模に占める割合は市町村における固定資産税（償却資産）の割合ほど高くないこ

とが多い. また, 大規模償却資産にかかる固定資産税については税源の偏在を是正する
ため道府県がその一部を課税する場合があるが, 収入としては限定的である.

7) 具体的には, 「2020年までに, 9基の原子力発電所の新増設を行うとともに, 設備利
用率約85%を目指す (現状:54基稼働, 設備利用率: (2008年度) 約60%, (1998年度)
約84%). さらに, 2030年までに, 少なくとも14基以上の原子力発電所の新増設を行う
とともに, 設備利用率約90%を目指していく. これらの実現により, 水力等に加え, 原
子力を含むゼロ・エミッション電源比率を, 2020年までに50%以上, 2030年までに約70
%とすることを目指す」としていた.

8) 本シリーズ第1巻でも述べたとおり, 核燃料サイクルのうち核燃料を製造して原子力
発電に用いるまでの過程 (ウランの精鉱や転換, 濃縮, 成型加工, 核燃料を用いた原子
力発電所の運転等) をフロントエンドと呼び, 原子力発電で使用された核燃料を再処理
などして廃棄物として処分するまでの過程をバックエンドと呼ぶ. バックエンドのあり
方は国によって異なり, 日本は使用済核燃料を全量再処理して高速増殖炉などで再び核
燃料として用いる方式を採用している.

9) 地域経済にも大きな影響を与えるため, 地域政策の面でも対応が求められる. 本シリ
ーズ第1巻では, 原子力産業政策として福井県が策定したエネルギー研究開発拠点化計
画の意義と課題について述べた.

10) 国策としての原子力政策が原子力発電所の増設に重点を置いているのであれば, 電源
三法交付金がそのための手段として機能していることになる. しかしながら, 原子力政
策は必ずしも円滑に進んでいるとは言えない部分がある.

11) 逆に言えば, 原子力発電所の増設を見込めない状況になったため基金の活用等に変化
が生じた, と考えることもできる.

12) これまでの制度改革は交付金種目の多様化をともなう拡充と使途の拡大が中心であっ
たため, 制度改革によって予見可能性が崩れても原子力発電所立地地域にとっては好ま
しいものであった. 換言すれば, 立地地域における予見可能性とは最小限の収入に関す
るものである.

# 第1章
# 原子力発電所の立地による地域の収入

　本章では，原子力発電と地方財政の関係について論じるための準備として，原子力発電所の立地による地域の主な収入を概観する．

　原子力発電所は経済活動の主体として，地域の経済や財政に影響を与える．例えば，発電所の建設や運転は地域に需要や雇用機会を創出し，関連企業との取引や従業員世帯の消費などを誘発する．これらの経済活動によって，地方財政に収入がもたらされる．

　しかし，原子力発電所の立地による地方財政への影響には特徴的なものがある．とりわけ重要なのが，電源三法交付金と固定資産税（償却資産）の収入である．

　電源三法交付金は国庫支出金で，都道府県や市町村・需用家などに交付される．かつては多様な電源の立地を交付対象としていたが，現在は原子力発電に重点が置かれている．また，固定資産税（償却資産）は市町村の収入となる地方税である[1]．課税客体が事業用資産なので原子力発電所に特有の収入ではないが，原子力発電所の場合は初期の設備投資が巨額なため収入がきわめて大きくなる．

　そして，電源三法交付金と固定資産税（償却資産）が大きく変動することから，特に原子力発電所立地市町村の財政は交付金と固定資産税（償却資産）の動向に左右される．端的に言えば，立地市町村の財政はメリットもデメリットも交付金と固定資産税（償却資産）に由来し，メリットの拡大とデメリットの克服もこれらの収入への対応が中心となる．

## 第1節　電源三法交付金

　本節では，電源三法交付金の概要について述べる．本制度は1974（昭和49）年

度に創設されたものだが，その背景について原子力白書は次のように述べている．

　昭和48年秋の石油危機以降，原子力発電の推進が緊要の課題となっているが，他方，原子力発電所をはじめとする発電所の立地は，地元住民の一部における反対運動や発電所立地の受入れに対する消極的態度により，困難な情勢となっている．

　その原因としては，一方では地元住民の一部に安全性や公害に対する不安感が残っていることにもよるが，他方，発電所の建設による地元の雇用効果やその他の波及効果が他産業に比して小さく，地元住民の福祉向上への寄与が多くは期待できず，また，発電所は，消費地から相当の遠隔地に建設されることが多く，他人のための電力供給をしながら，地元に利益が十分還元されないことが，不満を大きくする原因となっている．

　このような隘路を打破し，原子力発電所等の建設を軌道に乗せるためには，一部に残っている安全性等に対する不安感を払拭する一方，発電所の開発利益の一部を積極的に地元に対して還元する施策を講ずることが必要である［原子力委員会 1975：53］．

すなわち，石油危機を受けて多様な電源開発を積極的に推進することが緊急課題となっていた．同時に，原子力発電所立地地域から経済面での波及効果の拡大や利益の十分な還元に関する要請があった．そこで，原子力発電所等の立地を促進するために電源三法交付金制度が創設されたのである[2]．

### (1)　電源三法交付金制度を支える3つの法律

電源三法交付金は，次の3つの法律を根拠に交付される．

- ・電源開発促進税法
- ・特別会計に関する法律
- ・発電用施設周辺地域整備法

これらの法律が一体的に運用されることによって，電源三法交付金の財源となる収入から交付金の支出に至る一連の流れが形成されている．

電源開発促進税法は，電源三法交付金の財源となる電源開発促進税の根拠法である．「原子力発電施設，水力発電施設，地熱発電施設等の設置の促進及び

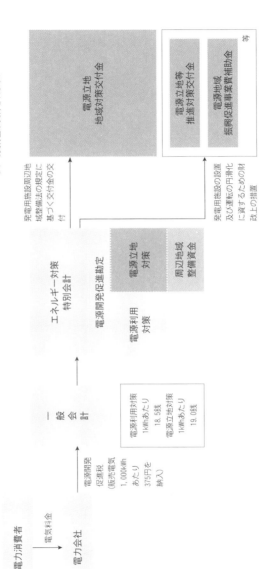

電源開発促進税法

主な内容

発電施設の設置、運転の円滑化、並びにこれら発電施設の利用の促進及び安全の確保並びにこれら発電施設による電気の供給の円滑化、その費用にあてるため、一般電気事業者の販売電気に電源開発促進税を課します。

特別会計に関する法律

主な内容

電源開発促進税法による収入を、発電所の周辺地域の整備や安全対策をはじめ、発電用施設の設置及び運転の円滑化のための交付金や補助金などとして交付します。

発電用施設周辺地域整備法

主な内容

発電用施設の周辺地域における公共用施設の整備を促進し、地域住民の福祉の向上をはかり、発電用施設の設置及び運転の円滑化に資することが目的です。当該都道府県が公共用施設整備計画及び利便性向上等事業計画を作成し、それに基づいて交付金が交付されます。

電力消費者

電気料金

電力会社

電源開発促進税（販売電気1,000kWhあたり375円を納入）

一般会計

電源利用対策 1kWhあたり 18.5銭
電源立地対策 1kWhあたり 19.0銭

エネルギー対策特別会計

電源開発促進勘定

電源利用対策

電源立地対策

周辺地域整備資金

発電用施設周辺地域整備法の規定に基づく交付金の交付

電源立地地域対策交付金

発電用施設の設置及び運転の円滑化に資するための財政上の措置

電源立地等推進対策交付金

電源地域振興促進事業費補助金

等

図1-1 電源三法交付金制度の仕組み

（資料）経済産業省資源エネルギー庁 [2010].

運転の円滑化を図る等のための財政上の措置並びにこれらの発電施設の利用の促進及び安全の確保並びにこれらの発電施設による電気の供給の円滑化を図る等のための措置に要する費用に充てるため」(同法第1条)，一般電気事業者に対して販売電気1000kWhにつき375円の電源開発促進税が課される．電源開発促進税は間接税であり，主な納税者は電力事業者だが，総括原価方式等に基づく電気料金に電源開発促進税が含まれるので，実質的に税を負担しているのは電気を消費する国民や企業等である．電気の普及状況を考えれば，大半の国民や企業等が納税者であると言えるだろう．

　特別会計に関する法律は，一般会計と区分して経理を行うため特別会計を設置するとともに，その目的，管理および経理について定めるものである．すなわち，収入としての電源開発促進税や支出としての電源三法交付金等の経理が特別会計によって行われている．当初は電源開発促進対策特別会計（電源特会）が設置され，電源開発促進税も電源特会に直接入れられていた．しかし，2006（平成18）年に施行された行政改革推進法に基づいて，エネルギー対策を総合的に推進する観点から，2007（平成19）年度より電源特会と石油及びエネルギー需給構造高度化対策特別会計（石油特会）が統合されて，エネルギー対策特別会計（エネルギー特会）となった．それにともない，電源開発促進税も特別会計から一般会計の収入に変更され，必要額が一般会計からエネルギー特会に繰り入れられる形となっている[3]．

　発電用施設周辺地域整備法は，電源三法交付金の根拠となる法律である．すなわち，「電気の安定供給の確保が国民生活と経済活動にとってきわめて重要であることにかんがみ，発電用施設の周辺の地域における公共用の施設の整備その他の住民の生活の利便性の向上及び産業の振興に寄与する事業を促進することにより，地域住民の福祉の向上を図り，もって発電用施設の設置及び運転の円滑化に資することを目的とする」(同法第1条)ものである．電源三法交付金は同法第7条を根拠として交付されるが，交付金の種目は「電源立地地域対策交付金」「電源立地特別交付金」など多様化している．また，交付対象も原子力発電所や核燃料サイクルに関する研究開発施設，火力発電所・水力発電所等の立地地域や隣接地域の自治体・需要家など多岐にわたる．種目ごとの交付金額や対象・期間・使途等については，それぞれの規則等に定められている．

　このように，電源三法交付金は3つの法律が一体となって国の財政における収入と支出の流れが特別会計で経理され，地域に交付されている．制度の全体

像を示したのが，**図1-1**である．

## (2)　原子力発電所立地地域に交付される電源三法交付金の種目と規模

　次に，原子力発電所立地地域に交付される電源三法交付金の種目と規模について述べる．**図1-2**は，原子力発電所が1基建設された場合の交付金額の試算である．経済産業省資源エネルギー庁が作成したモデルケースであり，出力135万kW，建設期間7年間（環境影響評価以降運転開始までを10年間）と仮定して運転開始から35年まで（全体で45年間）の交付金額の推移が示されている．実際には発電所の出力や建設期間・運転期間も多様になるが，モデルケースは標準的なものと考えて差し支えない．

　電源三法交付金は1974（昭和49）年度に創設されてから今日に至るまで，制度改革を重ねてきた．後に述べるように，その主な方向性は交付金種目の多様化をともなう拡充と使途の拡大であった．現在の制度では，毎年度の交付金額は着工以前のごく限られた期間を除いて複数の種目の交付金が同時に交付される．したがって，制度改革の内容は多くの場合，交付金を受ける主体にとって好ましいものであった．また，原子力発電所の立地を検討する段階で長期的な

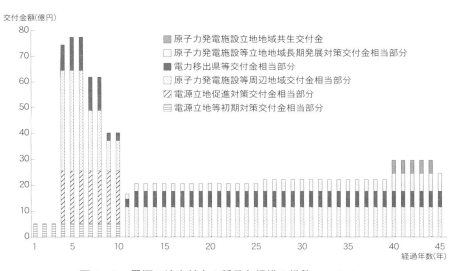

**図1-2　電源三法交付金の種目と規模の推移**（モデルケース）

（資料）経済産業省資源エネルギー庁［2010］より作成.

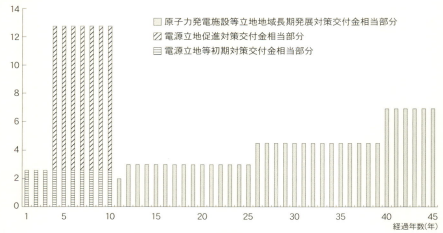

**図 1-3　市町村に対する電源三法交付金**（モデルケース）

（資料）経済産業省資源エネルギー庁［2010］より作成.

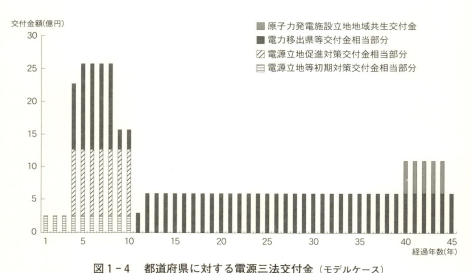

**図 1-4　都道府県に対する電源三法交付金**（モデルケース）

（資料）経済産業省資源エネルギー庁［2010］より作成.

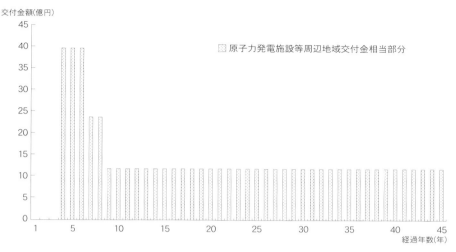

**図1-5 地域住民・企業家に対する電源三法交付金**（モデルケース）

（資料）経済産業省資源エネルギー庁［2010］より作成.

収入確保の見通しを立てることができる．地方税や国庫支出金・地方交付税などが経済情勢や国の財政状況によって不透明になっていることを考えれば，収入が大規模で予見可能な電源三法交付金は，きわめて魅力的であろう．

なお，現状では交付対象も多様であり，市町村（立地・隣接・隣々接）[4]や都道府県，住民・企業家など，種目ごとに定められている[5]．そこで，**図1-2**を交付対象ごとに切り分け，市町村と都道府県，地域住民・企業家への交付金額をそれぞれ示す．まず，市町村に交付される部分が**図1-3**である．同様に，都道府県は**図1-4**，地域住民・企業家は**図1-5**のとおりである[6]．モデルケースの場合，45年間の交付金総額は1239.32億円であるが，そのうち市町村に対して245.57億円（構成比19.8%），都道府県に397.05億円（同32.0%），地域住民・企業家に596.7億円（同48.2%）が配分される．市町村に対する交付金額は最も少ないが，市町村の財政規模が都道府県に比べてはるかに小さく，また，地域住民・企業家は交付対象の数が非常に多く単位あたりの交付金額は小さくなるから[7]，電源三法交付金が交付対象に与える影響では市町村が大きくなる．

ただし，どの交付対象にも共通する特徴がある．それは，交付金額は原子力発電所の建設期間が圧倒的に大きく，運転段階に入ると激減することである．

市町村と都道府県には建設期間の交付金種目が複数あり，また運転開始から一定の期間が経過すると交付金額がやや増えるが，運転開始とともに交付金額が大きく減少する点はいずれの交付対象にも観察される[8].

## (3) 電源三法交付金制度の経過 ① ──種目の多様化をともなう拡充──

次に，電源三法交付金制度の経過について述べる．表1-1は，原子力発電所を対象とした現在の主要な交付金の概要である．交付金の種目は当初こそ少

### 表1-1　原子力発電所にかかる主要な電源三法交付金

| 名　称 | 立地可能性調査の翌年 | 着工 | 着工の翌年 | 着工の翌年から5年 | 運転開始 | 運転開始の翌年 | 運転開始後5年 | 運転開始後15年 | 運転開始後30年 | 運転終了 | 備考 | 都道府県 | 市町村 | 住民・企業 | その他 |
|---|---|---|---|---|---|---|---|---|---|---|---|---|---|---|---|
| 電源立地地域対策交付金 | | | | | | | | | | | | | | | |
| 電源立地等初期対策交付金相当部分 | ←――――――→ | | | | | | | | | | | ○ | ○ | | |
| 電源立地促進対策交付金相当部分 | | | ←――――――→ | | | | | | | | | ○ | ○ | | |
| 原子力発電施設等周辺地域交付金相当部分 | | | ←―――――――――――→ | | | | | | | | | | | | ○ |
| 電力移出県等交付金相当部分 | | | | ←――――――――→ | | | | | | | 都道府県内の発電電力量が消費電力量の1.5倍以上の場合など（50万kW以上の初号機を設置する場合は着工から） | ○ | △ | | 発電電力量に応じて市町村枠を設定 |
| 原子力発電施設等立地地域長期発展対策交付金相当部分 | | | | | | | ←――――→ | | | | | | ○ | | |
| 電源立地等推進対策交付金 | | | | | | | | | | | | | | | |
| 原子力発電施設立地地域共生交付金 | | | | | | | | | ―――→ | | （5年間） | ○ | △ | | 立地・隣接市町村の行政運営に資する等の要件あり |
| 核燃料サイクル交付金 | | | | | | | | | | | プルサーマルの実施受入れや核燃料サイクル施設の設置に同意した場合（時限措置） | ○ | △ | | |
| 原子力発電施設等立地地域特別交付金 | ←―――――――――――――→ | | | | | | | | | | 地域振興計画の承認から最長5年間 | ○ | ○ | | |
| 広報・安全等対策交付金 | | | | | | | | | | | 供給計画に掲げられた年度～施設使用終了年度 | ○ | △ | | |
| 電源地域振興促進事業費補助金 | | | | | | | | | | | 立地企業の電気料金の割引措置や関連施設等の整備補助 | ○ | ○ | △ | 地方公共団体，第三セクター，企業 |

（資料）経済産業省資源エネルギー庁 ［2010］ ほかより作成.

なかったものの，新設や統合などを経て現在は多様になった．交付金制度の経過に関する第 1 の特徴は，種目の多様化をともなう拡充である．

　**図 1 - 6** は，電源三法交付金の創設時から現在までの経過である．当初の主な種目は電源立地促進対策交付金のみであったが，1981（昭和56）年度に電源立地特別交付金，1985（昭和60）年度に電源地域産業育成支援補助金，1997（平成 9）年度には原子力発電施設等立地地域長期発展対策交付金など，種目の新設が続いた．そして，2003（平成15）年10月には主要な種目が統合されて，電源立地地域対策交付金となっている．また，その後は新たな種目が加わり，原子力発電施設立地地域共生交付金や核燃料サイクル交付金が2006（平成18）年度に，高速増殖炉サイクル技術研究開発推進交付金が2008（平成20）年度に誕生した．これらは電源立地地域対策交付金に含まれておらず，最近は種目の多様化が再び進んでいる．

　このうち，原子力発電所立地市町村を対象とする電源三法交付金は，いずれも電源立地地域対策交付金である．モデルケースにおける245.57億円の内訳は，電源立地等初期対策交付金相当部分が26.0億円（構成比10.6%），電源立地促進対策交付金相当部分が71.05億円（同28.9%），原子力発電施設等立地地域長期発展対策交付金相当部分が148.52億円（同60.5%）である．

　したがって，現在の電源三法交付金制度では原子力発電所の運転期間を対象とする交付金が総額の 6 割を占めるようになり，電源立地促進対策交付金のみであった当初の状況とは明らかな変化がみられる．しかしながら，**図 1 - 3** からも分かるとおり，年度ごとにみれば依然として建設期間の交付金額が圧倒的に大きい．モデルケースでは環境影響評価開始の翌年度から運転開始までの期間を10年として 4 年目からの着工が想定されているので，電源立地等初期対策交付金相当部分と電源立地促進対策交付金相当部分が交付される 7 年間は単年度で12.75億円の交付金額となる．そして，運転開始後はこれらが交付されなくなるため，年度ごとの交付金額は大幅に減る．原子力発電施設等立地地域長期発展対策交付金相当部分の交付が始まっても，交付金額は 2 ～ 3 億円にとどまる．また，その後は徐々に交付金額が増加するが，ピークを迎えるのが運転開始後30年（環境影響評価開始から40年）以降の6.92億円であり，運転開始前の半分程度にすぎない．したがって，交付金の総額では運転期間の部分が圧倒的に大きいが，年度ごとに推移をみれば運転開始とともに激減することになる．

　このような傾向は，以前よりも緩和されている．原子力発電施設等立地地域

| 創設時の交付金名称　　　　　年度 | 1974 | 75 | 80 | 81 | 82 | 85 | 92 | 93 | 94 | |
|---|---|---|---|---|---|---|---|---|---|---|
| 電源立地促進対策交付金 | ◎ | | | | | | | | | |
| 電源立地特別交付金 | | | | | | | | | | |
| 　原子力発電施設等周辺地域交付金 | | | | ◎ | | | | | | |
| 　電力移出県等交付金 | | | | ◎ | | | | | | |
| 原子力発電施設等立地地域長期発展対策交付金 | | | | | | | | | | |
| 原子力発電施設周辺地域福祉対策交付金 | | | | | | | ◎ | | | |
| 電源立地地域温排水等対策費補助金 | | | ◎ | | | | △ | | | |
| 電源立地調査促進補助金 | | | ◎ | | △ | | | | | |
| 電源立地地域温排水等広域対策交付金 | | | | | | | ◎ | | | |
| 要対策重要電源立地推進対策交付金 | | | | | | | | | ◎ | |
| 電源地域産業育成支援補助金 | | | | | | | | | | |
| 　市町村事業 | | | | | | ◎ | | | | |
| 　県事業 | | | | | | | | | | |
| 温排水影響調査交付金 | ◎ | | | | | | | | | |
| 広報対策交付金 | ◎ | | △ | | | | | | | |
| 原子力広報研修施設整備費補助金 | | | | ◎ | | | | | | |
| 整備計画作成等交付金 | | | | ◎ | | | | | | |
| 交付金事務交付金 | | | | ◎ | | | | | | |
| 放射線利用・原子力基盤技術試験研究推進交付金 | | | | | | | | ◎ | | |
| リサイクル研究開発促進交付金 | | | | | | | | | | |
| 原子力発電施設等立地地域産業振興特別交付金 | | | | | | | | | | |
| 原子力発電施設立地地域共生交付金 | | | | | | | | | | |
| 核燃料サイクル交付金 | | | | | | | | | | |
| 高速増殖炉サイクル技術研究開発推進交付金 | | | | | | | | | | |
| 原子力発電施設等周辺地域工業団地造成利子補給金 | | | | | | | ◎ | △ | | |
| 原子力・エネルギーに関する教育支援事業交付金 | | | | | | | | | | |
| 放射線監視等交付金 | | ◎ | | | | | | | | |
| 原子力発電施設等緊急時安全対策交付金 | | | | ◎ | | | | | | |

図1-6　主要な電源

(注) ◎の位置は種目が創設された年度，×の位置は種目が廃止された年度，△の位置は名称が変更された年度を示す．
(資料) 福井県 [2014a] より作成．

| 97 | 99 | 2000 | 01 | 02 | 03 | 04 | 06 | 08 | 09 | 12 | 現在の交付金名称 |
|---|---|---|---|---|---|---|---|---|---|---|---|
| | | | | | | | | | | | 電源立地地域対策交付金 |
| | | | | | | | | | | | 電源立地促進対策交付金相当部分 |
| | | | | | | | | | | | 電源立地特別交付金相当部分 |
| | | | | | | | | | | | 原子力発電施設等周辺地域交付金枠 |
| | | | | | | | | | | | 電力移出県等交付金枠 |
| ◎ | | | | | | | | | | | 原子力発電施設等立地地域長期発展対策交付金相当部分 |
| | | | | | | | | | | | 電源立地等初期対策交付金相当部分 |
| | | | | | | | | | | | 電源地域産業育成支援補助金 |
| | | | | | | | | ✕ | | | 市町村事業 |
| | | | | ◎ | | | | | | | 県事業 |
| | | | | | | | | | △ | | 広報・調査等交付金 |
| | | | | | | | | | | | 交付金事務等交付金 |
| | | | | | | | | | | | 放射線利用・原子力基盤技術試験研究推進交付金 |
| ◎ | | | | | | | | | | | リサイクル研究開発促進交付金 |
| | ◎ | | | | △ | | | | | | 原子力発電施設等立地地域特別交付金 |
| | | | | | | | ◎ | | | | 原子力発電施設立地地域共生交付金 |
| | | | | | | | ◎ | | | | 核燃料サイクル交付金 |
| | | | | | | | | ◎ | | | 高速増殖炉サイクル技術研究開発推進交付金 |
| | | | | | | | | | | | 電源地域工業団地造成利子補給金 |
| | | | | ◎ | | | | | | | 原子力・エネルギーに関する教育支援事業交付金 |
| | | | | | | | | | | | 放射線監視等交付金 |
| | | | | | | | | | | | 原子力発電施設等緊急時安全対策交付金 |

交付金の種目の変遷

長期発展対策交付金が創設されるまで，電源三法交付金には市町村を対象とする運転期間の主要な交付金が存在しなかった[11]．交付金の趣旨が原子力発電所の建設を進めることにあったから，建設期間に交付金が集中していたことは当然であろう．しかしながら，原子力発電をめぐる情勢の変化によって交付金の機能拡充が求められるようになり，運転期間のものが加わったのである．

　すなわち，原子力発電に対する国民の不信感や不安感が依然として払拭されていないことなどを背景に，原子力発電所の新規立地を進めることが難しくなっていた．また，既存の立地地域の長期的振興を図ることも求められるようになった．原子力発電施設等立地地域長期発展対策交付金が創設された背景には，既存の立地地域の長期的振興が原子力発電所の新規立地に対する理解を深めると考えられたことがあるだろう．原子力発電施設等立地地域長期発展対策交付金は，原子力発電所の新規立地を電源三法交付金の目的として維持しながら，新たな手段として立地市町村の長期的振興を図るために創設されたと言える[12]．

　また，原子力発電施設等立地地域長期発展対策交付金は原子力発電所の運転の長期化に応じて交付金額が増えていくようになった．2002（平成14）年度に運転開始後30年以上を経過する原子力発電所に対して設備出力と発電電力量に応じた加算が行われ，2006（平成18）年度には加算額が倍増されている[13]．

　さらに，既存の電源三法交付金も拡充された．電源立地促進対策交付金は「発電所の出力×単価×係数」によって交付金額が算出され，主に原子力発電所について単価の引き上げや特例単価の設定が数次にわたって行われている．さらに，原子力発電所1基あたりの出力が向上していることも，交付金額の増加をもたらした[14]．

　このように，電源三法交付金制度は新たな種目の創設や交付金額の増加によって，多様化をともなう拡充が進められてきた．原子力発電所立地市町村を対象とする交付金も，運転終了後を除くあらゆる期間で交付金額が増加している．建設期間の交付金額が圧倒的に大きく運転開始後に激減する傾向は依然として変わっていないものの，運転開始後の交付金額が創設・拡充されてきたため以前ほど顕著ではなくなっている．

## (4)　電源三法交付金制度の経過 ②　──使途の拡大──

　電源三法交付金制度の経過に関する第2の特徴は，使途の拡大である．電源立地促進対策交付金は創設当初，公共用の施設の整備に使途が限定されていた．

公共用の施設とは，「① 国，地方公共団体又は公共的団体が設置するものであって，かつ② 地元住民の福祉の向上に寄与するもの」［通商産業省資源エネルギー庁公益事業部 1985：54］である．また，整備とは「施設の設置を原則とするが，施設の補修等施設の価値を回復するための事業及び施設の機能低下防止のための事業も含まれる（光熱水道費，人件費等のいわゆる維持管理費的なものは除かれる）」［同］とされている．

　このような状況から出発した電源三法交付金の使途は，主に2つの方向で拡大が進められてきた．公共用の施設の範囲を拡大することと，公共用の施設の整備以外にも使途を広げることである．

　前者については，整備計画における公共用の施設の区分が増えていった．整備計画とは，電源立地促進対策交付金の交付を受けるため，都道府県知事が立地および隣接（必要な場合は隣々接を含める）市町村の区域について公共用の施設の整備に関する計画を作成し，主務大臣に承認を申請するものである．また，整備計画に交付金事業を掲げるにあたっては，交付規則に定めるところにより算定して得られる金額を十分参酌することとされている．したがって，整備計画は電源三法交付金による事業実施計画と位置づけられる．

　公共用の施設の当初の区分は，**表1-2**のとおりであった．その後は区分の見直しとともに範囲が広がり，通商産業省資源エネルギー庁 [2000] によると**表1-3**のとおり創設時から2000（平成12）年度までの間に交付対象施設の拡大が10回行われたという．その主な内容は，区分の新設や内容の追加，施設の維持管理費への充当などである[15]．

　また，後者については，原子力発電施設等立地地域長期発展対策交付金が公共用の施設の整備だけでなく維持管理，さらには施設の整備をともなわないソフト事業への使途が認められるようになった．すなわち，原子力発電所立地市町村が行う企業導入・産業近代化事業（商工業・農林水産業・観光業等の振興に寄与する施設の整備事業および当該施設の維持運営事業），または福祉対策事業（医療施設・社会福祉施設・スポーツレクリエーション施設・教育文化施設等の整備または運営事業など福祉対策に係る事業，その他の地域住民の福祉の向上を図るための措置，福祉対策事業に係る補助金の交付および福祉対策事業に係る出資金の出資）に交付金を充当することが認められた．

　とりわけ重要なのが，施設の維持管理に関して水道光熱費や人件費等が使途に含まれたことである．これらは，電源立地促進対策交付金では認められてい

表1-2　電源立地促進対策交付金の使途となった公共用施設の区分

| 1 | 道路 |
|---|---|
| 2 | 港湾 |
| 3 | 漁港 |
| 4 | 都市公園 |
| 5 | 水道 |
| 6 | 通信施設 |
| 7 | スポーツ又はレクリエーションに関する施設 |
| 8 | 環境衛生施設(環境の汚染の状況を把握するために必要な監視,測定,試験又は検査に関する施設を含む) |
| 9 | 教育文化施設 |
| 10 | 医療施設 |
| 11 | 社会福祉施設 |
| 12 | 消防に関する施設 |
| 13 | 国土保全施設 |
| 14 | 熱供給施設（発電用施設において発生する温水又は蒸気を利用するものに限る） |
| 15 | 農林水産業に係る共同利用施設 |

(資料) 通商産業省資源エネルギー庁公益事業部［1985］より作成.

表1-3　電源立地促進対策交付金の交付対象事業の見直し経緯(1974(昭和49)〜2000(平成12)年度)

| 年度 | 見　直　し　内　容 |
|---|---|
| 1977(昭和52) | 「商工業に係る共同利用施設」を追加 |
| 1981(昭和56) | 「10%程度を施設維持管理費に充当」を追加 |
| 1982(昭和57) | 「農林水産・商工業に係る共同利用施設」を「産業振興寄与施設」に拡大 |
| 1983(昭和58) | 「産業振興寄与施設」の範囲拡大 |
| 1984(昭和59) | 「産業振興寄与施設」の範囲拡大 |
| 1985(昭和60) | 「産業振興寄与施設」の範囲拡大,「交通安全に寄与する施設」の追加 |
| 1986(昭和61) | 「産業振興寄与施設」および「交通安全に寄与する施設」の範囲拡大 |
| 1987(昭和62) | 「産業振興寄与施設」の範囲拡大 |
| 1988(昭和63) | 「都市公園」および「環境衛生施設」の範囲拡大 |
| 1999(平成11) | 「基金造成による維持運営事業」の追加 |

(資料) 通商産業省資源エネルギー庁［2000］より作成.

なかった．市町村庁舎など依然として対象外のものはあるが，第4章で述べるように原子力発電施設等立地地域長期発展対策交付金の多くが施設の維持運営に用いられるようになった．

このように，原子力発電施設等立地地域長期発展対策交付金には使途の面でも電源立地促進対策交付金にみられない特徴があった．原子力発電施設等立地地域長期発展対策交付金の創設によって，年度ごとにみれば他の種目ほど大規模でないものの，立地市町村は長期・安定的で，かつ使途の広い財源を獲得したのである．

1999（平成11）年度に創設された電源立地等初期対策交付金では，さらに新たな使途が加わった．この交付金は既存の4つの種目（電源立地地域温排水等対策費補助金・重要電源等立地推進対策補助金・電源立地地域温排水等広域対策交付金・要対策重要電源立地推進対策交付金）が統合されたものである．

従来の対象事業は表1-4のとおり種目ごとに異なっていたが，電源立地等初期対策交付金への統合によって使途も一本化された．さらに，地域おこし事業としてイベントの開催や物産・農作物等の試験的製作，マーケティング，商工業や農林水産業・観光業等の振興に寄与する施設の整備など，新たな使途も加わった．このような旧交付金の統合と同時に使途を広げる制度改革は，後の電源立地特別交付金や電源立地地域対策交付金でも行われている．

以上，原子力発電所立地市町村に対する電源三法交付金を中心に，使途の拡大の経過を述べた．当初，電源立地促進対策交付金の使途は公共用の施設の整

**表1-4　電源立地等初期対策交付金に統合された交付金の種類と使途**

| 交付金名称 | 使途 |
|---|---|
| 電源立地地域温排水等対策費補助金 | （Aタイプ）周辺の海域において漁協等が実施する温排水の有効な利用推進に資する調査等の事業への助成．（Bタイプ）特に水産振興策が必要と認められている地点の周辺の地域における温排水の有効な利用に関する調査等の事業（パイロット事業を含む）への助成 |
| 重要電源等立地推進対策補助金 | 自治体が実施する先進地調査，検討会，広報等の事業への助成 |
| 電源立地地域温排水等広域対策交付金 | 都道府県が実施する水産振興に資する広域事業に関する費用に充てるための交付金 |
| 要対策重要電源立地推進対策交付金 | 市町村が行う医療施設，社会福祉施設，教育文化施設，スポーツ・レクリエーション施設の整備事業費および運営費に充てるための交付金 |

（資料）福井県［2014a］より作成．

備に限定されていたが，施設の範囲が拡大するとともに整備以外にも使途が広がった．同時に，交付金の種目の創設や統合なども使途が拡大する契機となった．交付金制度は複雑化したが，交付金の増額や使途の拡大は立地地域にとって望ましいものであったと言える．

### (5) 電源三法交付金制度の経過 ③
#### ——電源立地地域対策交付金への統合と使途の大幅な拡大——

2003（平成15）年10月には，既存の主要な種目が統合されて電源立地地域対策交付金が誕生した．原子力発電所立地市町村に対する主な電源三法交付金は，いずれも電源立地地域対策交付金に統合されることとなった．

電源立地地域対策交付金は，交付期間や交付金額こそ従来の制度を継承したものの，使途はさらに拡大した．統合される前は種目ごとに異なっていた使途が一本化されるとともに，地域活性化に関する事業が追加されたのである．具体的な変更内容は，**表1−5**のとおりである．電源立地地域対策交付金への統合によって，制度の簡素化と使途の拡大が大きく進んだ．

電源立地地域対策交付金の使途は，**表1−6**に示したとおり7つの事業が設定されている．まず，電源立地促進対策交付金など従来の主要な使途であった公共用の施設の整備は，施設の区分が**表1−7**に示したとおり，当初に比べて広がっている．[16] さらに，施設の維持管理が対象に含まれただけでなく，他の国庫支出金や自主財源で整備された場合も対象に加えられた．

また，基金の造成も交付金の種目によって異なっていた取り扱いが一本化され，**表1−8**に示すような形になっている．

次に，地域振興計画作成等措置や温排水関連措置，企業導入・産業活性化措置，福祉対策措置，給付金交付助成措置は従来の交付金種目ごとに使途が定められていたものであり，電源立地地域対策交付金によって統合された．

そして，地域活性化措置が新たに加わった．**表1−9**にその区分と具体例を示したが，それらの多くは従来の交付金になかったものである．企業導入・産業活性化措置や福祉対策措置等と重複する部分もあるが，いわゆるソフト事業に使途が大きく広がった点が特筆される．

このように，電源立地地域対策交付金では公共用の施設の整備以外にも使途が大幅に拡大されたことで，都道府県知事が公共用施設整備計画とともに住民の生活の利便性向上や産業の振興に寄与するための利便性向上等事業計画を策

表 1 - 5　電源立地地域対策交付金の創設にともなう旧交付金の主な変更内容
（原子力発電のみ）

| 旧交付金名称 | 主な変更内容 |
|---|---|
| 電源立地等初期対策交付金 | ○対象事業の追加<br>　企業貸付事業，電気料金割引事業および地域活性化事業が新たに追加され，原則として，交付金（期間Ⅰ～Ⅲ）による対象事業の差異が撤廃された． |
| 電源立地促進対策交付金 | ○対象事業の追加<br>　企業導入・産業活性化事業，福祉対策事業および地域活性化事業等が新たに追加された． |
| 電源立地特別交付金 | ○対象事業の追加<br>　公共用施設整備事業，温排水関連事業および地域活性化事業等が新たに追加された．<br><br>○交付限度額の算定方法の変更<br>　電力移出県等交付金相当部分については，実際の発電電力量等を勘案した限度額となる． |
| 原子力発電施設等立地地域長期発展対策交付金 | ○対象事業の追加<br>　公共用施設整備事業，電気料金割引事業および地域活性化事業等が新たに追加された．<br><br>○交付限度額の算定方法の変更<br>　実際の発電電力量等を勘案した額が加算される． |

（資料）福井県［2014a］より作成．

表 1 - 6　電源立地地域対策交付金の交付対象措置

| | | |
|---|---|---|
| 1 | 地域振興計画作成等措置 | 地域振興に関する計画の作成や先進地の見学会，研修会，講演会，検討会，ポスター・チラシ・パンフレットの制作等や発電用施設などの理解促進事業 |
| 2 | 温排水関連措置 | 種苗生産，飼料供給，漁業研修，試験研究，先進地調査，指導・研修・広報，漁場環境調査，漁場資源調査，漁業振興計画作成調査，温排水有効利用事業導入基礎調査等の広域的な水産振興のための事業 |
| 3 | 公共用施設整備措置 | 道路，水道，スポーツ等施設，教育文化施設，医療施設，社会福祉施設などの公共用施設や産業振興施設の整備，維持補修，維持運営のための事業 |
| 4 | 企業導入・産業活性化措置 | 商工業，農林水産業，観光業などの企業導入の促進事業並びに地域の産業の近代化及び地域の産業関連技術の振興などに寄与する施設の整備事業や当該施設の維持運営等のための事業 |
| 5 | 福祉対策措置 | 医療施設，社会福祉施設などの整備・運営，ホームヘルパー事業など地域住民の福祉の向上をはかるための事業や福祉対策事業にかかわる補助金交付事業及び出資金出資事業 |
| 6 | 地域活性化措置 | 地場産業支援事業，地域の特性を活用した地域資源利用魅力向上事業等，福祉サービス促進事業，地域の人材育成事業等の地域活性化事業 |
| 7 | 給付金交付助成措置 | 一般電気事業者などから電気の供給を受けている一般家庭，工場などに対する電気料金の実質的な割引措置を行うための給付金交付助成事業を行う者への補助事業 |

（資料）経済産業省資源エネルギー庁［2010］．

定し，主務大臣に協議して同意を得ることとなった．電源立地地域対策交付金への統合によってソフト事業がハード事業と同等の位置づけを得たことが理解できる．

表1-7　電源立地地域対策交付金の使途となる公共用施設整備事業

| No. | 種別 | 内容 |
|---|---|---|
| 1 | 道路 | 都道府県道，市町村道（道路の付属物を含む） |
| 2 | 港湾 | 小型船用の水域施設，外郭施設，係留施設およびこれらに伴う臨港交通施設 |
| 3 | 漁港 | 沿岸漁業用の小規模な漁港施設 |
| 4 | 都市公園 | 遮断緑地，基幹公園（児童公園，地区公園，近隣公園，総合公園，運動公園） |
| 5 | 水道 | 上水道，簡易水道 |
| 6 | 通信施設 | 有線放送電話施設，有線ラジオ放送施設，テレビジョン放送共同受信施設，その他の有線テレビジョン放送施設，その他これに準ずる施設 |
| 7 | スポーツ等施設 | 体育館，水泳プール，運動場，公園，緑地，スキー場，スケート場，キャンプ場，遊歩道，サイクリング道路，その他これに準ずる施設 |
| 8 | 環境衛生施設 | 一般廃棄物処理施設（ごみ処理施設，し尿処理施設），公共下水道，都市下水路，排水路，環境監視施設，産業廃棄物処理施設，墓地，火葬場，道路清掃車，除雪車，一般廃棄物の運搬車（ごみ収集車，し尿収集車），霊柩車，公害測定車，その他これに準ずる施設 |
| 9 | 教育文化施設 | 学校及び各種学校，公民館，図書館，地方歴史民俗資料館，青年の家，その他社会教育施設，労働会館，学校給食センター，柔剣道場，集会場，文化会館，その他これに準ずる施設 |
| 10 | 医療施設 | 病院，診療所，保健所，母子健康センター，主要な医療装置・器具，救急車，その他これに準ずる施設 |
| 11 | 社会福祉施設 | 児童館，保育所，児童遊園，母子福祉施設，老人福祉施設（老人ホーム，老人福祉センター，老人憩いの家，老人休養ホーム，老人浴槽車等），公共用バス，その他これに準ずる施設 |
| 12 | 消防施設 | 消防施設 |
| 13 | 国土保全施設 | 地すべり防止施設，急傾斜地崩壊防止施設，森林保安施設，海岸保全施設，河川・砂防施設 |
| 14 | 交通安全施設 | 信号機，道路標識，交通安全広報車，その他これに準ずる施設（道路の付属物を除く） |
| 15 | 熱供給施設 | 地域冷暖房施設，その他これに準ずる施設 |
| 16 | 産業振興施設 | 農道，林道，農業用排水施設，工業団地，職業訓練施設，商工会館，その他これに準ずる施設 |

（資料）経済産業省資源エネルギー庁［2010］．

### 表 1 − 8 電源立地地域対策交付金の基金制度

| 基金の名称 | 対象範囲 |
|---|---|
| 事業運営基金 | 地域振興計画作成等措置，温排水関連措置（施設の整備に係る経費を除く），企業導入・産業活性化措置（施設の整備に係る経費を除く），福祉対策措置（施設の整備に係る経費を除く），地域活性化措置（施設の整備に係る経費を除く），給付金助成措置，給付金加算等措置に要する経費 |
| 施設整備基金 | 公共用施設や各施設の整備に要する経費 |
| 維持補修基金 | 公共用施設や各施設の原状回復並びに外観及び内装を維持するために行う修繕その他の維持補修に要する経費 |
| 維持運営基金 | 公共用施設や各施設を運営するために主に経常的に発生する経費 |

（資料）経済産業省資源エネルギー庁 ［2010］.

### 表 1 − 9 電源立地地域対策交付金の使途となる地域活性化事業

| No. | 種別 | 内容 |
|---|---|---|
| 1 | 地場産業支援事業 | **地域特有の産品等の開発及び普及その他の地域の産業振興に資する事業**<br>○情報提供・発信事業（特産品紹介，技術情報の発信及びこれに類する事業）<br>○特産品開発，販売促進支援事業（特産品の開発支援，商品の販売促進に係る支援及びこれに類する事業）<br>○産業技術実証・導入事業（地場特産品に係る製造技術の実証・導入，地場企業の情報技術導入に係る支援及びこれに類する事業）<br>○地域内就業支援事業（Uターン，Iターン就職支援，地域職業情報の提供，ワンストップサービス提供，情報交流会の開催及びこれに類する事業） |
| 2 | 地域資源利用魅力向上事業 | **地域の特性を活用して当該地域の魅力を向上する事業**<br>○情報提供・発信事業（観光ＰＲ，地域の文化・情報交流活動の実施及びこれに類する事業）<br>○観光資源開発事業（観光資源調査，体験型地域滞在，観光客のニーズ把握及びこれに類する事業）<br>○地域おこし事業（まちづくりコンセプトやイメージアップ戦略策定・地域おこし事業及びこれに類する事業）<br>○伝統，芸術その他文化の保護・継承事業（祭り，伝統行事や文化財の保護及びこれに類する事業）<br>○イベント支援事業（音楽会，ミュージカル，スポーツ大会及びこれに類する事業） |
| 3 | 福祉サービス提供事業 | **地域における福祉サービスを提供する事業**<br>○情報提供・発信事業（インターネットによる福祉サービス情報の提供・地域の福祉施設に係る情報提供及びこれに類する事業）<br>○老人福祉事業（老人ホーム運営，ホームヘルパー派遣，集会所運営，老人参加イベント開催，バリアフリー推進及びこれに類する事業）<br>○身体障害者福祉事業（デイサービス，バリアフリー推進及びこれに類する事業）<br>○育児支援事業（育児カウンセリング，託児所の運営，育児の援助に係る助成及びこれに類する事業）<br>○保育事業（保育所の運営，児童館における活動及びこれに類する事業）<br>○医療施設，社会福祉施設等運営事業（病院や社会福祉施設等，福祉サービスに係る運営の助成及びこれに類する事業） |

| | | |
|---|---|---|
| 4 | 環境維持・保全・向上事業 | **地域の自然環境等の維持・保全及び向上を図る事業**<br>○情報提供・発信事業（環境保全ＰＲ及びこれに類する事業）<br>○環境維持・改善事業（ゴミ収集及びゴミの減量化事業，道路・河川環境の維持・保全，動植物保護及びこれに類する事業）<br>○地域森林整備事業（植林・間伐等の森林整備，森林の取得及びこれに類する事業）<br>○景観整備事業（都市環境設計及びこれに類する事業）<br>○公害防止事業（土壌汚染状況調査，地域環境影響評価及びこれに類する事業）<br>○リサイクル推進事業（廃棄物利用モデル構築及びこれに類する事業） |
| 5 | 生活利便性向上事業 | **地域住民の生活利便性向上に資する事業**<br>○情報提供・発信事業（各種住民サービスのオンライン提供及びこれに類する事業）<br>○住民参加活動支援事業（ＮＰＯ等，コミュニティ活動の拠点づくり，町内会活動支援，ボランティア活動支援及びこれに類する事業）<br>○地域内移動網運営事業（域内巡回バス等の運行，駐輪対策及びこれに類する事業）<br>○広域行政活動促進事業（広域行政促進のための調査研究，戦略策定及びこれに類する事業）<br>○公共用施設利用促進活動支援事業（港湾，空港等の施設の利用促進活動，利用促進のための戦略策定及びこれに類する事業） |
| 6 | 人材育成事業 | **地域の人材育成に資する事業**<br>○情報提供・発信事業（各種研修の情報提供及びこれに類する事業）<br>○能力涵養事業（各種研修会開催，専門学校，大学等への進学や留学，研修機関における研修の受講のための奨励制度の設置及びこれに類する事業）<br>○能力涵養施設等運営事業（研修施設等の運営及びこれに類する事業）<br>○国際交流事業（姉妹都市との交流会開催及びこれに類する事業） |

（資料）経済産業省資源エネルギー庁 [2010].

## 第2節　固定資産税（償却資産）

　次に，原子力発電所の運転開始後から立地市町村にもたらされる固定資産税（償却資産）について，概要を述べる.

　経済活動による税収の増加は，多様な経路であらゆる税目に及ぶ.所得課税・消費課税・資産課税のうち，市町村では所得課税の市町村民税と資産課税の固定資産税が，それぞれ税収の4割強を占めている（2012（平成24）年度普通会計決算）.

　原子力発電所の立地にともない市町村に大きな税収をもたらすのは，固定資産税である. 固定資産税は土地，家屋および償却資産に対して課税される. 土地や家屋は個人が所有する資産も課税対象となるが，償却資産は事業用に供することができる資産を対象として事業者に課税される. 原子力発電所の場合は初期に巨額の設備投資を要するため，償却資産にかかる税収がきわめて大きい. しかも，土地や家屋にはみられない特徴を持っていることから，その動向が立地市町村の財政全体を左右する.

### (1)　固定資産税 (償却資産) の特性

固定資産税 (償却資産) の課税対象は，土地および家屋以外の事業の用に供することができる資産 (鉱業権・漁業権・特許権その他の無形減価償却資産を除く) で，その減価償却額または減価償却費が法人税法または所得税法の規定による所得の計算上損金または必要な経費に算入されるものをいう[17]．

減価償却が行われるのは，設備投資にかかる費用の計上を期間ごとに配分するためである．一般的に，設備投資は稼働前に行われるのに対して，その設備を用いた生産活動は稼働後の長期間に及ぶ．そのため，各期の収支を適切に算定するためには，実際の収入と支出を差し引くのではなく，稼働前に支出した設備投資の費用を何らかの方法によって稼働後の各期に配分したうえで差し引かなければならない．減価償却は設備投資の費用を配分する手法であり，各期の費用の大きさを減価償却費という．

また，設備は減価償却によって資産としての価値が減少していく．すなわち，各期の減価償却費は支出として配分された費用であるとともに，資産の価値の減少分を表す．設備の取得価額を当初の価値として，その後は減価償却費分が差し引かれて未償却残高となる．減価償却が進むことによって未償却残高は減少する．

減価償却費の算出は設備ごとの状態によって行うのではなく，一定の方法を用いて仮想的に算出される[18]．減価償却費の算出を適切に行うためには，まず，適切な稼働期間を想定することが重要である．想定された稼働期間が実態よりも短い場合は，各期の費用が過大になり利益 (損失) は過小 (過大) 評価される．減価償却が早く済めば，設備が稼働しているのに費用が計上されなくなる場合もある．逆に，想定された期間が実態よりも長ければ，各期の費用が過小になって利益 (損失) は過大 (過小) 評価される．適切な費用配分を行うためには，稼働期間の設定を実際の稼働状況に合わせなければならない．可能な限り現実に近い稼働期間を想定することが必要である．

減価償却費の算定に用いられる想定稼働期間は「耐用年数」と呼ばれる．恣意的な会計処理や税負担の不公平などを招かないよう，耐用年数は「減価償却資産の耐用年数等に関する省令」によって統一的に定められている．

次に，減価償却費の算定を適切に行うためには，耐用年数が同じでも減価償却の進み方は設備によって異なるから，設備の特性に応じた配分方法でなければならない．主な減価償却の方法には，定額法・定率法・級数法・生産高比例

法などがある．一般的には，定額法と定率法が多く用いられている[19]．ごく簡単に言えば，定額法は文字どおり各期の費用配分を定額とするもので，取得価額などを耐用年数で割ることによって各期で定額の減価償却費が計上される．また，定率法は未償却残高に一定率を乗じて減価償却費を求める．乗じる率は一定だが，各期の未償却残高が減少していくため減価償却費も徐々に減少することになる．

固定資産税（償却資産）は，このような減価償却が行われる設備を対象に，その評価額を課税標準額として課税される．評価額の算式は以下のとおりである．

$$評価額＝前年度の価格×（1－減価率）^{[20]}$$

固定資産税は土地・家屋および償却資産のいずれも評価額を課税標準額とし，標準税率は1.4％である．したがって，固定資産税（償却資産）に特徴があるとすれば，土地や家屋にはない評価額の算定方法に集約されることになる．すなわち，土地や家屋にかかる固定資産税が比較的安定しているのに対して，償却資産にかかる固定資産税は設備の減価償却を反映した減価率によって税額が減少していくことが特徴となる．

### (2) 原子力発電所の立地による固定資産税（償却資産）の試算

固定資産税（償却資産）がこのような特徴を持つとしても，多数の納税者による中小規模の設備投資が毎年繰り返されていれば，税収も大きく減少することはないだろう．実際，大半の市町村では償却資産にかかる固定資産税収入も土地や家屋と同様に安定した傾向を持っている．

しかしながら，原子力発電所立地市町村の場合は事情がまったく異なり，固定資産税（償却資産）も電源三法交付金と同様に予見可能性が高いものの，収入が著しく減少する．その理由は第1に，原子力発電所は建設時の設備投資にかかる費用がきわめて大きいことである．日本原子力産業会議［1984］によると，東京電力福島第一原子力発電所（1～6号機）の建設費5062億円のうち，電気機械工事費は3883億円と76.7％を占めている．同様に，関西電力美浜発電所（1～3号機）は1493億円のうち1065億円（71.3％），九州電力玄海原子力発電所（1～2号機）は1782億円のうち1336億円（75.0％）となっており，原子力発電所は建設費に占める設備投資の割合も規模もきわめて大きい．

　最近では原子力発電所1基あたりの出力が向上しているため，新しい発電所の建設費はさらに大きくなっている．福井県 [2009] によると，大飯発電所3号機の建設工事費は4582億円，同4号機は2535億円であった．また，高浜発電所3号機は2803億円，同4号機は2098億円となっている．準備工事中の敦賀発電所3・4号機は計7700億円であるから，これまでと同じ7割程度を電気機械工事費が占めていれば評価額も従来の数倍になるだろう．

　これに対して，原子力発電所の運転開始後は設備投資が建設時に比べて極端に少なくなる．蒸気発生器の取り替えなど大規模改良工事によって新たな設備が加わることもあるが，評価額に与える影響は建設ほど大きくない．原子力発電所にかかる償却資産の評価額は運転開始時点が最も大きく，その後は減価償却によって基本的に減少していくのである．

　第2の理由は，原子力発電所の設備にかかる減価償却の方法である．省令の別表第二「機械及び装置の耐用年数表」の「31　電気業用設備　汽力発電設備」によって原子力発電設備の耐用年数は15年と定められており[21]，一般的には定率法によって減価償却費が算出される．その割合は省令により0.142となっているが[22]，原子力発電設備の場合は未償却残高が毎年14.2%減少することになる．したがって，固定資産税（償却資産）の収入も同様の推移をたどる．

　ここで問題となるのが，耐用年数の長さである．耐用年数は設備の想定された稼働期間であり，可能な限り現実に近い方が適切な費用配分のうえで望ましい．しかしながら，国内の原子力発電所は想定を大きく超える期間にわたって稼働しているのが実態である．2014（平成26）年12月末現在で最も長く経過しているのは日本原子力発電敦賀1号機の43年超であり，耐用年数の3倍に相当する期間である．また，国内の原子力発電所48基のうち15年未満のものが5基にとどまる一方，30年を超えるものは18基ある（事故で廃炉になった福島第一原子力1～6号機も30年以上稼働した）．このように，原子力発電設備の耐用年数は現実の稼働期間よりもかなり短くなっている[23]．

　以上のように，固定資産税（償却資産）の特徴は設備投資の規模による評価額と減価償却の方法によって生じるが，原子力発電設備の場合は当初の評価額がきわめて大きく，減価償却の方法も規定された耐用年数が実態よりも短いため，減少率も大きい．そのため，立地市町村における固定資産税（償却資産）は発電所の運転開始とともに課税が開始されて急激に増加するが，その後は大きく減少することになる．こうして，立地市町村の財政は固定資産税（償却資産）

の動向に左右される.

　全国原子力発電所所在市町村協議会（全原協）は，原子力発電設備にかかる固定資産税（償却資産）のモデルケースを示している．想定は出力100万 kW（建設費4000億円）であり，経済産業省資源エネルギー庁による電源三法交付金のモデルケースで用いられた出力135万 kW よりもやや小さい．固定資産税（償却資産）は次の式で算出される．

$$税額＝（建設費）×0.7×（1-r／2）×（1-r)^{n-1}×税率$$

　建設費の7割を課税対象の償却資産としているのは，先に挙げた事例などを踏まえたものであろう．実際の課税標準額は発電所ごとに異なるが，モデルケースの場合は2800億円となる．$r$ は減価率であるが，取得の翌年は減価率を半分としている．$n$ は経過年数であり，毎年1が加えられていく．

　固定資産税（償却資産）の推移は，**図1-7**のとおりである．途中の改修等を考慮していないが，定率法を用いた固定資産税（償却資産）の特徴は減価償却とともに税額も一定割合（14.2%）で減少することである．ただし，毎年の評

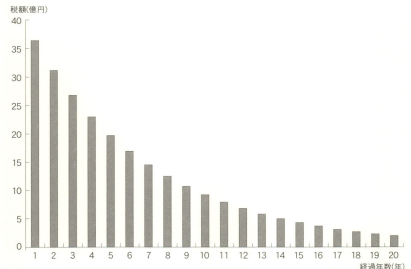

**図1-7　原子力発電設備にかかる固定資産税**（償却資産）**の推移**（モデルケース）

（資料）全国原子力発電所所在市町村協議会ＨＰより作成.
　　　 http://www.zengenkyo.org/（閲覧日2014（平成26）年4月18日）.

価額が異なるため減少額は一定にならない．図から分かるように，評価額が最も大きい運転開始当初に税額も最大となるが，その後は大きく減少する．また，年数の経過にしたがって評価額と減少額は小さくなっていく．なお，原子力発電所が稼働していれば課税最低限度として取得価額の 5 ％が課税対象となる．図には示されていないが，運転開始20年目に税額が2.0億円となって以降，課税最低限度で一定になる．

## 第 3 節　その他の収入

　原子力発電所の立地による主な収入には，電源三法交付金や固定資産税（償却資産）の他に，寄附金・協力金や法定外税なども挙げられる．

### (1)　寄附金・協力金

　寄附金や協力金は電源三法交付金や固定資産税（償却資産）などと異なり，制度ではなく任意に基づく収入である．したがって，原子力発電所の立地にともなう収入として見通しが立てられるわけではなく，明確に位置づけることもできない．しかしながら，これまで立地地域には多額の寄附金や協力金がもたらされたが申込者が明らかにされず，原子力発電所との関係が不透明であると批判されてきた．

　例えば，芝田［1986b］では，福井県の原子力発電所立地 4 市町のうち高浜町における寄附金額について，1969（昭和44）年度から1982（昭和57）年度までの間に関西電力から合計33.01億円あったことを明らかにした．また，福島民報編集局［2013］では，東京電力が1994（平成 6）年 8 月にサッカー施設の寄附を福島県に申し出，後に「 J ビレッジ」としてオープンしたことが述べられている．

　しかし，電力事業者からの寄附金や協力金はほとんど公表されておらず，報道等でその一端が窺えるのみである．また，寄附金や協力金があったとしても原子力発電所の立地や増設・運転等の見返りではないとされ，発電所との関係が分かりにくい．こうした点は，電源三法交付金や固定資産税（償却資産）と大きく異なっている．

　そのため，寄附金や協力金を原子力発電所の立地による収入に含めてよいかどうかは議論の余地があるが，一般的には寄附金や協力金もそのような収入と

して認識されていると言える.

　なお，電源三法交付金は，こうした問題に対処する手段としても考案されたという．清水修二は，電力事業者からの寄附金や協力金が「ややもするとルーズで恣意的な性格」があり「折り目筋目を正したやり方でやる方が筋としてはいい」という中曽根通産大臣の発言 (1974 (昭和49) 年5月) を引用して，「電源立地の条件整備である地元への利益還元の役回りを，企業の手から国家の手に公式に移管」[清水 1991a：159] して「企業の経費負担を国が斡旋することによりそこに一定の秩序をもたらそうと意図していたものと考えられる」[同] と述べている．電源三法交付金には，寄附金や協力金の代替としての性格も含まれていたのである.

　しかしながら，電源三法交付金が拡充されてもなお，依然として電力事業者からの寄附金や協力金は続いているとみられる．福井県敦賀市では，原子力発電所が集積する敦賀半島に市道西浦1，2号線を整備する際，事業費約60億円の全額を日本原子力発電が負担するという。[24] また，東京電力は1990 (平成2) 年度から2009 (平成21) 年度にかけて，福島県や新潟県・青森県，各県の立地市町村など原子力発電所等立地地域に400億円余りの寄附を行ったとされている。[25] このような報道が依然としてある.

　寄附金や協力金が巨額になれば，「原子力発電所の立地や増設・運転等の見返りである」とか，「原子力安全規制が疎かになる」といった疑念が生じる．また，これらは電気料金の原価に含まれ消費者の負担となってきた。[26] そのため，寄附金や協力金は今後も批判を招く可能性がある.

## (2)　法 定 外 税

　原子力発電所の立地による特徴的な収入として，自治体が課税する法定外税がある．その概要は**表1-10**のとおりである.

　代表的なものは，核燃料税である．核燃料税は1976 (昭和51) 年11月に福井県が初めて制定し，現在は10道県に導入されている。[27] いずれも法定外普通税であり，「発電用原子炉の設置に伴う安全対策や民生安定・生業安定対策等の財政需要に対処するため」[福井県 2014a：101] などの目的を持っている．これまで，課税標準の中心は発電用原子炉に挿入された核燃料の価額であったが，原子力発電所の稼働率の低下等により税額が不安定となっていたことから，新たな課税標準に出力を加えて安定した税額を確保しようとする自治体が増えてい

表1-10　原子力発電所等にかかる法定外税の状況

| 種類 | | 名称 | 課税主体 | 2012(平成24)年度<br>収入決算額(億円) |
|---|---|---|---|---|
| 法定外普通税 | 都道府県 | 核燃料税 | 福井県，愛媛県，佐賀県，島根県，静岡県，鹿児島県，宮城県，新潟県，北海道，石川県，（福島県） | 80 |
| | | 核燃料等取扱税 | 茨城県 | 6 |
| | | 核燃料物質等取扱税 | 青森県 | 160 |
| | 市区町村 | 使用済核燃料税 | 薩摩川内市（鹿児島県） | 4 |
| 法定外目的税 | 市区町村 | 使用済核燃料税 | 柏崎市（新潟県） | 6 |

（資料）総務省「法定外税の状況」より作成.

る．福井県では2011（平成23）年11月から従来の「価額割」と新たな「出力割」の合計額を課税額とし，その後も多くの道県が追随した．

　また，核燃料等取扱税は，茨城県が1978（昭和53）年に創設した核燃料税を拡充した形で1999（平成11）年4月に導入したものである．使用済核燃料の受入・保管や放射性廃棄物の発生・保管などが課税客体に含まれる．核燃料物質等取扱税は青森県が1991（平成3）年度に創設し，ウランの濃縮や使用済核燃料の再処理施設への受入・貯蔵，放射性廃棄物の埋設などが課税客体に含まれている．いずれも原子力発電所だけでなく核燃料サイクル施設が立地する特性を踏まえたもので，とりわけ青森県は税額が大きい．

　次に，市区町村では使用済核燃料税が薩摩川内市と柏崎市で導入されている[28]．前者は法定外普通税で後者が法定外目的税という違いはあるものの，使用済核燃料の貯蔵・保管が課税客体となっている点は同じである．

　なお，市町村には核燃料税等の一部が道県から交付される場合がある．全国原子力発電所所在市町村協議会によると，石川県と鹿児島県を除いて市町村への配分制度が存在するという．配分方法は多様だが，多くの場合は核燃料税の一定割合もしくは一定額が立地や周辺市町村などに配分されている．

　これらの法定外税による収入額は2012（平成24）年度で250億円を超えており，法定外税総額（364億円）の7割近くに達している．ただし，原子力発電所立地市町村からみれば，法定外税や核燃料税交付金は電源三法交付金や固定資産税（償却資産）ほど大きな収入になっているわけではない．

## 第4節　電源三法交付金と固定資産税（償却資産）の推移

　本章では，原子力発電所の立地による主な収入として，電源三法交付金と固定資産税（償却資産）の2つを中心に概観した．これらの収入は予見可能性が高く，財政規模の小さな立地市町村に与える影響も大きい．そこで，本節では，電源三法交付金と固定資産税（償却資産）について，それぞれで用いられたモデルケースを調整して全体の推移をみる．

　第1節で示した経済産業省資源エネルギー庁による電源三法交付金の推移は，原子力発電所の出力を135万kWと想定していた．また，第2節で示した全国原子力発電所所在市町村協議会による固定資産税（償却資産）の推移については，出力100万kWの想定であった．運転期間も，前者が35年で後者が40年と異なっている．そこで，原子力発電所1基あたりの出力向上や運転期間の長期化を考慮し，出力を135万kW，運転期間を40年として電源三法交付金と固定資産税（償却資産）の推移をあらためて算出する[29]．

　**図1-8**は，**図1-3**と**図1-7**を調整して合算したものである．2つの見方ができるのではないだろうか．

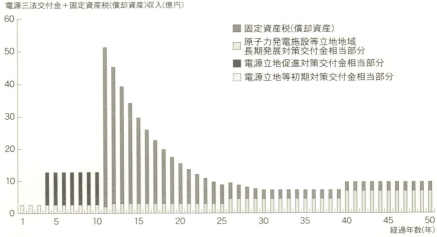

図1-8　**市町村に対する電源三法交付金と固定資産税（償却資産）の推移（モデルケース）**

（資料）経済産業省資源エネルギー庁［2010］，全国原子力発電所所在市町村協議会HPより作成．

　第1に，電源三法交付金と固定資産税（償却資産）がそれぞれ増加と減少の傾向を持つ，ということである．すなわち，第1節と第2節で述べた収入の特徴と同じ見方である．電源三法交付金は原子力発電所の建設期間に大きく増えるものの，運転段階に入ると減少する．また，固定資産税（償却資産）は運転開始当初の税額が大きいものの，年数の経過とともに減少する．このような収入の増加と減少が，時期を変えて立地市町村に2回繰り返されることになる．

　第2に，収入の増減を1回とする見方である．すなわち，原子力発電所の運転開始とともに固定資産税（償却資産）が急増する．しかし，建設期間の電源三法交付金と運転開始後11〜12年（図の21〜22年）頃の交付金と固定資産税（償却資産）の合計額は，ほぼ同じ水準となっている．したがって，運転開始直後から10年間（図の11〜20年）が1回の急増期になる，という見方も可能である．

　いずれの見方が正しいのであろうか．それは，電源三法交付金と固定資産税（償却資産）の財源としての性質がどの程度異なるかによるだろう．すなわち，両者が大きく異なる財源であれば歳出に与える影響も同じではないから，前者の見方が当てはまる．これに対して，両者がほとんど同じ性質の財源ならば歳出に与える影響もそれほど変わらないので，後者の見方が適切だろう．電源三法交付金の経過を踏まえれば，前者から後者の見方が妥当になりつつあると考えられる．

　従来の電源三法交付金は公共用の施設に使途が限定され，また建設期間のみの交付であった．これに対して，固定資産税（償却資産）は一般財源なので使途の制約はなく，運転期間のみの収入である．このように，原子力発電所立地市町村にとって従来の交付金と税は明確に区別される財源であり，したがって収入の増減が2回訪れる状況であったと考えられる．

　しかし，電源三法交付金は原子力発電所の運転期間にも交付されるようになり，使途の拡大も進んだ．すなわち，交付金は規模の面で固定資産税（償却資産）の減少を補完するとともに，使途の面でも一般財源に近づいた．交付金が量と質の両面で固定資産税（償却資産）との補完性を強め，税と同様の機能を持つようになってきたのである[30]．

　そこで，収入の増減も1回と見ればよいことになる．すなわち，原子力発電所の運転開始とともに電源三法交付金は減少するが，固定資産税（償却資産）の課税が始まるため，全体の収入は増加することになる[31]．その後は固定資産税（償却資産）が減少していくが，年数の経過とともに交付金が増えていくため，全

体としては建設期間に近い水準の収入が確保される.

　また，電源三法交付金の使途も一般財源に近いほど広くなっているから，交付金と固定資産税 (償却資産) で事業を区別する必要性は小さい. 原子力発電所の運転開始とともに交付金が固定資産税 (償却資産) に替わっても従来の事業を継続することができ，その後に固定資産税 (償却資産) が減少しても交付金で事業を継続することができるのである. 年数の経過によって収入に占める交付金と固定資産税 (償却資産) の割合が変わっても，支出に与える影響は以前ほど大きくならないだろう.

　このように，電源三法交付金と固定資産税 (償却資産) が質量ともに補完性を強めることによって，収入の増減が2回ではなく1回だけ訪れる，すなわち運転開始当初の収入急増を特徴と捉える見方が妥当になると考えられる.

　そこで，原子力発電所立地市町村の財政に対する評価も修正が必要ではないだろうか. すなわち，立地地域の財政が「国策への協力」という形で「地域の依存」が進んでいったと認識されるのは，収入の急増 → 急減という財政構造の頻繁な変動が立地市町村を大きく動揺させる，すなわち変化が2回あると見ていたからである. これに対して，本書では変化を1回と捉え，財政構造の変動は運転開始当初の収入急増が重要であり，その前後は (廃炉に至るまで) 安定したものと見る. したがって，収入の急増に適切に対処することによって立地地域が持続性を備え自立した財政構造の確立を進めることができるようになったと考えられる.

---

**注**

1）税収の偏在を是正するため，一部が道府県税となる場合もある.

2）清水 [1991a] では，もともと原子力発電所の建設は地域の振興を目的としたものではないことから，電源三法交付金制度の根拠を環境・安全問題と切り離して合理的に説明することはできない，と述べている.

3）なお，エネルギー特会はエネルギー需給勘定と電源開発促進勘定・原子力損害賠償支援勘定の3つに区分されており，さらにエネルギー需給勘定は燃料安定供給対策とエネルギー需給構造高度化対策などに，電源開発促進勘定は電源立地対策と電源利用対策，原子力安全規制対策などに分かれている. 電源三法交付金は電源立地対策に属し，電源利用対策では次世代の原子力利用に向けた技術開発などが行われている.

4）交付金規則では「所在市町村」と表記される.

5）1つの交付金種目で対象が複数となるものもある. また，都道府県を通じて市町村に交付される場合もある.

6） 電源立地地域対策交付金のうち電源立地等初期対策交付金相当部分は都道府県と市町村が交付対象となっているため，それぞれ均等に配分されると仮定した．また，隣接市町村等への交付金額は都道府県分に含め，都道府県から立地市町村に電源三法交付金を財源とした補助金等を支出する場合も都道府県分としている．

7） 地域住民・企業家への交付単価は原子力発電所の立地・隣接の状況によって異なる．2014（平成26）年12月末現在，福井県内で単価が最も高いのはおおい町で，住民が年間1万2900円（契約1口あたり），企業家が6444円（契約1kWあたり）となっている．

8） 原子力発電所の運転開始まで10年以上を要した場合，電源三法交付金の総額は変わらず交付期間が長くなるため，年度ごとの交付金額はモデルケースよりも少なくなる．逆に，運転期間が35年よりも長くなっても，年度ごとの交付金額は基本的に変わらないため，交付金総額はモデルケースよりも多くなる．

9） 電源立地地域対策交付金の交付期間や交付金額・交付対象等は従来の制度が継承されているので，「電源立地地域対策交付金（（旧交付金の名称）相当部分）」という形で現在も従来の種目の名称が用いられることがある．

10） 核燃料サイクル交付金など，交付要件が原子力発電所の建設や運転だけでないものは含まない．また，原子力発電施設等立地地域長期発展対策交付金相当部分は運転期間を対象として年度ごとに交付金額が算定されるため，モデルケースよりも運転期間が長くなれば交付金総額はさらに増える．

11） 運転期間を対象とした都道府県への電源三法交付金では，1981（昭和56）年度に電力移出県等交付金が創設された．

12） 電源地域振興センター［2002］によると，電源三法交付金には3つの時代区分が考えられ，1970年代が「立地貢献期」，80年代が「多様化期」，そして90年代が「目的転換期」であったという．なお，目的転換には地域振興だけでなく地球温暖化対策が前面に出るようになったことも含まれる，と指摘している．

13） 都道府県を対象とした電源三法交付金にも同様の傾向がみられる．電力移出県等交付金の創設に続き，2006（平成18）年度には原子力発電施設立地地域共生交付金が加わった．これは電源立地地域対策交付金に含まれないが，運転開始後30年以上を経過する原子力発電施設の立地を交付要件としている．

14） 国内初のBWR（沸騰水型軽水炉）の出力は35.7万kW（日本原子力発電敦賀1号機），PWR（加圧水型軽水炉）は34.0万kW（関西電力美浜1号機）であった．これに対して，2014（平成26）年12月末現在で最も出力の大きいBWRは出力135.6万kW（東京電力柏崎刈羽原子力6・7号機，ABWR——改良型沸騰水型軽水炉），PWRは出力118.0万kW（関西電力大飯3・4号機等）である．

15） 電源地域振興センター［2002］では1980年代の多様化期が地域産業の振興を含むものであったことが指摘されているが，**表1-3**における「産業振興寄与施設」の範囲拡大がたびたび行われてきたことからも，このことが窺える．

16） 公共用施設整備計画は主務大臣に協議して同意を受ける手続きとなっている．

17） 取得価額が少額の資産や自動車税の課税客体である自動車および軽自動車税の課税客体である軽自動車などは，償却資産から除く．

18） 減価償却費は費用であるが，実際に現金が支出されるわけではない．設備にかかる元利償還金などの支出がなければ，減価償却費はそのまま企業の手元に留保され，新たな

　設備投資に用いられる場合がある.

19) 2007（平成19）年4月1日以後に取得した資産について減価償却の方法が見直されたため，それ以前の方法を「旧定額法」「旧定率法」など「旧」の頭文字を付して新しい方法と区別するようになった.しかし，本書はこのような区別をしなくても特に大きな影響がないことから，「定額法」「定率法」を新旧いずれにも共通する基本的な方法として述べる.

20) 前年中に取得した償却資産の場合，減価率は2分の1となる.

21) 2007（平成19）年度の税制改正において，減価償却制度の大幅な見直しが行われた.財務省によると，その趣旨は「項目数の多い機械・装置を中心に資産区分を整理するとともに，使用実態を踏まえ，法定耐用年数を見直し」たものである（財務省「平成20年度税制改正案の概要」より）.なお，原子力発電設備の耐用年数は変更されていない.

22) 旧定率法の数値である.

23) 他の設備では想定と現実の稼働期間がどのように乖離しているか明らかでないため，原子力発電設備の乖離が相対的にどの程度大きいのかは分からない.しかし，想定の2倍を上回る期間も稼動している設備が多い状況は，やはり大きな乖離があると言えるのではないか.この点への対応については第7章で述べる.

24) 敦賀市予算書では負担金に計上されている.

25) 『朝日新聞』2011（平成23）年9月15日付.

26) 電気料金制度・運用の見直しに係る有識者会議が2012（平成24）年3月に作成した報告書では，「寄付金については，民間企業として一定の社会貢献を行うとともに，地域社会等との関係で電気事業の円滑な実施に資するといった観点から，料金原価上，一般的には諸費として整理されてきたが，電気料金の値上げが必要な状況下における費用の優先度を考慮すれば，料金認可時においては原価算入を認めるべきでない」とされた.

27) 福島県は2012（平成24）年に核燃料税を廃止した.

28) 使用済核燃料税の創設に向けて，全国原子力発電所所在市町村協議会（全原協）が新税検討ワーキンググループを設置し，2003（平成15）年2月に「課税は妥当」とする報告書をまとめた.同年9月に両市で導入されている.

29) 電源三法交付金は経済産業省資源エネルギー庁の試算に36年目から40年目までの分を加え，固定資産税（償却資産）については出力に比例して全国原子力発電所所在市町村協議会の試算を調整した.

30) 第5章で電源三法交付金への依存について論じる際に，あらためて取りあげる.

31) 当初の電源三法交付金にも固定資産税（償却資産）を補完する役割がなかったわけではない.「交付金も，運転開始による地方税（とくに固定資産税）の突然の拡大までの『つなぎ』にすぎない位置づけだった」[清水 2011：85]ことから，交付金は固定資産税（償却資産）の収入がない建設期間にこれを補完する財源となっていた.しかし，交付金は固定資産税（償却資産）と比べて小さく，使途も限定されていたため，第1の見方で捉えられることが多かった.

第2章
# 原子力発電所立地地域の財政に対する批判
──増設の誘発──

　原子力発電所の立地による地方財政の収入については，電源三法交付金と固定資産税（償却資産）が重要である．前者は発電所の建設期間を中心に都道府県や市町村・需用家などを対象に交付され，後者は運転期間における市町村税だが，いずれも当初の収入が大規模で，その後は大きく減少する．こうした特徴から顕著に影響を受けるのが，立地市町村である．

　そのため，これらの収入は原子力発電所立地地域にとって確かに魅力的であるが，その特徴から生じる弊害も大きいと指摘されてきた．すなわち，原子力発電所の増設を誘発することである．立地による収入が本来安定的であるべき地方財政に大きな不安定性を持ち込むことから，特に立地市町村が財政運営に行き詰まり，増設が選択されるのである．実際に，国内の原子力発電所立地地域は多くの場合，市町村に3〜4基程度が集積している．

　このような批判は，電源三法交付金制度の創設当初からあった．また，東日本大震災とそれにともなう東京電力福島第一原子力発電所の事故を機に交付金制度のあり方があらためて問われているなかで，やはり同様の弊害が指摘されている．依然として弊害は解消していない，と認識されているのである．

　本章では，これらの批判のうち代表的なものを震災前と震災後に分けて整理する．それぞれの批判には特徴的な部分も見受けられるが，増設の誘発を問題の中心に置いている点では共通している．また，震災後は問題点の指摘だけでなく原子力発電の方向性に即して交付金のあり方を問う議論が多くなり，提起された制度改革の姿も多様になっている．

## 第1節　震災前の主な批判

　まず，電源三法交付金制度の創設から震災と原発事故までの間における，原子力発電所立地地域の財政に対する主な批判として3つを取りあげる．すなわち，芝田英昭，清水修二，金子勝らによるものである．芝田は1980年代から90年代にかけて，清水は90年代以降，金子は2000年代にそれぞれ論考を発表した．考察の範囲や原子力発電の経緯などからそれぞれ特徴的な部分もみられるが，いずれも立地地域の財政が著しく不安定になるために原子力発電所の増設を誘発している点が批判の中心となっている．

### (1)　芝田英昭の批判

　芝田 [1986c] では，福井県美浜町の事例から弊害の存在が指摘された．美浜町には現在，関西電力美浜発電所が3基立地している．1970（昭和45）年11月に運転開始した1号機を皮切りに，1972（昭和47）年7月に2号機が，1976（昭和51）年12月には3号機がそれぞれ運転を開始している．現実に原子力発電所の増設が行われてきた地域である．

　芝田の批判を要約すれば，次のとおりである．まず，収入の面では原子力発電所の立地によって市町村に固定資産税（償却資産）と電源三法交付金，そして核燃料税交付金の3つが主にもたらされる．しかし，効果の持続期間はそれぞれ15年，建設期間，1986（昭和61）年までと，ごく限られている．

　次に，支出の面では，原子力発電所立地市町村の多くは人口規模が比較的小さく過疎化が進んでいたので，立地以前は公共用の施設の整備が不十分であった．そのため，電源立地促進対策交付金の使途が施設の整備に限定され，交付が建設期間のみであっても，交付金を活用して大規模な施設が整備された．しかし，施設が完成すれば維持管理費が膨張することになる．

　収入の減少と維持管理費の増加によって，町の財政は危機に陥る．これを打開するためには，原子力発電所の増設による収入の増加が必要となる．美浜町に原子力発電所が3基立地した背景には，このように収入と支出の変動に対応できなかった財政運営上の問題があるのではないか，と芝田は指摘した．とりわけ，電源三法交付金が使途の制約と交付期間の限定によって後の財政運営に大きな影響を与えることから，原子力発電所の増設を財政面で誘発していると

捉えられたのである．

　なお，芝田 [1990] では，原子力発電所立地市町村における経費膨張の実態が明らかにされている．福井県の立地4市町（敦賀市・美浜町・高浜町・大飯町）では義務的経費（人件費・扶助費等）の伸びが衰えて投資的経費（普通建設事業費等）が急激に増加したが，これは非立地市町村で義務的経費の伸びが投資的経費の伸びを大きく上回ったことと対照的である．この傾向は電源三法交付金が創設された1974（昭和49）年度から顕著になり，また，これに呼応するかのように公共施設・設備等の維持管理費が膨張したという．

　このような支出は原子力発電所の立地による収入がなくなった後も恒常的に必要なものであるから，芝田は「いずれそのツケは，『施設利用料』『各種公共サービス料』『住民税』の高騰という形で住民に回されることになろう」[芝田1990：428]，「結局，水膨れ的財政を維持するためには，原発大規模償却資産が完全に償却しない内に，次の原発を誘致しなければならなくなる．少なくともこれまでの若狭を見る限り，それは事実というしかない」[芝田 1990：426] と述べている．

　芝田の批判を総括すれば，原子力発電所の増設が誘発される背景には収入と支出のアンバランスがあり，それは財政制度に由来する部分と立地市町村の財政運営に由来する部分に分けられる．財政制度では，電源三法交付金や固定資産税（償却資産）は収入の期間が限られ，とりわけ交付金は使途も公共用の施設の整備に限定されていることである．こうした制度が財政運営にも及び，投資的経費の拡大や維持管理費の急増を引き起こした，ということであろう．

## (2)　清水修二の批判

　次に，清水 [1994：1999] では，原子力発電所の増設が誘発される背景に地方財政と地域経済の両面があることを指摘した．「立地効果の一過性問題」と呼ばれるものが地方財政と地域経済に共通しており，いずれも原子力発電所の増設を招いているという．

　まず，地域経済の面について述べる．[1] 原子力委員会が定めた原子炉立地審査指針によると，立地条件の適否を判断する際には原子炉からある距離の範囲内が非居住区域であることや，その外側が低人口地帯であること，原子炉敷地が人口密集地帯からある距離だけ離れていることが満たされていなければならない．端的に言えば，原子力発電所が立地しうるのは企業誘致の見込みが小さく，

発展が危ぶまれていた地域である．このような地域にとって，原子力発電所の立地は発展のための限られた選択肢となる．

　原子力発電所が建設されると，原子炉の設置や工事用道路の整備などで巨額の投資が行われる．その規模は，例えば青森県六ヶ所村では核燃料サイクル関連を中心に月平均30億円超，福島県の浜通り電源地帯では月平均71億円余りに達したという．こうして，原子力発電所の建設を機に発展の見込みが小さかった地域で投資需要が一気に高まり，土木建設業の就業者も急激に増加する．

　しかしながら，建設工事がいつまでも続くわけではない．原子力発電所が運転を開始すると，投資規模は極端に減少する．このように，地域経済の面から生じる「立地効果の一過性問題」とは土木建設業が中心である．しかも，発電所の立地を機に産業構造が大きく変わっているため，土木建設業が存続を図るためには新たに大規模な投資が必要となる．立地地域が発展するための方策はもともと限られていることから，再び原子力発電所の建設が必要とされるのである．

　原子力発電所の増設は，一過性問題に一過性の効果で対処するにすぎない．それでも，選択肢が限られるなかで産業構造の変化に対応しながら地域経済の発展を図るためには，増設に進まざるをえないのである．

　また，地方財政の面については，芝田の認識と基本的に同じである[2]．まず，電源三法交付金は交付期間が限られており，交付金で建設された大型公共施設の維持管理費用が後年度に必要となる．また，現在は原子力発電施設等立地地域長期発展対策交付金の創設等により運転期間にも交付されて使途も広がったが，年度ごとにみれば運転開始前と比べて少ない．依然として電源三法交付金も一過性なのである．

　次に，原子力発電所の運転開始後は固定資産税（償却資産）が得られるので，電源三法交付金が縮小しても当面は財政規模を維持することができる．税は一般財源だから使途の制約もなく，むしろ交付金より好ましい財源と言えるかもしれない．しかしながら，設備の減価償却が進むと税額も急減するため，財政規模は短期間しか維持することができない．固定資産税（償却資産）もまた，一過性の効果である．

　公共用の施設の維持管理費用は経常経費であるから縮小するには限界があり，施設の規模が他の市町村よりも大きければ歳出への圧力も相対的に大きくなる．そのため，原子力発電所の運転開始から一定期間を経ると収入の減少と施設の

維持管理費用の増加圧力が重なり，立地市町村の財政運営は危機に陥る．この状況を打開するためには，新たな収入を模索するしかない．こうして，財政面における「立地効果の一過性問題」からも原子力発電所の増設が要請されることになる．

このように，清水は地域経済と地方財政のいずれにも「立地効果の一過性問題」があり，原子力発電所の増設が求められる背景になっていることを明らかにした[3]．

### (3)　金子勝らの批判

次に，金子・高端 [2008] では，電源三法交付金と固定資産税（償却資産）の収入が不安定なことから，原子力発電所の増設に対する「依存症と禁断症状」という弊害が生じることを指摘した[4]．

「依存症」とは，次のようなものである．原子力発電所の立地が決定し，建設が始まる頃から莫大な電源三法交付金が交付される．これを受けて立地市町村では財政規模が急激に拡大し，積極財政に転じる．ところが，歳出が増え始めた頃から発電所の運転が軌道に乗り出し，交付金や固定資産税（償却資産）の急激な減少が始まるのである．

財政規模が肥大化し収入が減少することで財源不足が生じるが，原子力発電所立地市町村は十分に対処することができない．地方交付税などで賄っていても，歳出が増えていくからである．このような事態を打開するために，立地市町村は発電所の増設によって新たな収入増加を求めることになり，「依存症」が立地市町村を襲う．

そして，近年は「禁断症状」として，依存症がたびたび表面化するようになったという．2007（平成19）年の新潟県中越沖地震による東京電力柏崎刈羽原子力発電所の運転停止や，電力会社による点検記録の改ざんなど，原子力発電所の安全性に対する疑問が強まる事態になると，増設の動きは当分の間「凍結」あるいは「白紙」などの形で後退する．しかしながら，ある程度の時間を経過すると再び増設論議が沸き起こるのである．こうして「増設論議」→「事象の発生」→「安全性への疑問の高まり」→「増設論議の後退」→「疑問の沈静化」→「増設論議」という循環が生まれ，増設が円滑に進まなくなるなかで依存症が断続的に表れることになる．

金子らの指摘の特徴は，原子力発電所の増設に対する「依存症」が出ては消

え，そして再び表れるという「禁断症状」になっていることを明らかにした点である．福島県双葉町議会は2007（平成19）年6月に増設に関する決議を可決したが，1991（平成3）年にも同様の決議を行っている．15年以上にわたり増設が進展せず，足踏みしていたのである．その間，2002（平成14）年に東京電力が点検記録を改ざんしたことによって炉心隔壁（シュラウド）ひび割れの隠蔽が明らかになり，これを受けて町議会は増設決議を凍結する決議を行った．したがって，2007年の増設決議は凍結を解除する決議でもあった．

　また，現実に双葉町は財政運営に行き詰まっている．2006（平成18）年度における双葉町の実質公債費比率は30.0%で，全国で10位の高水準となった．原子力発電所の集積によって巨額の収入を獲得していたはずの双葉町が，きわめて重い公債費負担に陥ったのである．

　双葉町と大熊町に立地する東京電力福島第一原子力発電所は，1号機が1971（昭和46）年3月に運転を開始し，6基すべてが1970年代から稼働していた．きわめて短期間に原子力発電所の増設が進んだ地域である．したがって，双葉町は70年代に一過性の効果を繰り返して地域経済の発展や地方財政の拡大を図ってきたものの，その後は20年以上にわたって増設が行われなかった．そのため，収入の減少と支出の増加が続き，双葉町の財政運営が破綻寸前の状況になったと考えられている．双葉町が直面した厳しい現実が，あらためて電源三法交付金や固定資産税（償却資産）の問題点を浮き彫りにした．

### (4)　震災前の批判の総括

　以上，原子力発電所立地地域の財政に対する主な批判を取りあげた．いずれも，電源三法交付金と固定資産税（償却資産）という収入の特徴が支出に大きな影響を与えるために原子力発電所の増設を誘発している，という点が批判の中心となっている．

　それぞれの特徴を挙げるとすれば，芝田が原子力発電所立地市町村の財政運営について定量的な分析から明らかにしたこと，清水は地域経済と地方財政の両面から増設が誘発される点を指摘したこと，金子らは依存症が禁断症状となって繰り返し表面化するとともに財政運営に行き詰まった現実を明らかにしたことであろう．

　このように，本節で取りあげた3つの批判には考察の範囲や原子力発電所の状況などから特徴的な点がみられるが，いずれも原子力発電所の増設が地方財

政の面から誘発される点が中心となっている．この問題は長年にわたって解消されていない，と考えられてきたのである．

## 第2節　震災後の主な批判と電源三法交付金の見直しに関する提言

　東日本大震災とそれにともなう東京電力福島第一原子力発電所の事故によって，原子力発電に関する議論は安全規制や被災地の復興，賠償のあり方など多方面に及んでいるが，財政の面でも今までにない展開がみられる．とりわけ，電源三法交付金については震災前に指摘された問題点を踏まえて「廃止すべき」という踏み込んだ方向性も提示されるようになった．交付金制度の根幹が問われているのである．

　電源三法交付金に関する主な提言は，原子力発電の方向性によって主に次の3つに分類される．

　　① 原子力発電の廃止とともに交付金を廃止する．
　　② 原子力発電の縮小・廃止とともに交付金を見直す．
　　③ 原子力発電の安全性を高めるために交付金を見直す．

　本節では，①の主張として清水修二と伊東光晴と高寄昇三，②の主張として金子勝と川瀬光義，③の主張として金井利之と橘川武郎と提言型政策仕分けの議論を整理することにしたい．

### ⑴　原子力発電の廃止とともに電源三法交付金を廃止する議論 ①
#### ──清水修二の主張──

　清水 [2012] に収録された論文「電源三法は廃止すべきである」(初出：『世界』2011 (平成23) 年7月号) は，表題からも窺えるとおり電源三法交付金制度の廃止を主張したものである．前節で述べたように，清水は交付金制度の弊害を震災以前から指摘してきたが，福島県は震災と原発事故の被災地となっただけでなく脱原発による復興をめざしていることから，震災後には交付金制度の廃止を結論として明確に示した．その根拠について，前節と重複しない範囲で挙げるとすれば，次のとおりである．

① 本制度は「例外中の例外」として誕生した経緯があるけれども，目的税は好ましくない．なぜならば，目的税は特定官庁の占有財源になり，いったん導入してしまうと事情が変わっても容易に廃止も減税もされず，国会の統制も利きづらいため，財政の部分的な硬直化につながるばかりでなく無駄遣いを生む原因にもなるからである．

② 原子力発電は電力供給地と電力消費地が空間的に分離しているが，本制度は供給地（交付金を受ける者）と消費地（交付金を負担する者）との間に生じる「利益の分配」と「リスクの分配」の相反関係を市場取引の原理で調整しようとするものである．制度の本質を経済理論的に位置づけるならば，財政を通じたリスク配分の市場主義的な調整を狙ったシステムにほかならない．市場の機能に全幅の信頼を寄せる経済学の信奉者からみれば，まことに合理的なしくみと言えるだろう．しかし，原子力発電をめぐるこの取引市場にはいくつもの重大な欠陥ないしは問題があり，原子力立地マーケットは虚妄である．

第1に，ここで売買されているのは原子力発電所ではなく農村（立地地域）側の「環境」である．労働の生産物でなく本来売買されるべきものでもない環境が取引の対象になっていることがまず問題だ．もともと売れないものを売った気になり，買えないものを買ったつもりになっているところに勘違いがある．

第2に，この取引市場の当事者は決して互いに対等な関係にはなく，一方が他方に依存する関係が生じる構造になっている．原発誘致の声は，農漁業の衰退によって将来に希望を持てなくなった地域から多く上がる．裏返して言うと，そういう地域が国内に存在しなければ原発は造れない．地域格差の存在は原子力施設の社会的必要条件なのである．逆説的な話に聞こえるだろうが，原発の誘致でその地域の経済が発展し都市化が進んでしまったら，困るのは電力会社だ．原発を誘致した地域からやがて「もう一基！」の声が上がることを，電力会社は期待している．

第3に，農村の「環境」を購買する金を負担しているのは電力消費者であるのに，彼らにその自覚が全然ない．

以上の点から，電源三法の創りだした取引市場は，合理的かつ冷静な契約の条件が全く欠如した「虚偽マーケット」と言うしかない．

　このように，電源三法交付金は富の分配の不平等をテコにしてリスクの分配を貧者に向けて行おうとするものの考え方を制度化したもので，倫理的に非常に問題があるし，経済的にも本当の意味での合理性を欠いている．原子力発電所のような迷惑施設の受け入れと引き換えに金銭的利益を獲得するパターンが，とりわけ農村部で構造化することは決して良いことではない．国民がエネルギー問題にも環境問題にもまともに向きあうことなく，社会的なリスクを貧困な農村に金ずくで押しつけることとなり，問題の解決にならない，ということである．

　そこで，清水は次のように電源三法の廃止を主張した．

　　　[引用者注：電源三法交付金制度は] いったん始めてしまうとやめるのが確かに難しいが，とにかく廃止するほうがいい．廃止することを前提にした上で，エネルギー立地について改めてじっくり考える道をとるべきである．（中略）電源開発促進税という名称は変え，目的税の扱いもやめ，「環境税」の性格付けの下で再構築するのが賢明である [清水 2012：127]．

　具体的な制度の姿が示されていないが，清水は電源三法交付金制度を廃止して新たな趣旨と取り扱いのもとで制度を再構築するよう提案している．清水の主張は，交付金制度の重要な問題点に加えて制度の背景にある社会的条件や財政・経済面の理論的根拠に大きな問題があることをあらためて指摘し，そのうえで，これらを現行制度の調整では解決できないことから，新たな制度の構築が必要であることを述べたものである．

## (2)　原子力発電の廃止とともに電源三法交付金を廃止する議論 ②
### ——伊東光晴の主張——

　次に，伊東 [2013] に収録された論文「経済学からみた原子力発電」（初出：『世界』2011（平成23）年8月号）では，日米の原子力発電促進のための法制度の違いや原子力発電の発電原価に関する考察，原発事故にともなう損害賠償の法的責任の所在など，原子力発電に関して多方面の議論を行った．電源三法交付金も論点の1つになっている．

　伊東によると，日本で原子力発電を推進した誘因の1つが電源三法交付金であるという．とりわけ，原子力発電所の集中立地が生じるのは，建設期間の交付金がきわめて大きいことと運転開始以後の交付金が大きく減少することによ

る．そこで，地方議会と首長がもう1基原発の建設を要望するのであり，交付金の効能をアヘンに例えている．

　また，電源三法交付金制度は田中角栄がつくった政治ビジネス・モデルに支えられたものであり，制度が政治と地域をゆがめることを強く批判している．さらに，交付金はそもそも筋の通った制度ではないという．これらの点を論拠として，伊東は次のように交付金の廃止を主張した．

　　　　あらためて書くまでもない．自分たちの土地が使うわけでもない電力の設備をつくるのであるから，電力消費者が電源開発促進税を払い，自分たちが交付金を受けるのは当然であるという論理は成りたたない．自分たちが使わない機械工場の建設を認めるかわりに，機械に開発促進税を課してよいことにならない．自分たちが食べない米を耕作するのだから，交付金をよこせということもありえない．政治と地域をゆがめる電源三法は廃止し，その分電力価格を下げ，政治を正す必要がある　[伊東 2013：18]．

　伊東の結論とその論拠には，清水と同じ見方が含まれる．すなわち，電源三法交付金が地域をゆがめる制度であるとの指摘は，交付金によって農村地域にリスクを委ねることへの批判と同じ趣旨であろう．また，政治をゆがめる点については，清水も「新潟三区的発想」という比喩を用いて田中角栄による利益誘導の制度である点を批判している．

　ただし，電源三法交付金の廃止によって電力価格を下げることを提起している点は清水と対照的である[8]．

### (3)　原子力発電の廃止とともに電源三法交付金を廃止する議論 ③
#### ──高寄昇三の主張──

　次に，高寄昇三の主張について述べる．高寄 [2014] では，震災と原発事故後も原子力発電所立地自治体が再稼働に前向きな一方で非立地自治体が反対するという奇妙な図式が形成されつつあることに注目した．そして，このような構図になった要因を自治体の原発についての政策認識が貧困であることに求めている．また，その核心には電源三法交付金があることから，交付金の変革がエネルギー政策の変革の前提条件になると指摘した．

　電源三法交付金の問題点として，高寄は次の点を挙げている．

① 電源開発促進税は大半が原発開発・推進への研究・調査に向けられ，原発の効用を過大評価する機能を発揮している．

② 電源三法交付金があまりにも巨額で，自治体の財政感覚を麻痺させている．しかも，交付金が箱物行政などに浪費され，地域経済の振興にはあまり寄与しておらず，ますます原発財源を必要とする悪循環に陥っている．

③ 電源三法交付金が立地自治体のみでなく周辺自治体にまんべんなく散布され，結果として反原発への封じ込め機能を果たしている．

④ 電源三法交付金は立地自治体の財源窮乏を癒すことなく，ますます飢餓状況に追い込んでいる．

　こうした状況から，「原発政策・財政の閉塞感を打破するには，エネルギー政策のコペルニクス的転換を図っていくしかない」［高寄 2014：4］として，エネルギー政策と電源三法交付金のあり方について，次のように述べた．

① 現在の大量生産・大量消費というシステムを変革し，省エネ装置の開発やエネルギー管理の効率化，節電意識の浸透，自然エネルギーの促進を行う．とりわけ，電力消費地域では省エネ・自然エネルギーなどの開発・促進の責務は大きい．

② 将来的に電源開発促進税は廃止し，受益者負担を明確にするため法定外目的税の電源立地税として，自治体ごとに発電税を創設していくシステムにする．住民税の超過課税を財源とし，発電量に応じた奨励金を自然エネルギーにも平等に交付する．

③ エネルギー政策は国の政策であると同時に地域の政策でもあり，自治体は国の決定権行使において地域社会の利害から関与する権限を有している．環境問題とからめて，地方行政のなかでエネルギー政策に市民権を付与しなければならない．

　電源三法交付金の具体的なあり方については，②に示されたように法定外目的税の電源立地税とすることを提案している．また，エネルギー政策の方向性から再生可能エネルギーの普及拡大を図るために自治体ごとの課税と奨励金の支出を提起している点が特徴である．そして，このような施策が脱原発を進めることになるとして，次のように述べている．

　　政府は原発推進と同様の熱意をもって，再生可能エネルギーの推進のため，電源立地交付金なみの奨励金を投入すべきである．

　　政府が問題の本質を回避して，原子力発電を推進するのは，政策的にみても片手落ちの対応で，省エネ・自然エネルギーも，並行してすすめるべきで，電源立地交付金の半分は，脱原発への地方自治体への交付金とするべきである［高寄 2014：168］．

　以上，震災後に電源三法交付金の廃止を主張しているものについて述べた．新しい『エネルギー基本計画』の策定によって原子力発電への依存度が低減されることとなり，このような転換によって交付金制度も根幹からあり方を見直すべき状況になっている．清水は震災前に自身が批判してきた点を中心に，また伊東と高寄は震災前の議論も踏まえて，交付金の問題点をあらためて指摘した．そのうえで，いずれも交付金制度の廃止や再構築という踏み込んだ改革案を提示している．

### ⑷　原子力発電の縮小・廃止とともに電源三法交付金を見直す議論 ①
#### ——金子勝の主張——

　次に，原子力発電の規模を縮小し将来的には廃止することを踏まえて，電源三法交付金制度の見直しを主張したものについて整理する．

　金子［2012］では，電源三法交付金制度について，長期的には廃止を視野に入れながら当面の対策として見直しを提案した．

　金子によれば，これまでの原子力発電の推進は政府の農業や地域の切り捨て政策の結果，経済的な「豊かさ」から取り残された過疎地が絶えず生まれてくることから，政府が原発を受け入れる「ご褒美」を与えることによって行われてきた，と述べる．これは，清水が指摘したように地域格差の存在が原子力施設の社会的必要条件であることを表しているだろう．

　しかし，原子力発電所立地自治体は日本のなかに生まれた「異質な空間」であり，国民の大多数とは無関係に日本のなかで飛び地のようにして形成される．金子が主張する脱原発は，このような原発推進の構造を断ち切らない限り実現しないという．

　「異質な空間」が形成された背景には，財政の側面がある．電源三法交付金は原子力発電所の着工から完成・運転開始前後に集中し，固定資産税（償却資

産）も設備の減価償却が進むと大幅に減る．この豊富な財源が「異質な空間」を作り出しているのだが，問題はこれらが永続しない点にある．

　また，原子力発電所が誘致されたとしても，立地自治体の高齢化と人口減少の傾向は止まらない．それでも，もし原発を誘致できなければ高齢化と人口減少はもっと激しい勢いで進み，地域の衰退が加速したと考えられる．

　新たに原子力発電所を建設していけば当面こうした問題は避けられるだろう．しかし，代わって老朽原発を稼働する危険な状況を甘受しなければならない．いったん原発に手を染めた以上，立地自治体はできるだけ将来世代にツケを先送りにするのだが，そうすればするほどますます引き返せなくなっていくという悪循環に陥っていく，と金子は指摘する．

　他方，電力消費地域は震災と原発事故によって立地自治体周辺にも広く被害が及ぶ可能性を認識するようになり，嘉田由起子滋賀県知事が「被災地元」という表現で自らが原発の再稼働に関与する権利を主張しはじめた．

　このように，原子力発電所立地地域が酸素吸入器のような原発を切られれば生き残れない以上，たとえそれが将来世代へのツケの先送りであっても当面生きていくためには原発再稼働や老朽原発の稼働以外に選択肢はない．また，電力消費地域が自ら原発再稼働に関わることは，立地地域に与える影響も大きいと考えられる．

　そこで，問題の解決を図るためには以下の点が最低限必要になる，としている．

　第1に，新規の原子力発電所建設を停止し，既存原発が廃炉過程に入った場合に当該自治体に電源三法交付金を出し続けることができるように法的枠組みを整えることである．ソフトランディング・シナリオなしには，立地自治体はなおも老朽原発を稼働する道を選ばざるをえないからである．

　第2に，原子力発電所立地自治体の雇用対策である．原発関連の雇用の喪失は立地自治体の衰退を招く．この点で，金子は再生可能エネルギーへの転換が必要であると述べている．ただし，再生可能エネルギーで雇用を定期的に維持するには相当に大規模な発電施設を計画的に建設していかなければならず，また特殊な技術を必要とするので，地元企業の雇用転換を意識的に進めなければならない．こうした事業を立地自治体単独で行うことは困難であるから，「国策」に協力してきたという「理由」を打ち破るには「国策」自体を本格的に転換し，国が新たな「エネルギー転換事業」を打ち出して取り組むしかないとい

う.

第3に, 将来, 新たな「異質な空間」を生まない政策である. 原子力発電という集中メインフレーム型から再生可能エネルギーという地域分散ネットワーク型へのエネルギー転換は, 農業を含めた産業においても同じような転換をともなわないといけない.

金子の提案のうち特に電源三法交付金制度と関係が深いのは, 第1の廃炉過程における交付金の追加である. これは, 原子力発電所の新規建設が停止されるとの見通しから, 単に既存の交付金に廃炉の期間を加えたものではないだろう. 交付金制度に対する問題点の認識は清水や伊東と基本的に同じであり, 将来的に脱原発を求めている点も共通しているが, 国策としての原子力政策そのものが大きく転換するなかで立地地域が廃炉を選択肢として捉えることができるよう, 財政面での誘因として交付金の見直しを提起した点に特徴がある.

### (5) 原子力発電の縮小・廃止とともに電源三法交付金を見直す議論②
#### ——川瀬光義の主張——

次に, 岡田・川瀬・にいがた自治体研究所 [2013] で提起された, 川瀬光義による電源三法交付金制度の見直しに関する主張を取りあげる. 川瀬は, これまでの交付金制度の経過を米軍基地立地地域に対する交付金制度の変遷と重ね合わせ, 原子力発電所立地地域における収入の特徴を次のとおり整理した.

① 莫大な電源三法交付金や固定資産税収入が必ずもたらされる.
② 電源三法交付金は, 原子力発電所の立地による地域経済へのメリットが小さいことの埋め合わせである. また, その使途は限られているとはいえ使い勝手がよい.
③ 原子力発電所の稼働にともない固定資産税 (償却資産) が急増するが, 地方交付税による相殺があり, また課税権の一部が県に移譲される.
④ 電源三法交付金も固定資産税 (償却資産) も確実に減少するため, 破格の収入によって膨張した財政規模を維持するには増設しかない.

しかし, 今後, 原子力発電所の新増設が実現する可能性はゼロに近く, また, 既存の発電所が万一再稼働したとしても, いずれ廃炉となる. そうすると, 早晩こうした収入はなくなることが必然である. そこで, 川瀬は立地地域が正常な状態に戻るまでの過渡的措置として電源三法交付金を「廃炉交付金」のよう

な制度にすべきと主張した．この点について，次のように述べている．

　　これまで原発を引き受けさせられてきた自治体の財政と地域経済が本来
　の姿を取り戻すのに必要な経費を，私たちは負担する義務があるでしょう
　から，電源開発促進税は「廃炉税」と名称変更して残してよいと思います．
　ただし，その仕組みは以下のように改めるべきです．
　　① 私たちが負担していることを自覚できるようにする．(中略)
　　② 交付金の使途を，現状のようにほとんど一般財源と変わらない状況
　　　から「廃炉と地域再生を円滑にすすめる」ことを目的とした使途へ
　　　と徐々に改めて，最終的には左記のように限定することをめざす．
　　　・原発が立地していることによって余儀なくされる施設整備や事業
　　　　に関する経費
　　　・維持費については，これまで電源三法交付金を活用して建設した
　　　　施設のうち，普通交付税措置されていない施設のそれに限定する
　　　・再生可能エネルギーの普及と関連した地域再生につながる事業の
　　　　経費
　　③ 交付額の算定は「量出制入」を原則とする [岡田・川瀬・にいがた自治
　　　体研究所 2013：147-148].

　川瀬の主張は，原子力発電所の新増設が見込まれないことを前提に，電源開
発促進税を廃炉税として負担することを求めている．すなわち，電源三法交付
金が立地地域を発電所のない「正常な状態」に戻すための経費として，また電
力消費地域による負担として位置づけられている．そして，新たな交付金の規
模については，発電所が立地しておらず財政力が弱い自治体であっても（多く
の問題があるとはいえ）地方交付税や補助金などによって存続していることから，
現在の交付金のように発電所の出力や発電電力量によるのではなく，立地地域
の財政需要により量出制入を原則とすることを主張した．したがって，廃炉交
付金の規模はそれほど大きくならないと考えられる．

## ⑹　原子力発電の安全性を高めるために電源三法交付金を見直す議論 ①
　　───橘川武郎の主張───
　次に，原子力発電の方向性として脱原発ではなく一定の規模を維持する立場
から，その安全性を高める方策として電源三法交付金制度のあり方を見直すよ

う主張したものについて述べる.

　まず，橘川 [2011；2012] では，2030（平成42）年における発電電力量ベース
で原子力発電の割合を20%に縮小する「脱原発依存シナリオ」になる確率が高
いこと，バックエンド問題を解決できない限り原子力発電が過渡的エネルギー
源にすぎないため「リアルでポジティブな原発のたたみ方」を前提にしなけれ
ばならないことを踏まえて，電源三法交付金のあり方を論じている．したがっ
て，交付金制度の前提となる原子力発電の見通しが清水や伊東・高寄・金子・
川瀬とは異なる.

　橘川によれば，電源三法制定の目的は発電所立地によるメリットを地元へ還
元して電源立地を円滑に進めることにあった．電源立地という基本的な目的は
継続しながら，立地対策の強化として交付金の拡充が図られ現在に至る.

　そして，電源三法の枠組みを端的に言えば，国家が市場に介入して原子力発
電所の立地を確保する手法である．すなわち，この枠組みの存在は民間電力会
社が自分たちの力だけではそもそも立地ができないことを意味している．した
がって，電源三法交付金の問題点も原子力発電を国策民営方式で運営すること
にかかわるものとなる[11].

　そこで，橘川は原子力発電のあり方にかかる中長期的な課題の１つに，国策
民営方式を転換して９電力会社の経営から原子力発電事業を分離することを挙
げている．そして，原子力安全行政に立地自治体がステークホルダーとして関
与するため[12]，電源三法交付金の財源である電源開発促進税を国から立地自治体
へ移管することを次のように提案した.

　　　第三の中長期的な課題は，電源開発促進税の地方移管，具体的には原発
　　立地自治体への移管を実現することである．これまで，原発の運営につい
　　ては，基本的に国と電気事業者に一任されてきたため，原発立地自治体が
　　原発運営に対しステークホルダーとしてきちんと関与する機会は与えられ
　　てこなかった．地元住民の安全に直接的な責任をもつ原発立地自治体が，
　　電源開発促進税を主管し，原子力安全行政に参画することは，原発運営に
　　ステークホルダーとして関与することを意味する．電源開発促進税の地方
　　移管に際しては，原発の運転が停止しても一定水準の税収が維持される仕
　　組みを併設し，地元自治体が安全性の観点から必要だと判断した場合には，
　　いつでも原発の運転を停止できるようにすることが重要である．この電源

開発促進税の地方移管は，同税の一部が国の一般会計に繰り入れられている現状を踏まえると，その繰入れをなくすことから，電気料金の低下につながる可能性が高い［橘川 2011：158-159］.

橘川の主張の特徴は，原子力発電への依存を低下させながら2030（平成42）年までは一定の役割を果たすことを前提にして，電源三法交付金の問題点を国策民営方式に関する部分に求めた点と，それを解決するために電源開発促進税の立地自治体への移管と安全性向上の誘因を組み込むよう提起した点にある. また，国の一般会計に繰り入れなくなった分が電気料金の低下をもたらすことを述べた点も特徴的である.

## (7)　原子力発電の安全性を高めるために電源三法交付金を見直す議論 ②
### ──金井利之の主張──

金井［2012］でも，原子力発電の安全性を高めるために電源三法交付金が寄与しうることを述べている.金井は東京電力福島第一原子力発電所の事故を「長期に継続しうる放射線・放射性物質による公害事件の様相を呈しつつある」（p. 2）と位置づけ，原子力災害を「核害」と捉えた. そのうえで，被災自治体である福島県の現状や対応を踏まえて全国の立地自治体を「核害未災自治体」と呼び，現在の問題点や今後の対策について論じている.

電源三法交付金など原子力発電所立地地域の財政に関する提言については，多様な論点のなかで登場しているが，原子力発電に対する国と立地地域の姿勢などを含めて，以下のようにまとめることができる.

① 原子力推進の国策を維持したままで，安全性の向上を推進勢力である国・原子力事業者・推進派専門家に真摯に実行させるのは，推進の意向のない組織・勢力による厳しい追及があるときのみである. その典型は，社会運動としての脱原発勢力である. 国が推進派であるならば，立地自治体が自ら脱原発派として参入することで，勢力の均衡が図られる. その際，立地自治体は原子力発電所の存在による地方税や交付金，雇用や購買に依拠していると考える人も多いが，脱原発派になっても直ちに発電所はなくならないので，問題はまったく起きない.

② 電源三法交付金は原子力発電所立地の受益と受害の関係を変化させる. 特に立地自治体には大量の利益供与が行われ，受益をかさ上げすること

で安全規制への指向を緩める．国も受益地にあり，電源三法交付金も広く薄い負担なので，大勢に影響はない．このように，国も立地自治体も安全規制を緩和させてしまうので，受益と受害の均衡している中間地域の自治体に事実上の同意を求めることが肝要である．

③電源三法交付金は高経年での運転やプルサーマル運転を促進し，当初に想定されていた交付金システムよりも安全性の低下をもたらす方向で運用されている．電源三法交付金システムを残しつつ，安全性の向上に寄与するためには，安全性の高い原子力発電所・号機に配分をかさ上げすることが必要であろう．感覚的に言えば，新しいほど，改良された型式ほど，プルサーマルをしないほど，連続運転期間が短いほど，さまざまな多重防護策（電源車，非常用電源，緊急冷却装置の多元化，防波堤，耐震補強など）が採られるほど，所内自衛消防組織が充実するほど，避難計画が充実するほど，使用済燃料が少ないほど，原子炉鋼鉄の脆性遷移温度がある一定温度内にあること，などに着目して，交付金がかさ上げされればよいのである．あるいは，旧式・高経年炉を廃炉にした場合，廃炉後数十年の交付金支給をするという「廃炉交付金」構想もある．これは，旧産炭地域の廃坑後の旧産炭地域振興交付金をイメージすればよい．

④原子力発電所立地自治体が中立方策に立とうとも，あるいは，稼働・再開に同意・不同意にかかわらず，経済・財政的メリットが一定であることが必要である．つまり，稼働の有無に関わりなく，停止中・点検中を含めた立地の事実のみに基づいて運用される交付金・税制でなければならない．地域自主権とは自治体の政策判断によって国が差別的取り扱いをしないことであり，そのように国を正していくことが分権改革である．

⑤脱原発派の組織的支援が必要である．原子力発電所立地自治体が安全性の向上を考えるのであれば，脱原発勢力や脱原発派の専門家や言論人にも組織的支援を行うことが合理的である．立地自治体は，共同して脱原発の研究者を抱え込める原子力研究機関や大学を設置し，研究に資金提供する方法がある．また，脱原発の市民活動に対してさまざまな支援を行う手がある．それでも現在の推進構造から立地自治体が抜け出すのは至難の業であるが，利害状況の違いを無視して立地自治体が推進構造に簡単に取り込まれてはいけない．

⑥原子力発電所立地自治体が避難のための対策を採るには，まず基金を積

み上げなければならない．そして，そのための資金調達方策を，国およ
び原子力事業者に要求しなければならない．あるいは，税負担を許容す
るならば，電源開発促進税・電源三法交付金の相当額を「電源地域安全
対策交付金」に転換させて，広範囲の立地自治体の安全対策施策および
基金造成に充てることも考えられる．

　金井の提言は，電源三法交付金が原子力発電所の立地による受益をかさ上げ
し，立地自治体に原子力安全対策を軽視させる作用があったとの認識から，震
災と原発事故を教訓として，むしろ安全性向上をもたらすような制度に転換す
ることをめざしたものである．原子力発電所の安全性向上を図るためには，立
地自治体が脱原発派に転換するとともに，交付金にも安全性向上への誘因を組
み込むことが重要であるという．具体的には，発電所の安全性が高いほど交付
金額も大きくなる，あるいは安全性と交付金の関係を断ち切るような仕組みに
改めるとともに，支出面でも原子力発電所の安全性向上を促進させるための使
途の重点化などが提起された．また，廃炉交付金の構想にも言及している．

　橋川の主張と比較すれば，金井は電源開発促進税の地方移管には触れていな
いが，結論として交付金を原子力発電の安全性向上に結びつけた点では共通し
ている．

## (8)　原子力発電の安全性を高めるために電源三法交付金を見直す議論 ③
### ——提言型政策仕分けの提言——

　最後に，行政刷新会議で2011（平成23）年11月に行われた「提言型政策仕分
け」の議論を取りあげる．仕分けでは「原子力・エネルギー等：原子力発電所
の立地対策等」がテーマとなった．そのなかで，論点③「福島第一原子力発電
所の事故や今後の原発建設の遅延という状況を踏まえ，原子力発電所等の立
地対策の予算の在り方について，どう考えるか．電源立地地域対策交付金の使
途はこれまで拡大してきたが，今般の震災を踏まえ，優先的に安全確保に使用
する方向性についてどのように考えるか」に対して，結論として原子力発電の
安全性向上を図るために電源三法交付金を活用することが次のとおり提案され
た[13]．

　　電源立地地域対策交付金については，福島第一原発の事故や今後の原発
　　建設の遅延という状況を踏まえ，必要性を精査するとともに，事故対策や

　　防災・安全対策を拡充する仕組みを検討すべき. その際, 立地を受け入れ
　　た自治体にとっての使い勝手の良さに対しても配慮することが必要である.

　議論のなかで, 所管官庁（文部科学省・経済産業省）は, 電源三法交付金が原子
力発電所立地自治体と国との約束であること, 電源立地地域対策交付金につい
て使途の判断・決定は立地自治体に委ねられること, 安全防災対策については
別に交付金の増額要求をしていることを述べた. これに対して, 評価結果では
使途の広い交付金として立地自治体に配慮しながらも, 原発事故や今後の立地
遅延という状況を踏まえて, 予算全体の抑制を図りながら既存の交付金を事故
対策や防災・安全対策に資する使途に重点化することが提起された. 仕分けの
結果を受けて12月には交付規則が改正され,「防災・安全対策」に活用できる
ことが明確化されている.

　このように, 提言型政策仕分けでは電源三法交付金の活用に関する側面が注
目された. 橘川や金井の主張と比較すると, 交付金による原子力発電の安全性
向上を目的とした点は共通しているが, 既存の交付金制度を維持するかどうか
についての議論を経ている点に特徴がある[14].

### (9)　震災後の批判と提言の総括

　以上, 震災と原発事故を受けて行われた原子力発電所立地地域の財政に対す
る批判と, 電源三法交付金の方向性に関する主な主張を整理した. 電源三法交
付金の問題点については, 震災前からの指摘があらためて取りあげられている.
ここで問題点を整理し, その全体像を把握しておきたい.

　**表2-1**は, 電源三法交付金の問題点について, 交付する側の国と交付され
る側の地方を縦軸に, また経済・財政的側面と政治的側面, 原子力安全対策を
横軸として6つに分類し, 主な問題点を列挙したものである. これに加えて,
税を負担する電力事業者や国民・企業からみた問題点として「負担意識の欠如」

表2-1　電源三法交付金の問題点総括

| | 経済・財政的側面 | 政治的側面 | 原子力安全対策 |
|---|---|---|---|
| 国からみた問題 | 特別会計, 目的税 | 利益誘導 | 安全対策の軽視 |
| 地方からみた問題 | 使途の制約, 収入の不安定性 | 利益誘導, 非合理的な利害調整 | 安全対策の軽視 |

が挙げられるかもしれない.

　このうち, 電源三法交付金が原子力発電所の増設を誘発する要因として重要なのは, やはり使途の制約と収入の不安定性である. しかし, 他の問題も増設との関係がないわけではない. 特別会計で目的税（電源開発促進税）が経理されることによって交付金の拡大余地が生まれ, このことが利益誘導による増設や非合理的な利害調整による原子力安全対策の軽視を招く可能性が認識されている. いずれの問題点も, 原子力発電所の増設に結びつくのである.

　これらの問題点から提起された電源三法交付金の方向性は, 廃止や転換など制度の根幹にかかるものを含めて多岐に及んでいる. 震災と原発事故は, これらの問題点を踏まえて交付金のあり方を大きく変える契機になると考えられる.

　しかしながら, 電源三法交付金や固定資産税（償却資産）が原子力発電所の増設を誘発している, という問題点は今なお変わっていないのであろうか. 国内で原子力発電所が運転を開始してからすでに半世紀近くが経過しており, その間, 電源三法交付金も固定資産税（償却資産）も制度改革や原子力発電の情勢変化などによって以前とは性質が大きく変化している. 問題点も変わっている可能性がある.

　次章では, 原子力発電所立地地域の財政に関する問題点が現在どのようになっているのかを明らかにする.

---

注

　1 ）地域経済に関する指摘は, 震災後に発表された清水［2011 ; 2012］も含めて, 関連する箇所を整理した. なお, 本シリーズ第1巻で述べたように, 芝田も原子力発電所の立地によって地域経済の面で人口増加が期待どおりの結果とならなかったこと, さらに雇用効果が少なかったことや産業構造が激変したことなどを明らかにしている. ただし, このことが増設の背景にあるという明確な指摘はみられない.

　2 ）ただし, 清水は電源三法交付金を効果とは捉えていない. むしろ, 先に述べたような原子力発電所の建設による地域経済への効果が一過性に終わることや, 地元に対する雇用効果が少ないことなどから, 交付金は「原発が地域開発効果をもたないことに対する補償措置以外のなにものでもない」［清水 1994 : 180］と述べ, 「原発立地の地域開発効果の第一に電源三法交付金の挙げられることが多いが, これはまったく転倒した理解である」［同］としている.

　3 ）福島県双葉町議会は1991（平成 3 ）年 9 月に原子力発電所の増設を要請する決議を行った. 清水はこのことを「ポスト原発はやっぱり原発」であることの正しさを裏づけるものと捉えている.

　4 ）共同執筆者は葉上太郎で, 福島県双葉町の事例が挙げられている. 同町と隣接する

大熊町には東京電力福島第一原子力発電所の6基が立地していた．しかし，東日本大震災の発生によって原子炉が壊滅的な状況となり，すべて廃炉となった．

5) 実質公債費比率とは公債費と準公債費が財政に及ぼす負担（3カ年平均）を示すものであり，数値が高いほど実質的な公債費負担が重くなる．地方債の発行は長年続いてきた許可制から協議制に変更されて自治体の自主性が高まったが，実質公債費比率が18％以上になると一般的な許可基準による許可や総務大臣の同意などが必要になる．

6) 金子・高端 [2008] では，財政悪化の理由の第1を「財政規模に比して大きな公共投資を一気にやりすぎたこと」としている．これには，電源三法交付金だけでなく地域総合整備事業債など，地方交付税措置のある財源による事業も含まれる．

7) 前節では述べていないが，震災前から指摘されていたものも含まれている．

8) 清水は「電力消費に税金を賦課すること自体は，私は悪いとは思わない．日本の電気料金は諸外国に比べて高いと言われているが，もっと高くしても構わないと思っている」[清水 2012：127] と述べた．

9) 本シリーズ第1巻と同様，本書で用いる役職等は特に断らない限り当時のものとする．

10) 量出制入の原則とは「支出が決まれば，支出に必要な収入を調達しなければならない」[神野 2007：159] というものであり，地方財政の歳入は歳出に応じた規模にする必要がある．

11) 国策民営方式の大きな問題点は，「原子力発電をめぐって国と民間電力会社のあいだに『もたれ合い』が生じ，両者間で責任の所在が不明確になっていることである」[橘川 2011：80] という．

12) 本シリーズ第1巻で述べたように，「現行法体系では，原子力発電所の安全確保等の権限と責任は一元的に国にあるが，県としては県民の健康と安全を守る立場」[福井県 2009：65] があることから，原子力発電所立地地域は原子力安全協定の締結と改定を軸に原子力安全規制の実質的な権限を確保してきた．

13) 評価者7名のうち5名が事故対策や防災・安全対策に優先的に使用すべき，1名が従来どおり，1名が安全対策に特化した交付金を配る，という意見であった．

14) 提言型政策仕分けの結論に対しては原子力発電所立地自治体から反発があり，河瀬一治敦賀市長は「安全対策は国に責任がある．ちょっと筋が違う」と苦言を呈した（『日刊県民福井』2011（平成23）年11月22日付）．電源三法交付金の一部を原子力安全対策の拡充に活用するよう国が地方を誘導すれば，国が安全対策の責任だけでなく負担も立地自治体に課すこととなり，国と立地自治体との関係を崩す，という認識があると考えられる．

第3章
# 原子力発電所増設の停滞
──財政面からの考察──

　原子力発電所の立地による収入が増設を誘発するという批判は，今なお原子力発電と地方財政の関係についての問題点の中心と捉えられている．東日本大震災とそれにともなう東京電力福島第一原子力発電所の事故を受けて電源三法交付金の廃止や見直しが主張されているが，その背景にあるのも従来からの批判である．

　事実，原子力発電所の増設は各地で行われてきた．1966（昭和41）年に運転を開始した日本原子力発電東海発電所を皮切りに，半世紀近くの間に約50基の原子力発電所が稼働する状況となった．そして，多くの立地地域では複数の発電所が集積している．2005（平成17）年に運転開始した東北電力東通原子力1号機を除いて，東京電力柏崎刈羽原子力の7基を筆頭に，いずれの地域でも複数基が稼働しているのである．しかも，これらの地域ではすべての発電所が同時期に運転を開始したのではなく，多様な期間をおいて増設が繰り返されてきた（序章表1参照）．立地地域の財政に対する批判は，このような現実を踏まえたものである．

　しかしながら，近年は原子力発電所の増設が著しく停滞しているのもまた事実である．1970年代に20基（新規立地9，増設11），80年代には16基（同5，11）と，原子力発電所の建設は新規地点への立地から既存地点での増設を中心にしながらも一定数の建設が行われてきた．それが，90年代には15基（同1，14）であったものの1995（平成7）年以降は4基（いずれも増設）と激減し，2000（平成12）年から2014（平成26）年までは5基（同1，4）にまで減少している．

　原子力発電所が増設されてきた背景に財政面での問題があったとすれば，近年の増設が停滞している背景にも財政面での変化があると推察される．とりわけ，問題の中心であった収入の不安定性や使途の制約が変わったことと関係しているのではないだろうか．

　本章では，原子力発電所立地地域の財政状況について，これまで批判されてきた点がどのように変化しているかを明らかにし，原子力発電所の増設が停滞した背景になっていることを述べる．

## 第1節　原子力発電所立地市町村における収入の変化

　本シリーズ第1巻で焦点を当てた福井県には，多様な原子力発電所が集積している．1970（昭和45）年に運転を開始した敦賀1号機と美浜1号機が，それぞれ国内初のBWR（沸騰水型軽水炉），PWR（加圧水型軽水炉）である．以来，現在まで半世紀近くが経過するなかで，福井県では増設を重ねて多様な炉型・出力・経過年数・設置者の原子力発電所が立地している．現在は，**表3-1**に示したように嶺南地域の4市町（敦賀市・美浜町・高浜町・おおい町）に13基の商業

**表3-1　福井県の原子力発電所**

| 市町 | 発電所名 | 炉型 | 出力<br>(万kW) | 運転開始年月 | 設置者名 |
|---|---|---|---|---|---|
| 敦賀市 | 敦賀1号 | 沸騰水型 | 35.7 | 1970（昭和45）年3月 | 日本原子力発電 |
| | 敦賀2号 | 加圧水型 | 116.0 | 1987（昭和62）年2月 | |
| | 敦賀3号 | 改良加圧水型 | 153.8 | 着工準備中 | |
| | 敦賀4号 | 改良加圧水型 | 153.8 | 着工準備中 | |
| | もんじゅ | 高速増殖炉 | | 停止中 | 日本原子力研究開発機構 |
| | ふげん | 新型転換炉 | | 廃止措置中 | |
| 美浜町 | 美浜1号 | 加圧水型 | 34.0 | 1970（昭和45）年11月 | 関西電力 |
| | 美浜2号 | 加圧水型 | 50.0 | 1972（昭和47）年7月 | |
| | 美浜3号 | 加圧水型 | 82.6 | 1976（昭和51）年12月 | |
| 高浜町 | 高浜1号 | 加圧水型 | 82.6 | 1974（昭和49）年11月 | |
| | 高浜2号 | 加圧水型 | 82.6 | 1975（昭和50）年11月 | |
| | 高浜3号 | 加圧水型 | 87.0 | 1985（昭和60）年1月 | |
| | 高浜4号 | 加圧水型 | 87.0 | 1985（昭和60）年6月 | |
| おおい町 | 大飯1号 | 加圧水型 | 117.5 | 1979（昭和54）年3月 | |
| | 大飯2号 | 加圧水型 | 117.5 | 1979（昭和54）年12月 | |
| | 大飯3号 | 加圧水型 | 118.0 | 1991（平成3）年12月 | |
| | 大飯4号 | 加圧水型 | 118.0 | 1993（平成5）年2月 | |

用原子炉が稼働している．また，高速増殖原型炉「もんじゅ」や原子炉廃止措置研究開発センター（旧ふげん）も立地している．

ただし，その過程で増設を重ねてきたのは1970年代から90年代前半までであり，以降は着工準備中の敦賀3・4号機を除いて増設は行われていない．このように，福井県は規模の面でも多様性の面でも国内有数の原子力発電所および核燃料サイクル関連施設の集積地域であるとともに，増設の動向が明確に変化した地域でもある．端的に言えば，福井県は国内の原子力発電所立地地域の特徴を集約している．そこで，財政面でも福井県の状況を明らかにしておきたい．

## (1)　電源三法交付金の変化

まず，電源三法交付金の変化についてみる．第1章第1節で述べたように，交付金制度の創設時には電源立地促進対策交付金が建設期間の交付に限られており，このことが原子力発電所の増設を誘発する一因に挙げられた．しかし，現在は原子力発電施設等立地地域長期発展対策交付金など，運転期間の交付金種目も加わっている．また，この交付金は運転開始15年以上と30年以上の2つの時点で交付単価の増額が行われる．そのため，原子力発電所の運転を長期間継続することによって交付金額が増える．電源三法交付金は運転開始後でも失われることなく，一定の収入が確保される制度へと変貌したのである．

ただし，第1章図1-2に示したとおり，依然として建設期間の電源三法交付金が圧倒的に大きいことも事実である．電源立地促進対策交付金も単価や係数の上乗せなど制度改革によって交付金額が増え，さらに電源立地等初期対策交付金も加わった．原子力発電所の建設から運転段階へと移行する際に生じる交付金の減少は，程度こそ緩和されたものの解消したわけではない．

では，実際の電源三法交付金はどのような推移となっているだろうか．福井県内における交付金額は，1974（昭和49）年度から2012（平成24）年度までの累計で3883億円に上る．このうち，立地市町に1481億円（38.1％），県に2011億円（51.8％）が配分されている．残りは，嶺南地域を中心とした隣接市町等である．そして，図3-1は県と立地市町に対する電源三法交付金の推移を示したものである．注目すべきは，いずれも交付金額が増加を続けていることである．すなわち，近年は原子力発電所の増設が行われていないにもかかわらず，交付金額は増加傾向にある．[2]

県と立地市町では，1990年代前半の動向に違いがみられる．県に対する電源

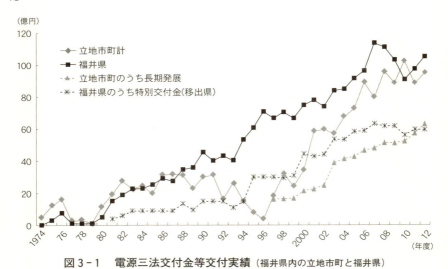

**図 3-1　電源三法交付金等交付実績**（福井県内の立地市町と福井県）

（注）　1：1997（平成9）年度以前の数値は資料の過年度版による.
　　　　2：旧名田庄村は合併しておおい町になったので，合併後の交付金額を立地市町分とした.
（資料）福井県 [2014a] ほかより作成.

　三法交付金額はほぼ一貫して増えてきたが，立地市町では90年代前半に減少し，その後は大きく増えている．とりわけ，1996（平成8）年度にはゼロに近い水準となった．これは，商業用原子炉の増設では県内最後となる大飯4号機の運転開始が1993（平成5）年2月，もんじゅの発電開始が1995（平成7）年8月であったことから，これらの稼働とともに交付金額が大きく減ったと考えられる．

　しかしながら，県が1990年代後半以降も増加傾向を続けるとともに，立地市町もまた1997（平成9）年度以降には減少から増加へと転じている．これは，運転期間の電源三法交付金によるものである．**図3-1**には，電源立地特別交付金（電力移出県等交付金枠，交付対象は県）と原子力発電施設等立地地域長期発展対策交付金（交付対象は立地市町）の推移をあわせて示した（電源立地地域対策交付金への統合以降は旧当該交付金相当部分）．いずれも原子力発電所の運転期間を対象としており，前者が1981（昭和56）年度から交付されたのに対して，後者は1997年度からとなっている．運転期間を対象とした交付金の種目が県と立地市町で異なる時期に創設されたために，90年代における交付金額の動向に違いをもたらしたと考えられる．近年は交付金額が増加傾向を続けているのも，これらの交付金が大きな割合を占めるようになったからである．

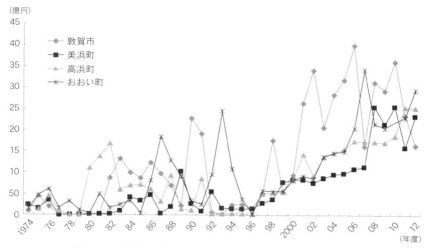

（億円）

凡例：
- 敦賀市
- 美浜町
- 高浜町
- おおい町

**図3-2　電源三法交付金等交付実績**（福井県内の立地市町）

（注）1：1997（平成9）年度以前の数値は資料の過年度版による．
　　　2：旧名田庄村は合併しておおい町になったので，合併後の交付金額を立地市町分とした．
（資料）福井県［2014a］ほかより作成．

　立地市町ごとにみても，電源三法交付金額が増加基調にある．**図3-2**から分かるように，市町ごとに変動の大小はあるものの1997（平成9）年度以降に増加傾向となっている点では共通している[3]．

　このように，福井県では原子力発電所の増設が近年行われていないにもかかわらず，県と立地市町いずれも電源三法交付金は増加を続けている．その大きな要因は，運転期間を対象とした電源立地特別交付金（電力移出県等交付金枠）や原子力発電施設等立地地域長期発展対策交付金が大きく増えているからである．

　では，こうした電源三法交付金の変化をどのように理解すべきであろうか．確かに，現行の制度でも原子力発電所が建設期間を終えて運転を開始すると，交付金額は大きく減少する．このような傾向は以前と変わらない．しかし，これは1基の発電所でみた場合である．運転期間を対象とする交付金は発電所の出力や発電電力量によって決まるため，複数基の原子力発電所が運転していれば，それだけ交付金額も大きくなる．すなわち，発電所の集積と運転の継続によって運転期間の交付金が大規模で安定したものとなり，原子力発電所の増設が行われなくても十分な規模の交付金を確保できるようになったのである．

　さらに，原子力発電所1基あたりの出力向上や長期間の運転に対する加算措

置などから，運転期間における複数基分の電源三法交付金額が建設期間における1基分のそれよりも大きくなる逆転現象も生じうる．第1章図1-3で建設期間と運転期間の交付金を単純に比較すると，4基程度の原子力発電所が運転していれば1基分の建設期間に相当する交付金額を確保することができる．実際，福井県の立地4市町にはそれぞれ2〜4基の発電所が集積し，いずれも稼働している（ふげん，もんじゅを除く）．こうしたことから，発電所の増設がなくても電源立地特別交付金（電力移出県等交付金枠）や原子力発電施設等立地地域長期発展対策交付金が交付金総額の増加傾向に大きく寄与しているのである．

　このように，福井県では原子力発電所の建設が一段落したものの，増設を誘発するような電源三法交付金の減少は起きていない．他の立地地域も同様であろう．一定の集積がみられる市町村では，発電所の運転終了時まではむしろ交付金額が増加する状況になっている．1基あたりの傾向とはまったく異なるのである．

　ただし，このような変化は多くの原子力発電所が1970年代から80年代に建設・増設され，運転を継続していることが前提となる．今後は運転期間が原則40年，最長でも60年とされているため，多くの発電所が廃炉に移行すると見込まれる．電源三法交付金は運転終了とともに途絶える制度となっているため，廃炉とともに交付金が減少することで，再び原子力発電所の増設が要請されるかもしれない．運転期間の交付金が拡充されてきたことを考慮すれば，「増設から継続へ」という近年の傾向が「継続から建替へ」と転換する可能性もある．

　なお，原子力発電所の集積と運転の継続を前提とした電源三法交付金の変化は，発電所が市町村の範囲を超えて広域的に集積していることも一因である．電源立地促進対策交付金が立地市町村だけでなく周辺市町村にも交付されるため，自らの地域で発電所が建設されなくても周辺分として電源立地促進対策交付金を受けることができるのである．

　福井県の場合，原子力発電所は嶺南地域の4市町に集中しており，立地地域でも周辺分の交付対象となる場合があった．例えば，敦賀市と美浜町はそれぞれ立地市町であるとともに相互に隣接の関係にある．そのため，美浜3号機の建設に際して敦賀市にも周辺分の電源立地促進対策交付金が交付されている．逆に，敦賀市で「ふげん」や「もんじゅ」が建設されると，美浜町にも周辺分の電源立地促進対策交付金が交付される．おおい町と高浜町も同様であり，大飯発電所の建設によって隣接の高浜町が，高浜発電所の建設によって隣接のお

おい町（当時は大飯町）が周辺分の交付金を受けることになる.

　周辺分の電源三法交付金は，確かに立地分よりも少ない．しかし，原子力発電所1基あたりの出力が向上し，電源立地促進対策交付金の出力あたり単価が増額されてきたことなどによって，新しい発電所ほど電源立地促進対策交付金の交付金額も増えている．そのため，周辺分の交付金でも過去の立地分より多くなる場合がある．実際，もんじゅの建設によって隣接の美浜町が受けた交付金23.7億円は，美浜3号機の立地分6.6億円の3.6倍となっている．また，大飯1・2号機の建設によって旧大飯町が受けた立地分の交付金は17.3億円だが，大飯3・4号機の建設で隣接の高浜町が受けた周辺分の交付金21.5億円の方が大きい．同様に，高浜1・2号機の建設によって高浜町が受けた立地分の交付金3.8億円よりも，高浜3・4号機で旧大飯町が受けた周辺分の交付金11.4億円の方が大きくなっている[4].

　このように，自らの地域で原子力発電所の建設が行われなくても，近年は周辺分で十分な規模の電源立地促進対策交付金を受けることができるようになった．交付金が原子力発電所の増設を誘発する側面は，発電所の集積が広域で進むことによっても弱まったのである．

　以上から，電源三法交付金は交付期間の長期化と交付金の増額等によって原子力発電所の一定の集積と運転の継続を前提に安定的に拡大するものへ変化し，増設を誘発する側面が大きく緩和されたと言える.

## (2)　固定資産税（償却資産）の変化

　次に，固定資産税（償却資産）の変化について述べる.

　図3-3に，福井県内の原子力発電所立地市町と非立地市町における固定資産税（償却資産）の推移を示した．非立地市町の収入は安定的に増加傾向を維持してきたのに対して，立地市町では激しい変動を繰り返している．その要因は言うまでもなく，原子力発電所の立地である．発電所の運転開始直後から収入が急増し，それ以降は減少傾向になるからである.

　例えば，敦賀市では固定資産税（償却資産）の急激な増加が1988（昭和63）年度と1996（平成8）年度の2回ある．それぞれ敦賀2号機，もんじゅに対する課税開始が要因である[5]．そして，いずれもこの年度をピークとして，収入が著しく減少している．もんじゅは特殊な炉型（高速増殖原型炉）なので設備投資の規模を商業炉と比較することはできないが，もんじゅの方が敦賀2号機より収

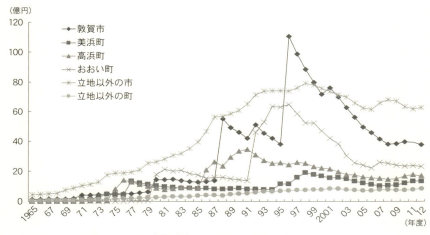

**図 3 - 3　固定資産税 (償却資産) の収入額 (現年度分)**

(注) 現在の市町村区分に合わせて算出した.
(資料) 福井県 [2014b] ほかより作成.

入の増加も以降の減少も顕著であった.

　おおい町でも同様の傾向がみられる. おおい町では, 1992 (平成4) 年度に
かつてないほど固定資産税 (償却資産) の収入が伸びた. これは, 大飯3号機
が前年に運転を開始したためである. また, 1993 (平成5) 年2月に大飯4号
機が運転開始となり, 1996 (平成8) 年度に収入がピークを迎えた. その後は
ほぼ一定の割合で減少している.

　したがって, 原子力発電所の立地にともなう固定資産税 (償却資産) の動向
は, 発電所の運転開始とともに急増した後に減少する傾向が基本的に変わった
わけではない. ただし, 近年は2つの変化が観察される. 第1に, 収入の規模
と変動が大きくなっていることである. 先に挙げた敦賀市とおおい町で収入の
増減が美浜町や高浜町よりも顕著なのは, 原子力発電所1基あたりの出力が向
上して設備投資の規模が大きくなっているからである. 設備投資額は固定資産
税 (償却資産) の課税標準に直結するため, 出力の向上は税額の増加をもたら
す. 原子力発電所の建設が2基を単位に行われることもあるから,[6] 税額の増減
はさらに大きくなる.

　このように, 福井県では原子力発電所が立地していない市町の固定資産税(償
却資産) が安定的に増加傾向を維持してきたのに対して, 立地市町では激しい

変動を繰り返している．こうした傾向は1970年代から一貫しているが，原子力発電所１基あたりの出力向上により近年は変動が顕著になった．

　第２の変化として，原子力発電所の増設が近年は行われていないにもかかわらず，立地市町では依然として一定規模の固定資産税（償却資産）を確保していることが挙げられる．その大きな要因が，電源三法交付金と同様に原子力発電所の集積と運転の継続にあると考えられる．すなわち，固定資産税（償却資産）の課税最低限度は取得価額の５％である．原子力発電所の場合，理論的には課税開始から税額が毎年14.2％ずつ減少し，およそ20年で課税最低限度に到達する．しかし，仮に３基の発電所がすべて課税最低限度に達しても，１基分の15％に相当する税額を確保することができるのである．

　図３－３では，やはり敦賀市とおおい町でこの傾向が顕著にみられる．すなわち，原子力発電所１基あたりの出力向上によって固定資産税（償却資産）の増減が激しくなるが，それだけ課税最低限度も大きくなる[7]．また，美浜町や高浜町でも立地以外の町の収入合計を単独で上回っているから，決して少ないわけではない．発電所が集積して運転を継続することによって，税額が減少しても一定の規模で安定するのである．

　このように，原子力発電所の集積と運転の継続，そして１基あたりの出力向上は，固定資産税（償却資産）にも２つの変化をもたらした．すなわち，運転開始当初の税額の増加と減少が顕著になったことと，その後の税額が一定の規模になったことである．かつて指摘された不安定性は，一方で強まり他方で弱まったと言える．

　したがって，このような固定資産税（償却資産）の変化は，原子力発電所の増設の誘因が弱まる可能性も強まる可能性も，いずれもあると考えられる．前者が現実となるのは，運転開始当初の固定資産税（償却資産）の増加によって確保された巨額の収入を基金等への積立によって十分に留保しつつ，その後の安定した収入も活かす場合であり，持続性を備え自立した財政構造の確立をもたらす．逆に，後者の状況が生じるのは，収入の増加とともに支出も急激に拡大させることで基金等への積立が不十分となり，その後も支出の縮小が難しく基金の取り崩しが進む場合であり，大規模な収入に依存して持続的な財政運営ができなくなるだろう．

　いずれの可能性が高いであろうか．それは，原子力発電所立地市町村が当初の巨額な固定資産税（償却資産）を十分に留保できるかどうか，すなわち歳出

規模を抑制する財政規律を自ら保持できるかどうかにかかっているだろう．固定資産税（償却資産）が原子力発電所の立地以前から規模や推移をほぼ予見できること，また使途も電源三法交付金とは異なり制約のない一般財源であること，原子力発電所1基あたりの出力向上によって税額が従来よりも増加していることから，歳出圧力が従来どおりであれば増設の誘因は弱まると考えられる．

しかし，地方財政の歳出構造も大きく変化しているため，いずれの状況になるかは現実をみなければ分からない．そこで，第4章では，原子力発電所立地市町村における歳出構造の全体像から財政規律の実態を明らかにする．

## 第2節　原子力発電所立地市町村における支出の変化

次に，原子力発電所立地市町村における支出の変化をみる．支出の面で増設を誘発すると指摘されてきたのは，電源三法交付金などの収入で建設された公共用の施設にかかる維持管理費の増加である．原子力発電所の運転開始後に交付金が減少する一方で完成した施設の維持管理費が増加して，次第に財政運営に行き詰まる，ということである．

そこで，支出の面では施設の維持管理に要する経費として，維持補修費の状況をみることにしたい．

### (1)　維持補修費の状況

**表3-2**は，2003（平成15）年度から2012（平成24）年度までの10年間における維持補修費決算額の普通会計に占める割合を，福井県内の原子力発電所立地4市町と全国の市町村平均で比較したものである．全国平均が1.2〜1.3%と安定しているのに対して，立地市町では敦賀市と高浜町がおおむね1%台後半となっており，やや高い水準で推移している．一方，美浜町やおおい町は全国平均よりも低かった．[8]

また，福井県を除く全国の原子力発電所立地市町村における維持補修費の割合の推移をみたものが，**表3-3**である．市町村によって状況は大きく異なり，全国を常に上回っている場合や下回っている場合など，必ずしも一様ではない．しかし，維持補修費の割合が高い場合であっても10年間の平均は2〜3%程度であり，維持補修費が立地市町村の財政運営を圧迫するような水準になっているとは言いがたい．維持補修費が原子力発電所の増設を誘発する状況にはなっ

表 3 - 2　福井県内の原子力発電所立地市町における維持補修費の構成比 （普通会計）

（単位：%）

| 年度 | 敦賀市 | 美浜町 | 高浜町 | おおい町 | 市町村平均 |
|---|---|---|---|---|---|
| 2003（平成15） | 1.7 | 0.5 | 1.6 | 0.7 | 1.3 |
| 2004（平成16） | 1.8 | 0.7 | 2.1 | 1.2 | 1.3 |
| 2005（平成17） | 2.5 | 0.9 | 1.6 | 0.9 | 1.3 |
| 2006（平成18） | 1.4 | 0.6 | 1.6 | 1.0 | 1.2 |
| 2007（平成19） | 1.6 | 0.6 | 1.8 | 1.5 | 1.3 |
| 2008（平成20） | 1.4 | 0.4 | 1.4 | 1.4 | 1.3 |
| 2009（平成21） | 1.6 | 0.5 | 1.8 | 0.8 | 1.2 |
| 2010（平成22） | 2.3 | 0.7 | 1.9 | 1.0 | 1.2 |
| 2011（平成23） | 2.2 | 0.9 | 1.1 | 1.3 | 1.3 |
| 2012（平成24） | 1.6 | 0.6 | 0.7 | 1.1 | 1.3 |
| 平均 | 1.8 | 0.6 | 1.6 | 1.1 | 1.3 |

（注）おおい町の2004（平成16）年度までの数値は合併前の旧大飯町のものである．
（資料）各市町決算カードより作成．

ていないと考えられる．

　第2章でとりあげた芝田英昭の批判では，原子力発電所の立地以前を基準として維持管理費の増加割合が著しく大きくなっていることから，立地市町村における維持管理費が支出の増加をもたらしていると述べた[9]．しかし，立地市町村の多くは道路や公共用の施設などの基盤整備が遅れていた地域であり，発電所の立地以前には維持補修費もごくわずかであったと考えられる．公共用の施設の整備によって維持補修費が大きく増加するとしても，財政を圧迫する水準になったとは限らない．

　また，金子・高端［2008］では，福島県双葉町で実質公債費比率が30.0％に達し，原子力発電所立地地域が現実に財政運営に行き詰まったことを取りあげた．しかし，双葉町の維持補修費は平均して普通会計の0.7％程度でしかなく，全国よりもむしろ低い水準にある．維持補修費は財政圧迫の要因にならなかったと考えられる．

　双葉町の実質公債費比率が高い理由としては，財政規模に比して大きな公共投資を一気にやりすぎたことが指摘されている．具体的には，公共下水道の整備や総合保健福祉施設，双葉総合運動公園，ふるさと農道や町道の整備などが

表3－3　福井県以外の原子力発電所立地市町村における維持補修費の構成比（普通会計）

（単位：％）

| 年度 | 東海村 | 泊村 | 女川町 | 石巻市 | 東通村 | 大熊町 | 双葉町 | 富岡町 | 楢葉町 |
|---|---|---|---|---|---|---|---|---|---|
| 2003（平成15） | 0.5 | 0.1 | 0.9 | 0.6 | 0.7 | 2.7 | 0.9 | 0.9 | 3.7 |
| 2004（平成16） | 0.5 | 0.2 | 0.7 | 0.5 | 1.4 | 2.5 | 0.7 | 0.4 | 3.8 |
| 2005（平成17） | 0.5 | 0.2 | 0.6 | 1.0 | 1.6 | 2.3 | 0.7 | 0.2 | 2.1 |
| 2006（平成18） | 0.4 | 0.3 | 0.8 | 0.9 | 0.6 | 2.4 | 0.7 | 0.3 | 1.7 |
| 2007（平成19） | 0.5 | 0.1 | 1.1 | 0.9 | 0.6 | 1.8 | 0.6 | 0.9 | 1.7 |
| 2008（平成20） | 0.5 | 0.3 | 1.4 | 0.9 | 0.7 | 2.2 | 0.5 | 0.8 | 1.9 |
| 2009（平成21） | 0.7 | 0.2 | 1.4 | 0.9 | 1.2 | 2.8 | 0.6 | 1.0 | 2.0 |
| 2010（平成22） | 0.5 | 0.1 | 1.4 | 1.0 | 1.0 | 2.4 | 0.5 | 0.8 | 1.3 |
| 2011（平成23） | 0.3 | 0.1 | 0.2 | 0.3 | 1.7 | 1.1 | 0.0 | 0.2 | 0.2 |
| 2012（平成24） | 0.4 | 0.1 | 0.1 | 0.3 | 1.8 | 0.5 | 0.0 | 0.0 | 0.8 |
| 平均 | 0.5 | 0.2 | 0.9 | 0.7 | 1.1 | 2.1 | 0.5 | 0.6 | 1.9 |

| 年度 | 柏崎市 | 刈羽村 | 御前崎市 | 志賀町 | 松江市 | 伊方町 | 玄海町 | 薩摩川内市 | 六ヶ所村 | 市町村平均 |
|---|---|---|---|---|---|---|---|---|---|---|
| 2003（平成15） | 2.5 | 4.1 | 0.7 | 0.8 | 0.2 | 0.3 | 1.4 | 2.0 | 1.3 | 1.3 |
| 2004（平成16） | 2.3 | 2.4 | 0.6 | 1.0 | 0.6 | 0.3 | 1.5 | 1.3 | 2.4 | 1.3 |
| 2005（平成17） | 3.1 | 2.6 | 1.1 | 0.7 | 0.6 | 0.6 | 1.2 | 2.0 | 1.9 | 1.3 |
| 2006（平成18） | 2.1 | 3.0 | 0.9 | 0.6 | 0.8 | 0.6 | 0.9 | 1.5 | 1.5 | 1.2 |
| 2007（平成19） | 1.5 | 4.8 | 0.5 | 0.6 | 0.7 | 0.5 | 1.4 | 1.7 | 1.9 | 1.3 |
| 2008（平成20） | 1.7 | 1.5 | 0.5 | 0.6 | 0.7 | 0.3 | 1.3 | 1.8 | 1.4 | 1.3 |
| 2009（平成21） | 2.3 | 2.2 | 0.7 | 0.9 | 0.8 | 0.1 | 1.0 | 1.7 | 1.5 | 1.2 |
| 2010（平成22） | 3.4 | 2.7 | 0.7 | 1.1 | 0.6 | 0.7 | 0.7 | 1.7 | 1.6 | 1.2 |
| 2011（平成23） | 4.4 | 2.9 | 0.7 | 0.9 | 0.6 | 1.1 | 0.6 | 1.8 | 2.2 | 1.3 |
| 2012（平成24） | 3.6 | 0.8 | 0.6 | 0.9 | 0.5 | 1.1 | 0.6 | 1.9 | 1.7 | 1.3 |
| 平均 | 2.7 | 2.7 | 0.7 | 0.8 | 0.7 | 0.6 | 1.1 | 1.7 | 1.8 | 1.3 |

（注）市町村合併以前の数値は旧立地市町村のものである．
（資料）各市町村決算カードより作成．

　相次いで行われた．これらは電源三法交付金だけでなく県の貸付金，さらに交付税措置のある起債など多様な財源によって実施されたという．施設の維持補修費ではなく投資的経費そのものが町財政を圧迫し，公債費の償還が重くなったと考えられる．

　さらに，近年は全国の市町村の歳出構造も大きく変化している．2003（平成15）年度から2012（平成24）年度までの10年間で市町村の普通会計歳出総額は1.09倍とそれほど変わっていないが，性質別経費の割合では扶助費が12.0％から20.3％へ大きく増えたのに対して，普通建設事業費は17.8％から12.1％に減った．また，目的別経費でも民生費が24.0％から34.1％へ最も大きく増え，土木費は16.9％から11.3％に減ったのである．すなわち，市町村の歳出構造は福祉の分野を中心にソフト面の支出が大きく増えた一方で，施設の整備や土木といったハード面は縮小傾向となっている．

　したがって，原子力発電所立地市町村が財政運営に行き詰まるとすれば，かつて指摘されたような短期間の公共事業にともなう施設の維持管理費の増加ではなく，双葉町のような長期間の公共投資やソフト面の支出膨張が主な要因となりうるだろう．すなわち，全国で減少している部分を立地市町村が十分に抑制できなかった場合や，増加している部分をより大きくした場合などである．

　以上から，原子力発電所立地市町村の支出については，公共用の施設の整備にともなう維持管理費の状況ではなく，全国で進む歳出構造の変化と比較してどのような特徴が表れているかを明らかにすることが現代的課題になったと言える．第4章では立地市町村の歳出構造から財政規律の一端を明らかにするが，このような視点からの検証を中心に行う．

## 第3節　増設誘因の緩和が再び増設誘因となる可能性

　本章では，原子力発電所の増設が近年停滞している現実から，財政面の誘因にどのような変化があったかを考察した．立地市町村の財政は大きな変貌を遂げ，今や財政運営の行き詰まりから増設が誘発されるような状況ではなくなったと考えられる．

　変化の背景には，収入と支出の両面がある．収入面では原子力発電所の集積と運転の継続，1基あたりの出力向上を背景に，電源三法交付金が制度改革によって運転期間でも大規模で安定した収入を確保できるようになったことなどが挙げられる．また，固定資産税（償却資産）は制度改革が行われず当初の収入こそ変動が大きくなったものの，減少後は一定の規模になっていることである．そして，支出面では立地市町村の施設の状況や地方財政の構造変化から，維持補修費が増加しても財政を圧迫するような水準ではない，ということであ

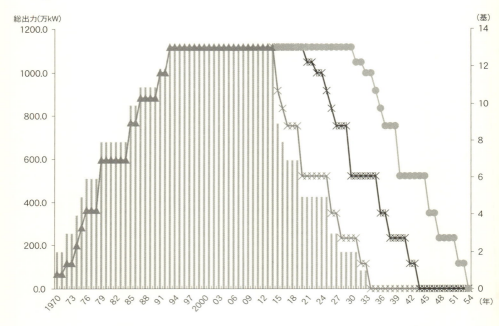

**図3-4　福井県内における商業用原子力発電所立地実績と見通しの推移**

（注）敦賀1号機と美浜1・2号機，高浜1号機は2014（平成26）年時点ですでに40年を迎えているが廃炉になっていないので，運転年数40年とした場合の見通しでは2015（平成27）年に廃炉になると仮定した．
（資料）福井県［2009］より作成.

る．かつて批判の対象となってきた点は，大きく変わったのである．

　しかしながら，より長い目でみれば，問題が必ずしも解消したわけではない．なぜならば，このような変化が原子力発電所の集積と運転の継続という，きわめて限られた条件によって成り立つものだからである．今後は原子力発電所の高経年化とともに，新たなエネルギー基本計画の下で原子力発電への依存度低減が進むと見込まれる．そのため，条件の変化によって再び財政面から原子力発電所の増設が誘発される可能性がある[10]．

　図3-4は，1970（昭和45）年から2054（平成66）年までの福井県内における原

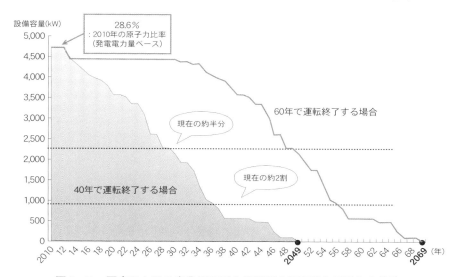

設備容量(kW)

**図3-5　国内における商業用原子力発電所立地実績と見通しの推移**

（注）前提条件：廃炉決定済みの炉を除く全ての炉　48基.
（資料）総合資源エネルギー調査会原子力小委員会第3回会合資料3.

子力発電所の立地実績と見通しを示したものである．2014（平成26）年までは実績であり，それ以降はすべての発電所の運転開始からの経過年数を一律40年，50年，60年と3通りで廃炉にした場合の見通しである．また，基数については煩雑を避けるため40年の場合のみ示した．図から分かるのは，1993（平成5）年から現在まで発電所が集積して運転を継続していたことであり，このことが電源三法交付金の増加や固定資産税（償却資産）の安定に大きく寄与したのである．

　しかしながら，今後は原子力発電所の高経年化とともに廃炉が進み，安定から減少の時代に突入することも明らかである．そのため，現行制度では電源三法交付金も固定資産税（償却資産）も減少し，再び財政面で発電所の増設が誘発されるかもしれない．

　なお，このような見通しは福井県だけに限らない．**図3-5**に示したように，国内で稼働中の原子力発電所がすべて40年で運転終了になれば，2028（平成40）年に設備容量（総出力）が現在の半分，2036（平成48）年に現在の2割を切り，2049（平成61）年にはゼロとなる．あるいは，60年で運転が終了する場合は，

2048（平成60）年に現在の半分，2056（平成68）年に現在の2割を切り，2069（平成81）年にはゼロとなる．

　したがって，これまで批判されてきた一過性の問題は原子力発電所の集積と運転の継続によって緩和されたものの，長期的には依然として存在する可能性がある．エネルギー政策の方向性を踏まえて原子力発電のあり方を論じる際には，今後も財政面から増設を必要以上に誘発しない方策が求められる．原子力発電に換わる産業振興なども収入確保の方策になるかもしれないが，既存の原子力発電所が廃炉になっても収入を長期間安定して確保し，活用できるようにすることが立地市町村に共通の課題となるだろう．

　そのためには，原子力発電と地方財政の関係について，制度改革の経緯とともに立地市町村における財政規律の現状を明らかにしたうえで，今後の方向性についても財政規律と制度改革の両面から議論しなければならない．

　なお，両者の関係については，基本的に財政規律があってこそ制度改革も活かされると考える必要がある．なぜならば，原子力発電所立地地域が財政規律によって自らの襟を正し，現行制度の下で規律ある財政運営を行わない限り，制度改革が適切に行われても望ましい成果を得ることができないからである．また，制度改革を進めるためには，現行制度の枠内で規律ある財政運営を行っても，立地地域にとってなお克服できない限界があることを明らかにしなければならないだろう．

　次章以降では，原子力発電所立地地域における歳出と歳入の構造を明らかにしたうえで，財政規律の実態や今後のあり方，制度改革の方向性を述べる．

---

注

1）東通村でも東北電力の1基，東京電力の2基が着工準備中であり，増設が進められている．

2）図には着工準備中の敦賀3・4号機にかかる交付金も一部含まれるが，それを除いても増加傾向にあることは変わらない．

3）着工準備中の敦賀3・4号機によって敦賀市に交付された電源立地等初期対策交付金相当部分および電源立地促進対策交付金相当部分は2004（平成16）年度から2012（平成24）年度までの平均で年間14億円程度であるから，これを除いても4市町いずれも増加傾向にあることは変わらない．

4）もんじゅの建設によって立地の敦賀市が受けた電源立地促進対策交付金は59.9億円，大飯3・4号機の建設で旧大飯町が受けた交付金は98.7億円，高浜3・4号機の建設で高浜町が受けた交付金は65.9億円であった．

5）1992（平成4）年度は北陸電力敦賀火力発電所1号機（出力50万kW）の運転開始後で，これも収入の増加をもたらしている．とはいえ，原子力発電所と比較すると大きな増加にはなっていない．また，2001（平成13）年度の増加も敦賀火力発電所2号機（出力70万kW）の運転開始による．

6）1棟の制御施設で2基の原子炉やタービンを運転する構造となり，経済性を高めることができる．この場合，2基がほとんど期間を空けずに運転開始される．

7）なお，着工準備中の敦賀3・4号機は固定資産税（償却資産）の変動がさらに激しくなると見込まれる．敦賀3・4号機の出力は各153.8万kWと国内最大規模で，建設費用も計7700億円と巨額である（福井県［2009］によると，敦賀1号機は323億円，美浜1号機は312億円であった）．そのため，第1章のモデルケースにならって敦賀3・4号機が同時に運転を開始した場合の固定資産税（償却資産）を試算すると，初年度の税額が約70億円と大きい半面，翌年度は約10億円減少し，その翌年度にも約8.5億円減ることになる．なお，課税最低限度は約3.8億円である（いずれも途中の改修等を考慮しない場合の試算）．

8）ただし，原子力発電所立地市町村の財政規模が非立地市町村よりも大きいとすれば，両者の維持補修費の割合が同じであっても前者は財政規模が大きい分だけ支出額は大きくなる．

9）また，芝田［1986c］では，1976（昭和51）年度における美浜町の維持補修費が前年の約7倍になり，それ以後恒常的に増えていることも指摘した．

10）清水修二は，このような事態が地域経済の面で生じうることを，次のように述べている．

　　増設をしないでやがて廃炉の時期を迎えたとき，ちょうど企業城下町で城主企業の工場閉鎖が行なわれるさいに生じるような，失業問題＝不況地域問題が発生する可能性は否定できないのです．ですから今は増設に消極的・批判的な地元の人たちも，廃炉の段階になってもなお増設の誘惑に抗することができるかどうかはかなり怪しいというべきです．「ポスト原発」が本格的に問題になるのは，じつはその時からなのです．原発が仮になければないなりに自助努力で道を切り開いてこられたかもしれないものを，原発があるばっかりに，原発依存体質を脱却できないまま坐してその時を待たなければならないとしたら……浜通り原子力地帯の悲劇はその点にあるのではないでしょうか［清水　1994：106-107］．

# 第4章
# 原子力発電所立地市町村の歳出構造

　原子力発電所の立地による市町村の主な収入が電源三法交付金と固定資産税（償却資産）であることに変わりはないものの，いずれも大きな変貌を遂げた．また，支出の面でもハードからソフトへ重点が移っている．こうしたことが立地市町村にも影響を及ぼし，その一端が前章でみた収入と支出の変化に表れていると考えられる．財政面で原子力発電所の増設を誘発する傾向は大きく緩和された．

　しかしながら，福島県双葉町では維持補修費の水準が低いにもかかわらず実質公債費比率はきわめて高くなり，原子力発電所の増設決議が繰り返し行われてきた．また，他の立地市町村でも依然としてハード面の支出規模がきわめて大きく，施設の維持管理費が過大になっていると指摘されている．今後，多くの原子力発電所が高経年化と廃炉を迎えることも考慮すれば，双葉町に限らず全国の立地市町村でも財政運営に行き詰まる潜在的な可能性がなくなったわけではない．

　そこで，原子力発電所立地市町村における最近の歳出構造について，ハード面だけでなくソフト面を含めた全体像を明らかにし，財政規律の実態を把握するする必要がある．本章では，まず3つの先行研究を概観し，次に全国の立地市町村を対象とした分析を行う．

## 第1節　最近の歳出構造に関する研究

　第2章第2節で述べたように，東日本大震災とそれにともなう東京電力福島第一原子力発電所の事故を受けて，電源三法交付金のあり方が問われている．なかには，最近の原子力発電所立地市町村における歳出構造を詳細に分析したうえで論じたものも含まれる．

本節では，その主なものとして福井県内の4市町（敦賀市・美浜町・高浜町・おおい町）を対象とした三好［2011］と，新潟県の柏崎市と刈羽村を対象とした岡田・川瀬・にいがた自治体研究所［2013］，おおい町を対象とした森・岩本［2013］による分析を概観する．

### (1) 三好ゆうの分析

三好［2011］は，敦賀市の事例を分析した三好［2009］から，福井県若狭地域の原子力発電所立地市町に対象を広げたものである．2001（平成13）年度から2009（平成21）年度までの立地市町の歳入と歳出の構造ならびに電源三法交付金を活用した事業の内容に焦点が当てられている．これは，震災と原発事故を受けて「原子力発電に傾斜してきたわが国のエネルギー政策が今後転換することを前提に，原発立地自治体が原発関連の財政依存体制からの脱却を図る方策を考察するうえで，重要な基礎研究となる」（p.385）としている．

まず，歳入構造については，4市町とも地方税の割合が高いもののおおむね低下傾向にあり固定資産税（償却資産）の減少がみられること，国庫支出金が安定・増加傾向にあることを指摘した．

次に，歳出構造については，それぞれ特徴がみられることを明らかにしている．

敦賀市の歳出構造については，目的別経費でみると民生費の割合が圧倒的に高く，年々増加傾向にあるという．また，性質別経費では人件費の割合が最も高く17～20%前後であり，高齢化の影響により扶助費も急増している．ただし，第4次敦賀市行政改革大綱（集中改革プラン）に示された経費の節減合理化として，職員数の削減ならびに公共工事の効率化のための見直しが進められたため，人件費と普通建設事業費は減少しているという．

電源三法交付金を用いた事業をみると，公営の保健福祉施設にかかる維持運営事業の項目が多く，ほとんどが従業者の人件費に充当されている．また，福祉対策として障害者や高齢者・乳幼児の医療費の支払に対する助成事業が挙げられている．このような事業内容が民生費や扶助費・人件費の割合の高さに表れている，と三好は指摘した．

次に，美浜町の歳出構造については，目的別経費では民生費の割合が比較的高いが，2008（平成20）年度から2009（平成21）年度にかけては教育費の割合が最も高い．とりわけ，後者は中学校改築事業および保育園整備事業によるもの

であるという．このことは，性質別経費でも普通建設事業費の動向に表れている．なお，最も割合が高いのは人件費だが，これは地理的条件や特有の行政需要により職員数が多いためである．近年の人件費は定員最適化計画による人員削減等により減少傾向にある一方，補助費等の割合が高まっている．これは，環境衛生組合によるリサイクルプラザや堆肥化施設等の整備にともなう元利償還が始まったことによる負担金の増加などが要因と考えられる．

電源三法交付金活用事業については，事業の経費のほとんどを交付金で賄っている点に特徴がある．中学校や学習センターといった公共施設の建設費や維持管理費はほぼ100％交付金を充当しており，歳出構造の特徴である教育費や公共事業費の高さとなって表れている．その他の事業内容としては，保育関係がある．

そして，おおい町の歳出構造については，目的別経費では総務費と土木費の割合が相対的に高い．高速通信網構築事業やデジタル放送設備整備事業，複合型交流施設整備「うみんぴあ大飯」事業によるものである．また，性質別経費では普通建設事業費の割合が圧倒的に高く，そのほとんどが単独事業となっている．「うみんぴあ大飯」事業が主要因であることは明らかであるという．

電源三法交付金を活用した事業については，施設の整備がほとんどである．ただし，交付金の充当額でみると最も多いのは社会福祉施設の運営にかかる人件費である．また，基金造成費も大きい．交付金を経常的支出に充てている点に特徴がある，と指摘している．

最後に，高浜町の歳出構造については，目的別経費では各項目で変動が激しく主だった特徴は見当たらない．また，性質別経費では，前半は普通建設事業費が際立って高い水準にあったが，前半から半ばにかけて大きく低下し，後半以降は他の経費と同じ水準となっている．

電源三法交付金を活用した事業はきわめて多く，幅も広い．さまざまな事業に平均的に支出されている点が歳出構造にも表れているという．

以上の分析を総括し，三好は次のように述べた．

　　　原発立地4市町の財政収入構造は，発電所からの固定資産税収入を基礎とする．しかし減価償却が進むにつれて固定資産税収入が減少してきているため，これに伴い地方税収の割合が縮小した結果，財政力指数も低下してきている．また，多様な交付金制度により，原子力発電所所在地自治体

には巨額の予算が用意されている．原発4市町において交付金活用事業項目は様々であるが，共通していえることは，公共施設の整備ならびに維持運営に係る人件費に多く充当されている点である．それらは投資的経費および経常的経費であり，歳出構造を特徴づける大きな要因となっている．原発の存在が，自治体財政と深く結びついていることが明らかとなった[三好 2011：407]．

### (2) 川瀬光義の分析

次に，岡田・川瀬・にいがた自治体研究所[2013]では，川瀬光義が第2章第2節で述べた電源三法交付金制度の見直し案を示すにあたり，柏崎市と刈羽村の財政状況を中心に分析を行っている．

すなわち，電源三法交付金は2003（平成15）年度の制度改革を機に使途も大きく広がり，公共用の施設の整備よりも運営的経費として多くの職員の人件費が交付金で賄われているという．具体的には，保育園（保育士・保健師・調理員）や学校教育施設（調理員），元気館・図書館・消防署（職員），特別支援学級（非常勤介助員）など，自治体の基幹的な人的サービスの人件費が交付金によって賄われている．

また，柏崎市に隣接する刈羽村では物件費が多く，なかでも委託費が圧倒的な割合を占めている．すなわち，刈羽村は2010（平成22）年度の経常収支比率が59.9で類似団体平均の78.8よりもかなり低く，類似団体35自治体のなかで最も低い．しかし，このうち物件費が27.4と半分近くを占めており，類似団体平均11.5の2倍以上で最も高くなっている．主な委託費は，生涯学習センター「ラピカ」などの指定管理者への指定管理料，広域圏ごみ・し尿・消防署運営事業にかかる人件費相当分などである．

これらの点から，川瀬は「要するに，多くの公共施設を抱えてその維持管理費が高くなっていることを示しているといってよい」（pp. 140-141）と述べた．また，その要因として電源三法交付金が「2003年改正によってその性質は大きく変わり，施設整備などいわゆる"箱もの"の建設費よりも，人件費や維持費などをまかなう経費に変わりつつあるという」（p. 141）状況になったことを挙げている[1]．

さらに，刈羽村では電源三法交付金の使途の拡大が基金の多さにも表れているという．すなわち，柏崎刈羽原子力発電所5号機が運転を開始した1990（平

成 2 ）年度と 6 ・ 7 号機が運転開始した1996（平成 8 ）年度，1997（平成 9 ）年度
の頃に，刈羽村では特定目的基金が大きく増加している．この間，積立金の歳
出総額に占める比率はたびたび10％を超え，増収分がほとんど基金に充てられ
たと考えられる．しかし，量出制入に基づく財政運営が求められる公共部門に
おいて，こうした状況は「毎年のように当該年度に使途がない財源がこんなに
多く生じるのは，決して望ましいとは言えない」（pp. 142-143）と批判している．
　川瀬の分析では，主に柏崎市と刈羽村における電源三法交付金を財源とした
歳出構造について，交付金額の増加と使途の拡大によって交付金が趣旨に沿わ
ない施設の維持管理にも多く用いられるようになったこと，そして増収分が過
大に基金へと留保されていることが明らかとなった．

### (3)　森裕之らの分析

　次に，森・岩本 [2013] では，おおい町を事例とした歳入と歳出の構造につ
いて分析を行っている．歳出構造では投資的経費に着目した点が特徴であるが，
その理由が歳入構造の特性にあることを次のように述べた．

　　　おおい町の歳入の増減は主として原発関連収入の影響によるものであり，
　　その変化もかなり激しいものである．このことは，歳出面においては投資
　　的経費を中心とした動きにあらわれることになる．これまで制度改正が行
　　われてきたとはいえ，過去の電源三法交付金の多くが公共施設の整備へと
　　向けられる仕組みであった点からも，歳出の変化が投資的経費によって規
　　定されてきたのは間違いない [森・岩本 2013 : 95]．

　そこで，財政規模（歳入総額）に占める普通建設事業費の割合をみると，1990
年代半ばまでは公共事業に偏重していた構造であったことは間違いなく，また，
2000年代に入っても類似団体と比較して高い．これは，「原発関連収入という
『擬似一般財源』による公共事業が非常に多い」（p. 96）ことを表しているとい
う．
　また，普通建設事業費のうち補助事業・単独事業がどの目的別分野に支出さ
れてきたのかをみると，土木費や農林水産業費といった公共土木事業に多く振
り向けられてきた傾向が読みとれるが，教育費・総務費・民生費・商工費とい
った分野に対してもかなりの支出が行われている．これらの分野の普通建設事
業費は，“箱もの”と呼ばれる公共施設の整備が中心となるものであり，その

多くは単独事業によって推し進められてきた．したがって，「おおい町では道路や港湾といった基幹的な社会資本のみならず，福祉施設や教育施設などの公共施設も相当程度の建設が行われてきたことを示唆している」(p.97) と述べている．しかし，なかには人口規模からみて華美過剰と言わざるをえないものもあり，「財政力に比してあまりに過大な原発関連収入によって公共施設へ財源を振り向けざるをえなかった構造こそが，おおい町の財政問題の根源に横たわっている」(p.97, 100) と指摘した．

さらに，おおい町の歳出で多いのは投資的経費だけではない．住民1人あたりの各歳出額を類似団体と比較すると，物件費や繰出金・維持補修費などの経常経費もかなり多くなっている．このことから，「おおい町の財政は公共施設の建設のみならず，それらの維持管理を中心とした経常的な歳出が不可欠となる構造になってしまっているのである．とりわけ経常的な性格をもつ物件費の多さは特徴的なものであろう」(p.100) と述べた．主な物件費については2011（平成23）年度当初予算から抜粋されており，かなりの部分が外郭団体等への賃金または委託料として支出される人件費関連支出であることを明らかにした．また，補助費等や繰出金も類似団体より多くなっているという．

こうした分析を踏まえ，森・岩本は次のように総括した．

> 以上の内容は，原発関連収入に依拠して数多く建設された公共施設の維持管理やそれらを運営する外郭団体等に対して，それを支えるだけの経常経費への充当可能な財源が措置されてきていることをあらわしている．そのための大きな財源の1つは大規模償却資産税であるが，さらに重要なのは電源立地地域対策交付金などの一般財源的性格をもつ電源三法交付金の恒久的措置がきわめて大きな役割を果たしている点である[森・岩本 2013：100]．

### (4) 原子力発電所立地市町村の歳出構造への視角

以上，原子力発電所立地市町村における最近の歳出構造について，3つの先行研究を概観した．対象となった市町村は異なるものの，指摘された点の多くは共通している．すなわち，電源三法交付金が投資的経費と，それに付随する維持管理費に深く関係していることである．

電源三法交付金は，第1章で述べたとおり当初は公共用の施設の整備に使途

が限定され，また交付期間も原子力発電所の建設段階に限られていた．このことが立地市町村における公共用の施設の整備を促進しただけでなく，後に人件費を中心とする維持管理費の拡大に結びついたと考えられる．

　しかし，その後の制度改革によって施設の整備だけでなく維持管理費も電源三法交付金の対象となり，さらに運転段階も交付期間に加わることによって，維持管理費にも交付金の多くが充当されるようになった．このことが，物件費の大きさだけでなく，交付金活用事業で施設に従事する職員の人件費や賃金・委託料（指定管理料を含む）などが含まれる点に表れている．

　また，川瀬は基金の推移にも着目して，交付金の増収分がほとんど基金に積み立てられていることを指摘し，量出制入の原則から好ましくないことを述べた．

　これらの研究は，確かに最近の歳出構造の一面を明らかにしているだろう．しかしながら，維持管理費が拡大して財政運営に行き詰まるような事態が全国の原子力発電所立地市町村で顕在化しているわけではない．また，増収分の多くが基金に積み立てられたことについては量出制入の原則に沿わないかもしれないが，収入が大きいのみでなく過剰な支出を抑制している側面もあるとすれば，むしろ好ましい傾向と言えるだろう．なぜならば，現行制度における不安定な収入のままで量出制入の原則を貫徹すれば支出の大きな変動を招き，かえって弊害が大きくなるからである．こうしたことから，立地市町村では以前ほど歳入構造の特徴が歳出構造に直結するような状況ではなくなっているのではないだろうか．

　この点を検証することは，従来の電源三法交付金制度が直面していた問題点から出発しても不可能である．例えば，その是非は後述するが，収入が維持管理費だけでなく多様な行政サービスに活用されると同時に，基金の増加などにも配慮されているかもしれない．すなわち，原子力発電所立地市町村が持続性を備え自立した財政構造の確立を進めてきた可能性もあると考えられる．

　次節では，原子力発電所立地市町村の歳出構造について全体像を示し，このような側面が加わってきたのかどうかを検証する．

## 第2節　全国の原子力発電所立地市町村の歳出構造
### ──類似団体との比較から──

　本節では，原子力発電所立地市町村の歳出構造に関して多面的に理解するため，従来とは異なる視点からの把握を試みる．

　第1に，公債費と地方債現在高の動向である．投資的経費の多くは単独事業・補助事業に限らず地方債が財源に含まれる．原子力発電所立地市町村では電源三法交付金や固定資産税（償却資産）の収入が注目されるが，他の市町村と同じような規模の起債を行えば公債費や地方債現在高も平均的な水準となっているだろう．逆に，水準が低ければ起債を抑制しながら投資的経費等が支出されてきたと言える．いずれの選択も立地市町村はとることが可能だが，より華美過剰な施設を整備できるのは前者であり，後年度の負担に配慮しているのは後者である．現実はどうであろうか．

　第2に，積立金と基金現在高の動向である．川瀬が指摘するように積立金は量出制入の原則に沿わないものであり，大半の市町村では主に景気動向などによる歳入の年度間調整や大規模施設の整備などに向けた長期的な財源確保の手段として基金が活用される．しかし，原子力発電所立地市町村では固定資産税（償却資産）の増減傾向が顕著なため，量出制入の原則がかえって歳出構造を不安定にしかねない．このことは制度改革の問題として論じるべき点であるが，現行制度で原子力発電所の増設を財政面で誘発しないようにするためには，十分な規模の基金を確保しておくことが現実的に必要である[2]．

　第3に，人件費の動向である．経費の多寡に対する評価は多様な住民ニーズを背景にしているから，あらゆる市町村に適用できる判断基準はない．しかし，人件費については大半の自治体で行政改革における経費削減の中心に位置づけられており，一般的には人件費が少ないほど好ましいと考えられている．仮に，原子力発電所立地市町村の人件費が他よりも相対的に大きいならば，経費削減が進んでおらず問題があると推察される．

　第4に，扶助費の動向である．これは，生活保護など国の制度として実施されるもののほかに，乳幼児や児童に対する医療費補助など地方自治体が独自に実施するものもある．原子力発電所立地市町村で扶助費の規模が平均水準よりも大きいのであれば，扶助費でも独自の支出が多いと考えられる．地方財政の

歳出構造は普通建設事業費の割合が大きく低下するとともに，少子・高齢化の進展を背景に扶助費の割合が高まっている．端的に言えば，公共用の施設の整備や維持管理のような "箱もの" だけでなく "バラマキ" も過剰に行われているかどうかが，扶助費の動向によって明らかにされるだろう[3]．

　これらの点を検証するために，森・岩本 [2013] と同様に住民 1 人あたりの歳出総額および性質別経費の大きさを類似団体と比較する．対象は全国の原子力発電所立地市町村とし，2009（平成21）年度から2011（平成23）年度までの過去 3 年間の平均値を算出する（東日本大震災復興特別区域法の対象となった復興特別区域[4]については，2011年度の歳出構造が大きく変化していることから，2008（平成20）年度から2010（平成22）年度までの 3 年間とする）．

### (1)　公債費と地方債現在高の動向

　まず，公債費と地方債現在高の動向について述べる．**表 4 - 1** は，過去 3 年間の原子力発電所立地市町村における住民 1 人あたりの公債費支出額と地方債現在高が，類似団体のそれの何倍になるかを算出したものである．

　原子力発電所立地22市町村における公債費の平均倍率は0.879と，類似団体を下回っている．1 を超えるのは石巻市と東通村・双葉町・柏崎市・志賀町・松江市・伊方町・薩摩川内市の 8 市町村であり，なかには志賀町のように 2 倍を超えるケースや柏崎市・松江市・薩摩川内市のように1.5倍前後の高水準になるケースもみられる．また，双葉町も2006（平成18）年度の実質公債費比率

**表 4 - 1　公債費と地方債現在高の類似団体との比較**（過去 3 年間）

（単位：倍）

|  | 東海村 | 敦賀市 | 泊村 | 女川町 | 石巻市 | 東通村 | 大熊町 | 双葉町 |
|---|---|---|---|---|---|---|---|---|
| 公債費 | 0.618 | 0.928 | 0.300 | 0.530 | 1.140 | 1.364 | 0.106 | 1.187 |
| 地方債現在高 | 0.649 | 0.848 | 0.352 | 0.693 | 1.034 | 1.268 | 0.057 | 0.821 |

|  | 富岡町 | 楢葉町 | 柏崎市 | 刈羽村 | 御前崎市 | 志賀町 | 美浜町 |  |
|---|---|---|---|---|---|---|---|---|
| 公債費 | 0.772 | 0.478 | 1.443 | 0.096 | 0.255 | 2.400 | 0.788 |  |
| 地方債現在高 | 0.525 | 0.524 | 1.418 | 0.036 | 0.254 | 2.136 | 0.833 |  |

|  | 高浜町 | おおい町 | 松江市 | 伊方町 | 玄海町 | 薩摩川内市 | 六ヶ所村 |  |
|---|---|---|---|---|---|---|---|---|
| 公債費 | 0.933 | 0.752 | 1.728 | 1.281 | 0.018 | 1.458 | 0.758 |  |
| 地方債現在高 | 0.683 | 0.795 | 1.867 | 1.404 | 0.013 | 1.329 | 1.119 |  |

（資料）各市町村決算カード，地方財務協会 [2013] ほかより作成．

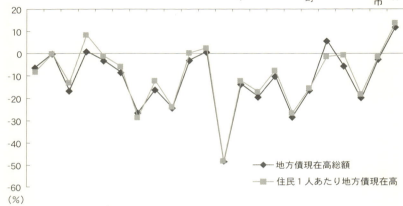

**図4-1　地方債現在高の総額と住民1人あたり金額の増減率**（過去3年間）

（資料）各市町村決算カードより作成.

が30.0と全国10位の高水準となって以来，依然として公債費の負担が重くなっている[5].

　一方，東海村や泊村・女川町・大熊町・楢葉町・刈羽村・御前崎市・玄海町など，類似団体の半分程度もしくはそれ以下の低水準となっているケースも多い．なかには大熊町や刈羽村・玄海町のように1割にとどまる例もみられる．これらの市町村は，施設の整備を進める際にも起債を極力避けてきたと考えられる．

　次に，地方債現在高の状況をみる．平均倍率は0.848と，やはり類似団体を下回っている．1を超える市町村は8あり，そのうち石巻市と東通村・柏崎市・志賀町・松江市・伊方町・薩摩川内市は公債費も1を上回ることから，当面は重い公債費負担が続くと考えられる．また，双葉町と六ヶ所村は公債費と地方債現在高のいずれかが1を上回っている．

　そして，公債費と同様に地方債現在高でも多くの市町村で1を下回っている．類似団体の半分程度もしくはそれ以下の水準にとどまる場合も多く，長年にわたって起債を抑制してきたことが窺える．

　**図4-1**は，地方債現在高の総額と住民1人あたり金額の過去3年間におけ

る増減率を市町村ごとに示したものである．いずれも，ほとんどの原子力発電所立地市町村で減少している．住民1人あたり増減率を類似団体のそれと比較すると，柏崎市と薩摩川内市・六ヶ所村を除いて類似団体を下回る増加もしくは上回る減少となった．

　以上のことから，原子力発電所立地市町村は電源三法交付金で公共用の施設の整備を進めてきたが，一部では起債も積極的に行ったために公債費や地方債現在高の水準が依然として高いものの，全体として近年は起債を抑制してきたと言える．したがって，電源三法交付金によって過剰な施設の整備が行われてきたとしても，最近の傾向としては交付金が公債費や地方債現在高の増加まで招き類似団体を上回る水準にしているわけではない．不用額が生じれば返還しなければならない交付金[6]を十分に活用しながら，起債の抑制によって後年度の負担に配慮した一面もあわせて観察されるのである．

## (2)　積立金と基金現在高の動向

　次に，積立金と基金現在高の動向をみる．**表4-2**は，過去3年間の原子力発電所立地市町村における住民1人あたりの積立金支出額と基金現在高が，類似団体のそれの何倍になるかを算出したものである．

　先の公債費や地方債現在高とは明らかに逆の傾向が読みとれる．原子力発電所立地22市町村における積立金の平均倍率は3.109と，類似団体を大幅に上回っている．1を下回る市町村は存在せず，2を超える市町村も14と多い．なか

### 表4-2　積立金と基金現在高の類似団体との比較 (過去3年間)

(単位：倍)

|  | 東海村 | 敦賀市 | 泊村 | 女川町 | 石巻市 | 東通村 | 大熊町 | 双葉町 |
|---|---|---|---|---|---|---|---|---|
| 積立金 | 4.436 | 2.191 | 4.143 | 2.597 | 1.511 | 1.880 | 4.543 | 6.631 |
| 基金現在高 | 4.184 | 2.652 | 3.991 | 6.560 | 0.818 | 2.735 | 3.984 | 1.799 |

|  | 富岡町 | 楢葉町 | 柏崎市 | 刈羽村 | 御前崎市 | 志賀町 | 美浜町 |  |
|---|---|---|---|---|---|---|---|---|
| 積立金 | 1.486 | 1.226 | 1.570 | 9.411 | 1.021 | 3.793 | 2.619 |  |
| 基金現在高 | 2.318 | 1.473 | 1.407 | 6.313 | 2.232 | 3.681 | 1.248 |  |

|  | 高浜町 | おおい町 | 松江市 | 伊方町 | 玄海町 | 薩摩川内市 | 六ヶ所村 |  |
|---|---|---|---|---|---|---|---|---|
| 積立金 | 1.636 | 2.359 | 1.039 | 4.187 | 5.313 | 2.739 | 2.064 |  |
| 基金現在高 | 2.027 | 6.196 | 1.282 | 3.444 | 5.261 | 1.772 | 3.775 |  |

(資料) 各市町村決算カード，地方財務協会 [2013] ほかより作成．

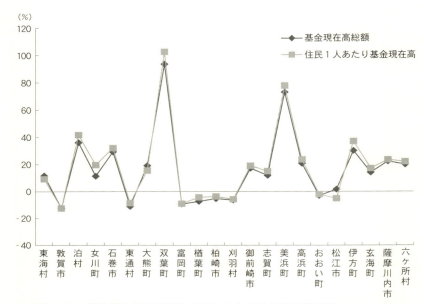

**図 4-2　基金現在高の総額と住民 1 人あたり金額の増減率**（過去 3 年間）

（資料）各市町村決算カードより作成.

には双葉町や刈羽村・玄海町のように 5 を超えるケースもみられる．電源三法交付金や固定資産税（償却資産）の収入を留保し，後年度に活用する志向を強く持っていることが窺える．

　また，基金現在高も平均倍率は3.143と，類似団体を大きく上回っている．1 を下回る市町村は石巻市のみだが積立金は 1 を超えているので，今後も高水準の積立金が継続すれば基金現在高も類似団体並みに回復する可能性がある．また， 1 を超えるケースのなかでも女川町や刈羽村・おおい町・玄海町は 5 を上回っており，積極的な積立を維持してきたと考えられる．

　**図 4-2** は，基金現在高の総額と住民 1 人あたり金額の過去 3 年間における増減率をみたものである．敦賀市と東通村・富岡町・楢葉町・柏崎市・刈羽村・おおい町・松江市を除いて，いずれも増加している．ただし，住民 1 人あたり基金の増減率を類似団体のそれと比較すると，類似団体を上回る増加もしくは下回る減少となったのは 7 市町村にとどまっている．増減額でみれば13市町村となることから，原子力発電所立地市町村の基金現在高がもともと大きかっ

ために，積立金額が大きくても現在高の増加率では小さくなったと考えられる．したがって，やはり最近の立地市町村は積立金による財源留保に積極的であると言えるだろう．

### (3)　市町村ごとにみた地方債現在高と基金現在高の関係

　以上の分析から，原子力発電所立地市町村には，起債の抑制によって後年度の負担に配慮した一面と，積立金による積極的な財源留保という一面があることが概して観察された．では，それぞれの動向を市町村別にみるとどのようになっているだろうか．

　一般的に，起債の抑制も基金への留保も当該年度の歳出規模を縮小させる．すなわち，いずれも財政の持続性を高めるものである．あるいは，起債を抑制しながら基金を取り崩したり，積極的に起債をしながら基金への留保をしたりすれば，安定的な歳出規模を維持することができるだろう．

　図4-3は，図4-1および図4-2を組み合わせて，原子力発電所立地市町村における基金現在高の増減率を縦軸に，地方債現在高の増減率を横軸にとっ

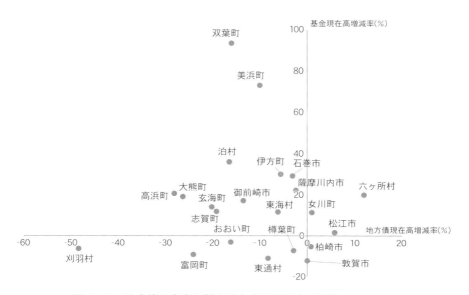

図4-3　地方債現在高と基金現在高の増減率の関係（市町村別）

（資料）各市町村決算カードより作成.

て，両者の関係を示したものである。図の第1象限（起債を積極的に行いながら基金に留保する）または第3象限（起債を抑制しながら基金を取り崩す）にプロットされていれば，立地市町村は後年度の負担に一定の配慮をしながら歳出規模を維持する志向があったと言える。しかしながら，多くが第4象限にある。すなわち，起債を抑制しながら基金にも留保していたのである。

また，これらの動向と原子力発電所の運転経過年数との関係も注目される。原子力発電所の立地によって，市町村は電源三法交付金や固定資産税（償却資産）などの収入を確保する。しかし，1基あたりでみれば前者は建設期間が大きく，後者も運転開始当初の巨額な収入から減少する。したがって，発電所の運転経過年数が短いほど起債の抑制や基金への留保が容易になるだろう。ところが，第4象限にあるのはむしろ発電所の経過年数が長く高経年化が進んでいる市町村である。例えば，双葉町では福島第一原子力6号機が1979（昭和54）年10月に運転を開始して以来，30年以上にわたって増設が行われていない。しかし，東日本大震災とそれにともなう東京電力福島第一原子力発電所の事故により6基すべてが廃炉になる直前まで，基金現在高の増加と地方債現在高の減少が同時に，しかも高い水準で進んだ。また，美浜町も1976（昭和51）年12月に美浜3号機が運転を開始してから2014（平成26）年12月末現在まで40年近く増設が行われていないが，双葉町と同様の傾向となっている。大熊町や東海村も増設が30年以上ないなかで同じような状況にあり，20年以上30年未満の場合でも伊方町や高浜町・薩摩川内市などの例がある。一方で，基金現在高の減少がみられた地域のうち，柏崎市と刈羽村・敦賀市・東通村では増設が行われていないのは20年未満である。原子力発電所の運転経過年数が長くても起債の抑制や基金への留保が積極的に行われている，というのが現実なのである。

第3章で述べたように，原子力発電所の立地による市町村の収入は発電所の集積と運転の継続によって大規模で安定したものになる。とりわけ，電源三法交付金は原子力発電施設等立地地域長期発展対策交付金が運転開始後15年と30年で交付単価が増額されるため，運転年数の経過にしたがって交付金額が増える。また，固定資産税（償却資産）も，発電所の集積と1基あたり出力の向上によって，課税最低限度に収束しても一定規模の収入を確保することができる。こうしたことから，原子力発電所の増設が行われなくても起債の抑制や基金への留保ができるようになり，それが高経年化と廃炉を見すえて現実に行われているのではないだろうか。

### ⑷　人件費の動向

　次に，人件費の動向をみる．住民1人あたりの歳出総額と性質別経費について類似団体と比較し，すでに分析した公債費と積立金を除いて人件費が他の経費とどのように異なる傾向となっているかを把握する．

　**表4-3**は，原子力発電所立地市町村における住民1人あたりの普通会計歳出総額と性質別経費について，類似団体と比較した倍率（過去3年間の平均）で示したものである．性質別経費の倍率が歳出総額のそれを上回っている部分には網掛けをしており，立地市町村の歳出構造で顕著に大きな部分と考えられる．

　まず，歳出総額では御前崎市を除く21市町村が1を上回っている．原子力発電所立地市町村では，類似団体よりも住民1人あたりの歳出規模が大きいと言える．倍率ごとの分布をみると，1.0以上1.5未満が12，1.5以上2.0未満が7，2.0以上が2あり，平均倍率は1.467であった．

　次に，性質別経費の状況である．まず，網掛けした経費の数が最も多いのは投資的経費の15であり，続いて物件費と繰出金の13となっている．投資的経費の平均倍率は1.809で，1を上回るのは20あった．物件費の平均倍率は1.543で，1を上回るのはやはり20であった．原子力発電所立地市町村の多くは，投資的経費と物件費が大きいと言える[8]．

　こうした実態は，先行研究でおおい町を事例とした森・岩本 [2013] の分析等とも整合性があり，全国の原子力発電所立地市町村では共通して投資的経費と物件費の水準が高いことを表している．すなわち，「財政力に比してあまりに過大な原発関連収入によって公共施設へ財源を振り向けざるをえなかった構造」[森・岩本 2013：97, 100] が，他の立地市町村にも財政問題の根源に横たわっていると考えられる．

　次に，繰出金も網掛けの数は物件費と同じ13であった．ただし，1を上回る数の18と平均倍率の1.437は物件費を下回っている．続いて，維持補修費と補助費等は網掛けの数がともに10であった．すなわち，ほぼ半分の原子力発電所立地市町村で歳出総額を上回る倍率になっている．また，1を上回る市町村の数や平均倍率からみれば，維持補修費（14，1.860）も補助費等（18，1.474）もやはり大きな支出であると言える[9]．

　これらの経費には多様な支出項目があるため，どの分野に重点が置かれているかは詳細な分析をしてみなければ分からない．森・岩本 [2013] では，おおい町の外部団体に対する補助費等や上下水道等に対する繰出金などの状況から，

表 4 - 3 　主要な性質別経費 （公債費・積立金を除く） と歳出総額の類似団体との比較
（過去 3 年間）　　　　　　　　　　　　　　　　　　　　　　　　　　　　　　（単位：倍）

| | 東海村 | 敦賀市 | 泊村 | 女川町 | 石巻市 | 東通村 | 大熊町 | 双葉町 |
|---|---|---|---|---|---|---|---|---|
| 人件費 | 1.578 | 1.116 | 1.453 | 1.240 | 1.087 | 1.154 | 1.025 | 1.133 |
| 物件費 | 1.750 | 1.403 | 2.651 | 1.500 | 0.940 | 1.455 | 1.722 | 0.928 |
| 維持補修費 | 0.918 | 3.127 | 0.168 | 1.903 | 0.797 | 1.467 | 4.234 | 0.734 |
| 扶助費 | 1.128 | 0.841 | 2.075 | 0.982 | 0.784 | 0.737 | 0.771 | 1.128 |
| 補助費等 | 1.049 | 1.377 | 2.763 | 1.465 | 1.620 | 1.797 | 1.427 | 1.028 |
| 繰出金 | 1.833 | 1.345 | 2.427 | 1.388 | 1.185 | 0.832 | 0.886 | 1.346 |
| 投資的経費 | 1.955 | 2.052 | 1.117 | 1.167 | 0.740 | 2.481 | 2.217 | 0.933 |
| **歳出総額** | 1.518 | 1.264 | 1.838 | 1.260 | 1.016 | 1.543 | 1.421 | 1.338 |

| | 富岡町 | 楢葉町 | 柏崎市 | 刈羽村 | 御前崎市 | 志賀町 | 美浜町 | |
|---|---|---|---|---|---|---|---|---|
| 人件費 | 0.984 | 1.136 | 1.156 | 0.838 | 0.851 | 1.531 | 1.453 | |
| 物件費 | 1.203 | 1.030 | 1.291 | 2.012 | 1.237 | 1.607 | 1.369 | |
| 維持補修費 | 1.058 | 1.794 | 4.581 | 2.996 | 0.518 | 1.799 | 1.279 | |
| 扶助費 | 0.884 | 0.951 | 0.809 | 0.780 | 0.684 | 1.042 | 1.067 | |
| 補助費等 | 0.889 | 1.017 | 1.427 | 0.629 | 1.725 | 2.201 | 1.565 | |
| 繰出金 | 1.619 | 1.299 | 0.722 | 1.505 | 0.859 | 1.459 | 1.366 | |
| 投資的経費 | 1.325 | 1.044 | 1.894 | 1.333 | 1.156 | 1.373 | 2.900 | |
| **歳出総額** | 1.109 | 1.017 | 1.502 | 1.702 | 0.954 | 1.714 | 1.650 | |

| | 高浜町 | おおい町 | 松江市 | 伊方町 | 玄海町 | 薩摩川内市 | 六ヶ所村 | |
|---|---|---|---|---|---|---|---|---|
| 人件費 | 1.277 | 1.381 | 1.133 | 1.518 | 1.334 | 1.424 | 1.737 | |
| 物件費 | 1.813 | 2.639 | 1.228 | 1.286 | 1.477 | 1.101 | 2.309 | |
| 維持補修費 | 2.569 | 1.997 | 0.809 | 0.731 | 0.854 | 2.065 | 4.522 | |
| 扶助費 | 0.945 | 1.601 | 1.205 | 0.987 | 1.031 | 1.245 | 1.031 | |
| 補助費等 | 1.014 | 1.350 | 0.925 | 1.331 | 1.592 | 0.769 | 3.468 | |
| 繰出金 | 2.132 | 2.228 | 1.505 | 1.173 | 2.035 | 1.414 | 1.045 | |
| 投資的経費 | 1.562 | 3.869 | 1.930 | 1.608 | 1.164 | 1.957 | 4.025 | |
| **歳出総額** | 1.429 | 2.077 | 1.368 | 1.486 | 1.431 | 1.366 | 2.262 | |

（資料） 各市町村決算カード，地方財務協会 ［2013］ ほかより作成.

　施設の維持管理費や外郭団体等に対する経常経費が大きいことを指摘している.
投資的経費や物件費ほどではないものの，維持補修費や繰出金等もやはり大き
いことを踏まえれば，全国の原子力発電所立地市町村でもおおい町と類似した

### 表4-4　人口千人あたり職員数の類似団体との比較（2011（平成23）年度）

（単位：人，倍）

| | 東海村 | 敦賀市 | 泊村 | 女川町 | 石巻市 | 東通村 | 大熊町 | 双葉町 |
|---|---|---|---|---|---|---|---|---|
| 当該市町村（A） | 9.20 | 7.56 | 30.80 | 14.33 | 8.31 | 13.89 | 10.26 | 13.79 |
| 類似団体（B） | 6.84 | 6.84 | 21.42 | 10.79 | 7.43 | 14.86 | 9.88 | 12.04 |
| 倍率（A／B） | 1.345 | 1.105 | 1.438 | 1.328 | 1.118 | 0.935 | 1.038 | 1.145 |
| 人件費の倍率（過去3年間） | 1.578 | 1.116 | 1.453 | 1.240 | 1.087 | 1.154 | 1.025 | 1.133 |

| | 富岡町 | 楢葉町 | 柏崎市 | 刈羽村 | 御前崎市 | 志賀町 | 美浜町 | |
|---|---|---|---|---|---|---|---|---|
| 当該市町村（A） | 8.13 | 12.78 | 8.96 | 14.00 | 11.08 | 11.51 | 17.14 | |
| 類似団体（B） | 8.44 | 12.04 | 7.23 | 17.04 | 9.27 | 6.84 | 10.35 | |
| 倍率（A／B） | 0.963 | 1.061 | 1.239 | 0.822 | 1.195 | 1.683 | 1.656 | |
| 人件費の倍率（過去3年間） | 0.984 | 1.136 | 1.156 | 0.838 | 0.851 | 1.531 | 1.453 | |

| | 高浜町 | おおい町 | 松江市 | 伊方町 | 玄海町 | 薩摩川内市 | 六ヶ所村 | |
|---|---|---|---|---|---|---|---|---|
| 当該市町村（A） | 15.44 | 19.04 | 7.92 | 16.28 | 20.86 | 10.08 | 15.75 | |
| 類似団体（B） | 10.35 | 12.17 | 6.31 | 11.04 | 14.86 | 7.37 | 9.57 | |
| 倍率（A／B） | 1.492 | 1.565 | 1.255 | 1.475 | 1.404 | 1.368 | 1.646 | |
| 人件費の倍率（過去3年間） | 1.277 | 1.381 | 1.133 | 1.518 | 1.334 | 1.375 | 1.737 | |

（注）復興特別区域は2010（平成22）年度または2009（平成21）年度の数値である．
（資料）市町村財政比較分析表（普通会計決算）より作成．

傾向があると考えられる．

　では，人件費はどうであろうか．網掛けの数は5と少なく，歳出総額の倍率を下回る市町村が多かった．ただし，1を超える市町村は19と大半を占めており，平均倍率も1.252と高くなっている．倍率は高いが，投資的経費や物件費等とはやや異なる傾向が読みとれる．

　人件費の水準が高い要因の1つには，やはり投資的経費や物件費と同様，施設の維持管理費があると考えられる．**表4-4**は，市町村財政比較分析表（普通会計決算）における「定員管理の状況」を整理したものである．2011（平成23）年度末における人口千人あたり職員数を類似団体と比較し，原子力発電所立地市町村が類似団体の何倍となっているかを算出している[10]．

　22市町村のうち類似団体を下回っているのは東通村と富岡町・刈羽村のみであり，ほとんどの市町村が類似団体を上回った．職員数の倍率は**表4-3**に示

した人件費の倍率にほぼ符合しており，原子力発電所立地市町村が類似団体よりも多くの職員を擁しているために人件費の支出も大きいと言える．

　市町村財政比較分析表には，倍率が高くなった主な要因が記載されている．例えば，施設運営（東海村・玄海町・六ヶ所村・女川町）や保育園に勤務する職員（敦賀市），村営老人ホームの運営（泊村），地理的要因（女川町・石巻市・美浜町・伊方町・薩摩川内市・六ヶ所村），人口減少（柏崎市），消防の直営（御前崎市・松江市），合併による調整（志賀町・おおい町・松江市），特有の行政需要（美浜町），過去の行政需要（高浜町），普通建設事業の積極的な展開（伊方町），原子力行政と教育行政（東通村），原子力行政（六ヶ所村），単独の施策（東海村）など，多様である．地理的要因など不可避なものも含まれているとはいえ，人件費を要する施設が挙げられている場合も多いことから，やはり原子力発電所の立地による収入を財源として整備された施設の維持管理に多数の職員と多額の人件費を要している可能性が高い．

　なお，表にはないが，３年前から倍率が低下した市町村も13あるため，原子力発電所立地市町村における人件費の削減は類似団体よりも積極的に進められていると考えられる．それでも，依然として人件費や職員数の水準は類似団体よりも高く，今後さらに削減を進めていくことが求められるだろう．

### ⑸　扶助費の動向

　最後に，扶助費の動向をみる．近年は高齢化の進行により社会保障関係経費が国・地方いずれも大きく増加するとともに，少子化対策も求められるようになってきた．とりわけ，後者は地域の人口増加に寄与するため，子育て支援策として幼児や児童に対する医療費助成の拡充や保育の充実など，自治体独自の取り組みが増えている．

　一方，これらの施策は必要であっても短期間で具体的な成果に結びつくとは限らない．そのため，かつて施設の整備が"箱もの"と揶揄されたように，扶助費の膨張に対しても"バラマキ"との批判的な見方がある．必要な支出であれば問題はないが，扶助費の増加が住民サービスの水準向上ではなく"バラマキ"につながる可能性もある．

　三好や川瀬，森・岩本が述べるように，原子力発電所立地市町村は公共用の施設の整備や維持管理にかかる支出が大きくなり，"箱もの"への志向を強めることに問題があるとされてきた．扶助費もこれらの支出と同じような水準で

あれば，"バラマキ"の志向も強いと推察される．

　そこで，**表4-3**から類似団体と比較した扶助費の倍率をみる．しかし，歳出総額の倍率を上回っている網掛けの数は1にとどまり，表に掲げた経費のなかで最も数が少なくなっている．また，平均倍率も1.032とほぼ類似団体並みであり，1を上回る市町村は10と半数に満たない．すなわち，扶助費に関しては特に大きな支出になっておらず，投資的経費や物件費とは対照的な状況であることが明らかとなった．

　この点をどのように理解すればよいのであろうか．電源三法交付金の使途が広がっているため，「財政力に比してあまりに過大な原発関連収入によって」公共用の施設だけでなく扶助費に財源を振り向けることも今や可能である．しかし，そのようにならなかった．理由は，多くの市町村が独自のサービスを提供しており全国で扶助費が増加していることと，いったん始めたサービスを止めることが難しいことにあるのではないだろうか．端的に言えば，扶助費が施設の整備費や維持管理費とは性質の異なる経費であり，原子力発電所の立地による収入が大規模で安定してきたとはいえ，廃炉を見すえた場合には収入の減少が見込まれるため立地市町村でも扶助費を高い水準で支出することに限界があったと考えられる．したがって，"バラマキ"の志向が強くならなかった点は評価しうるが，扶助費で水準の高いサービスを提供するのに障害があるならば問題があると言えるだろう．[12]

## 第3節　原子力発電所立地市町村の歳出構造をどうみるか

　本章では，原子力発電所立地市町村における最近の歳出構造について分析を行った．第1節では3つの先行研究を整理し，主に電源三法交付金によって歳出構造が依然として施設の整備や維持管理にかかる経費などの拡大に結びついていると指摘されていることを確認した．第2節では他の経費にも着目し，公債費と地方債現在高，積立金と基金現在高，人件費や扶助費の状況について，全国の立地市町村を対象に類似団体との比較を行った．近年では起債の抑制や基金への留保などが積極的に行われるとともに，人件費は高水準にあるものの縮小傾向にあることや扶助費は拡大していてないことが明らかとなった．

　本節では，以上の結果を踏まえて，原子力発電所立地市町村の歳出構造について総括する．

　まず，先行研究が指摘した施設の整備や維持管理にかかる経費の大きさは，多くの原子力発電所立地市町村に共通すると考えられる．それは，投資的経費だけでなく物件費や補助費等・繰出金，そして人件費にも及んでいる．原子力発電所の立地による収入の多くが，今なお投資的経費や関連の経費に向けられていると言える．

　しかしながら，これらの収入が歳出の膨張に直結しているわけではないことも明らかとなった．その1つが，起債の抑制と基金への留保である．地方債は投資的経費の財源として，単独事業にも補助事業にも充てられる場合が多い．また，投資的経費には一般財源も必要なため，当該年度の税収等が不足する場合は基金等を取り崩さなければならない．すなわち，投資的経費が膨張すれば通常は起債や基金にも影響を及ぼし，公債費と地方債現在高の増加や積立金と基金現在高の減少を招く．ところが，原子力発電所立地市町村では投資的経費こそ大きいが，公債費と地方債現在高は類似団体を大幅に下回り，積立金と基金現在高は大幅に上回っている．端的に言えば，立地市町村は投資的経費を拡大したとはいえ，歳出規模を抑制して持続性を備え自立した財政構造を確立することにも積極的だったのである．

　しかも，最近の動向をみると，原子力発電所の運転経過年数が長く固定資産税（償却資産）の収入が大きく落ち込んでいる市町村で，このような傾向が強まっている．発電所の集積等によって一定規模の税収が確保されていることと，運転年数の経過等によって電源三法交付金が増額されていること，廃炉による収入減少への対応が必要になっていることなどが要因であろう．

　また，扶助費の動向から分かるのは，原子力発電所立地市町村が必ずしも“バラマキ”まではしていない，ということである．確かに，医療費補助などの扶助費に含まれる事業に電源三法交付金が活用される場合はあるが，扶助費全体が類似団体を上回っているわけではない．したがって，これらは交付金収入によって他の市町村にない独自のサービスを実施したものではなく，他の市町村と同程度のサービス水準を交付金によって確保しているものと考えられる．

　では，以上の点から原子力発電所立地市町村の歳出構造をどのようにみるべきであろうか．それぞれの結果に関して，評価できる側面と課題となる側面の両面があると思われる．

　起債の抑制や基金の活用，類似団体並みの扶助費といった最近の動向について，原子力発電所立地市町村が一定の財政規律を保持していると捉えるならば

評価できる．しかし，施設の整備や維持管理にかかる経費が依然として大きく，過剰な支出を招いている部分もあると思われるので，それは問題であろう．真に必要な財政規律は，立地市町村が投資的経費等も含めて歳出構造の全体を制御しうるものでなければならない．

そのためには，電源三法交付金の使途ではなく交付期間に関する制度改革が課題となるのではないだろうか[13]．

電源三法交付金は1974（昭和49）年度に創設され，1997（平成9）年度に原子力発電施設等立地地域長期発展対策交付金が誕生するまで，使途の中心は公共用の施設の整備であった．したがって，当初の交付金は大半が公共用の施設の整備に用いられてきたことになる．先行研究が指摘するとおり，従来の制度で使途が限定されたことは最近の歳出構造にも何らかの影響を与えていると考えられる．

これに対して，現在の電源三法交付金は使途が拡大され，一般財源に近い形になった．そのため，歳出構造も公共用の施設の整備費や維持管理費だけでなく，多様な経費が拡大しても何ら不思議ではない．しかしながら，あらゆる経費が大きくなったのではなく，従来の特徴を残しながらも起債の抑制や基金の活用などを積極的に行い，また扶助費を類似団体並みとしている．使途の拡大が一部の経費にしか活かされていないのである．

その理由は，次の点から電源三法交付金の期間に関する限定にあると考えられる．第1に，電源三法交付金も固定資産税（償却資産）も，原子力発電所の運転停止とともに収入が失われることである．このことは従来から変わっておらず，立地市町村は発電所の高経年化や廃炉とともに収入減少の見通しを立てておかなければならない．このような状況で起債の抑制や基金の活用は不可欠であり，扶助費を増加することは新たな支出を長期にわたって行うことになるから，扶助費に期間の限られている財源を充当することは難しいだろう．第2に，原子力発電施設等立地地域長期発展対策交付金が年度ごとに交付されることである．そのため，短期間で大規模な支出を要する投資的経費や毎年度必要で定型的な施設の維持管理費などに結びつきやすい面を持っている．以上の点から，原子力発電所の集積や運転の継続によって大規模で安定した収入が確保されるようになった現在でも，施設の整備や維持管理にかかる経費が依然として大きくなると同時に，運転期間中に起債の抑制や基金の活用などを積極的に行い，扶助費を類似団体並みとする必要性が高まるのである．

　とりわけ，人口の少ない町村に出力の大きな原子力発電所が集積すれば，財政規模に比して過剰な電源三法交付金や固定資産税（償却資産）の収入が得られる．そのため，町村ではこのような歳出構造がより強く表れる可能性が高いのではないだろうか．

　このように，電源三法交付金の期間に関する限定を緩和する制度改革が今後の重要な課題になると考えられる．もちろん，川瀬が述べたように量出制入の原則に即して交付金を削減することも1つの対策になるだろう．しかしながら，原子力発電所立地市町村は将来の収入減少を見すえて，起債の抑制や基金への積立を進めてきた．長期的にみれば，運転期間中の巨額の収入が必ずしも不要になるわけではないからである．したがって，期間の限定を緩和して交付金を長期・安定的に活用することもまた，量出制入の原則に即した財政運営を行う方策の1つになるのではないだろうか．

　以上から，原子力発電所立地市町村の歳出構造に一定の財政規律が観察され評価できる側面があるとともに，課題となる部分については電源三法交付金に関する使途の限定ではなく期間の限定を緩和する制度改革が歳出構造の全体に及ぶ財政規律をもたらし，持続性を備え自立した財政構造を確立することに寄与すると言える．

---

**注**

1）川瀬は1980（昭和55）年の改正（電源開発促進税の税率引き上げ，電源開発促進対策特別会計における電源多様化勘定の創設など）を機に，電源三法交付金が「固定資産税が入るまでのつなぎであり，施設整備に限るという原則のなし崩し化がすすんでいきます」（p.144）と述べ，原則から逸脱する変化が進んでいったことを批判している．

2）量出制入とともに，会計年度独立の原則にも配慮しなければならない．会計年度独立の原則とは「各会計年度における歳出は，その年度の歳入をもってこれに充てなければならない」［地方財務研究会 2011：32］という，地方自治法第208条第2項に定められているものである．すなわち，量出制入の原則と同様に各会計年度の必要な歳出に見合うだけの歳入規模が求められる．原子力発電所立地市町村では発電所の運転開始にともない多額の固定資産税（償却資産）がもたらされるが，会計年度独立の原則を貫徹することもまた不安定な財政運営を招き，好ましくないだろう．しかし，一定の歳出規模を維持するためには，当初の税収の大部分を留保することが現実的な方策として必要になる．

3）人件費や物件費・補助費等や繰出金にも施設の維持管理にかかる“箱もの”に限らず，“バラマキ”に該当する部分があるだろう．しかし，これらの経費には多様な支出項目が含まれるため，経費全体の大きさだけでは明らかにすることができない．扶助費も住

民ニーズは多様だから大きさだけで"バラマキ"と断ずることはできないが，その可能性に直結する経費であることは他の経費よりも確かである．

4）宮城県女川町・石巻市，福島県大熊町・双葉町・富岡町・楢葉町，茨城県東海村の1市5町1村．

5）双葉町は2006（平成18）年度に「公債費負担適正化計画」をスタートさせ，2009（平成21）年度には「地方公共団体の財政の健全化に関する法律」に基づく「財政健全化計画書」を策定して，実質公債費比率の抑制に取り組んできた．その結果，実質公債費比率は2007（平成19）年度決算の30.1％（3ヵ年平均）をピークに低下し，2010（平成22）年度に早期健全化基準（25％）を下回る23.7％，2012（平成24）年度には18.9％となった．また，住民1人あたりの地方債現在高も過去3年間を平均すると0.821だが，3年間で0.885から0.772へと低下し，公債費も平均は1.187だが1.447から0.962に下がっている．

6）運転期間の収入である原子力発電施設等立地地域長期発展対策交付金は年度ごとに交付金額が算定される．

7）住民1人あたりの増減率の関係も総額の場合とほとんど変わらない．

8）ただし，双葉町はいずれも1を下回っており，最近の投資的経費が低水準であることが実質公債費比率を低下させる一因になったと考えられる．

9）維持補修費は平均倍率が最も高いが，1を下回る原子力発電所立地市町村の数も8と扶助費の12に次いで多い．一方で，敦賀市や大熊町・柏崎市・六ヶ所村のように3を上回る立地市町村の数が最も多かった．このように，維持補修費は立地市町村ごとに状況が大きく異なっている．

10）復興特別区域は2010（平成22）年度末，ただし福島県内の4町は数値がないため2009（平成21）年度末とした．

11）2011（平成23）年8月に東出雲町を編入合併した松江市は，3年前の数値が算出されていない．

12）この点も，公共用の施設に財源を振り向けざるをえなかった構造の背景にあるかもしれない．

13）第7章第1節で具体的な提案を行う．

# 第5章
# 原子力発電所立地市町村の歳入構造

　第4章では原子力発電所立地市町村における最近の歳出構造を明らかにしたが，施設の整備や維持管理にかかる経費が大きいなど，これまで指摘されてきた問題点が必ずしも解消したわけではない．しかしながら，立地市町村は原子力発電所の集積と運転の継続を前提として一定の財政規律も保持しており，類似団体よりも高い水準の歳出が財政運営を圧迫して原子力発電所の増設を誘発する状況でもなくなっている．そこで，本章では歳入構造の分析を行う．原子力発電と地方財政の関係は，歳出と歳入の両面で大きく変わった．

　原子力発電所立地市町村の収入については，第1章で主に電源三法交付金と固定資産税（償却資産）の概要と経過を述べた．交付金は運転期間にも一定の収入が確保されるようになり，不安定性の緩和と規模の拡大が同時に進んだ．また，固定資産税（償却資産）は運転開始当初の収入こそ増減がますます顕著になり不安定性が高まったものの，減少後も一定規模の収入が確保されている．第1節では，立地市町村の歳入構造として，交付金や固定資産税を中心に最近の動向を示す．

　第2節では，電源三法交付金の定性的な変化として，固定資産税（償却資産）との関係が変わってきたことを述べる．かつての交付金は，原子力発電所の運転開始とともに固定資産税（償却資産）が確保されるまでの収入と位置づけられていた．すなわち，交付金と固定資産税（償却資産）は時間軸で明確に区分されており，活用軸としての使途も異なっていた．しかし，現在は運転期間を対象とする交付金種目が加わり，固定資産税（償却資産）と交付金が同時に確保されるようになった．さらに，交付金の使途が拡大して税に近づいている．時間軸と活用軸の両面で区分が不明確になってきたのである．

　ただし，変化の背景はまったく異なることに注意しなければならない．電源三法交付金は制度改革が行われたことによる変化であるのに対して，固定資産

税（償却資産）は制度改革が行われなかったことと並行する変化である．しかも，固定資産税（償却資産）は制度改革が必要であったにもかかわらず実施されなかったため，交付金の制度改革が代替的に進んだ側面もある．両者の区分が不明確になったために，このような異なる経過になったのではないだろうか．

　これらの点を踏まえて，第3節では原子力発電所立地市町村における財政の依存問題について論じる．原子力発電と地方財政の関係では電源三法交付金に注目が集まり，立地地域の依存が批判の対象となっている．「交付期間の長期化や交付金額の増加，使途の拡大が立地地域の交付金依存を深め，広げてきた」ということである[1]．一方で，固定資産税（償却資産）は減価償却によって収入が減少し，このことが「交付金とともに増設の誘因になる」と指摘されるのみであった．しかし，いや，だからこそ，依存の象徴と目される交付金の問題は，固定資産税（償却資産）との関係を踏まえて論じる必要があるだろう．

## 第1節　全国の原子力発電所立地市町村の歳入構造
### ――類似団体との比較から――

　本節では，原子力発電所立地市町村の歳入構造を分析する．第4章で行った歳出構造の分析と同様の方法で，全国の22立地市町村を対象に住民1人あたりの主な収入額を類似団体と比較し，立地市町村が類似団体の何倍となっているかを過去3年間の平均値で表す．

　結果は，**表5-1**のとおりである．普通会計歳入総額の倍率を上回る項目には網掛けをしている．歳入総額の平均倍率は1.452であり，類似団体に比べて高い水準となっている．

　項目ごとにみると，平均倍率が最も高いのは固定資産税の3.884で，網掛けの数も19と多い．1を下回るのは石巻市と松江市のみであり，泊村や東通村・刈羽村・玄海町・六ヶ所村では5を上回っている．比較的新しい原子力発電所が立地していることや人口が少ない地域であることなどが要因と考えられる．この数値には土地や家屋にかかる固定資産税も含まれるが，概して原子力発電所が高経年化を迎えているなかで，多くの立地市町村では発電所の集積と運転の継続によって固定資産税（償却資産）の収入が依然として大きいと言える．

　なお，市町村税の他の項目をみると，市町村民税では個人がそれほど高い水準ではないことと，対照的に法人が高水準であることも分かる．個人の平均倍

表 5 - 1　主要な歳入項目と歳入総額の類似団体との比較 (過去 3 年間)

(単位：倍)

| | 東海村 | 敦賀市 | 泊村 | 女川町 | 石巻市 | 東通村 | 大熊町 | 双葉町 |
|---|---|---|---|---|---|---|---|---|
| 市町村税 | 2.566 | 1.516 | 8.135 | 2.978 | 0.763 | 5.033 | 2.382 | 1.783 |
| うち市町村民税(個人) | 1.228 | 0.963 | 1.090 | 0.997 | 0.743 | 0.829 | 1.305 | 1.229 |
| うち市町村民税(法人) | 2.040 | 1.917 | 3.564 | 0.918 | 0.542 | 1.931 | 2.891 | 0.448 |
| うち固定資産税 | 3.757 | 2.073 | 11.387 | 4.326 | 0.776 | 8.042 | 3.112 | 2.434 |
| 地方交付税 | 0.006 | 0.150 | 0.028 | 0.014 | 1.856 | 0.103 | 0.008 | 0.323 |
| 国庫支出金 | 2.059 | 1.185 | 4.084 | 0.979 | 0.834 | 3.345 | 3.066 | 4.472 |
| 地方債 | 0.612 | 0.911 | 0.000 | 0.668 | 1.034 | 0.998 | 0.000 | 0.477 |
| **歳入総額** | **1.498** | **1.194** | **1.765** | **1.257** | **1.003** | **1.532** | **1.417** | **1.359** |

| | 富岡町 | 楢葉町 | 柏崎市 | 刈羽村 | 御前崎市 | 志賀町 | 美浜町 |
|---|---|---|---|---|---|---|---|
| 市町村税 | 1.600 | 2.026 | 1.350 | 4.813 | 2.426 | 2.183 | 2.120 |
| うち市町村民税(個人) | 1.150 | 0.966 | 1.054 | 1.391 | 1.388 | 0.802 | 1.209 |
| うち市町村民税(法人) | 1.163 | 0.782 | 1.085 | 3.530 | 2.046 | 1.353 | 4.807 |
| うち固定資産税 | 2.066 | 2.893 | 1.601 | 6.638 | 3.399 | 3.410 | 2.398 |
| 地方交付税 | 0.210 | 0.067 | 0.955 | 0.015 | 0.141 | 1.361 | 0.554 |
| 国庫支出金 | 1.701 | 1.832 | 1.543 | 1.913 | 1.064 | 1.580 | 2.562 |
| 地方債 | 0.190 | 0.448 | 1.666 | 0.006 | 0.017 | 1.059 | 0.536 |
| **歳入総額** | **1.086** | **1.059** | **1.509** | **1.666** | **0.978** | **1.646** | **1.638** |

| | 高浜町 | おおい町 | 松江市 | 伊方町 | 玄海町 | 薩摩川内市 | 六ヶ所村 |
|---|---|---|---|---|---|---|---|
| 市町村税 | 2.466 | 3.327 | 0.948 | 2.579 | 4.894 | 0.918 | 4.265 |
| うち市町村民税(個人) | 1.165 | 1.212 | 0.925 | 0.901 | 0.933 | 0.732 | 1.301 |
| うち市町村民税(法人) | 3.437 | 3.720 | 1.153 | 3.399 | 4.119 | 0.956 | 2.646 |
| うち固定資産税 | 3.219 | 4.503 | 0.960 | 3.893 | 7.521 | 1.060 | 5.984 |
| 地方交付税 | 0.119 | 0.639 | 2.033 | 0.920 | 0.007 | 2.023 | 0.025 |
| 国庫支出金 | 3.185 | 3.902 | 1.544 | 2.061 | 2.435 | 1.511 | 3.739 |
| 地方債 | 0.438 | 0.136 | 1.657 | 1.117 | 0.000 | 1.260 | 1.544 |
| **歳入総額** | **1.428** | **2.097** | **1.339** | **1.457** | **1.452** | **1.376** | **2.183** |

（資料）各市町村決算カード，地方財務協会 [2013] ほかより作成.

率は1.069とほぼ類似団体並みであり，網掛けの数も 2 と少なかった．これに対して，法人の場合は平均倍率が2.202と高く，網掛けの数も14と多い．固定資産税ほどではないが，市町村民税 (法人) の収入が多いことも原子力発電所

立地市町村の特徴に含まれるだろう．

　固定資産税と市町村民税（法人）の収入が大きい結果，市町村税全体でも平均倍率は2.776で，網掛けの数も18と多くなっている．

　次に，国庫支出金の水準も高い．平均倍率は2.300で市町村税をやや下回るものの，網掛けの数は18で並んでいる．他の市町村にはない電源三法交付金が含まれるためと考えられる[2]．

　このように，原子力発電所立地市町村は住民1人あたりで類似団体の2倍を上回る市町村税や国庫支出金を確保している．しかし，歳入総額の平均倍率は1.452で，それほど高くなっていない．なぜならば，地方交付税や地方債が類似団体を大きく下回るからである．地方交付税は平均倍率が0.525で最も低く，網掛けの数も3にとどまっている．数値には特別交付税も含まれるが，立地市町村は市町村税が大きいために普通交付税を受けない不交付団体が多く，普通交付税が少ないことが主な理由である．また，地方債も平均倍率は0.672と1を下回り，網掛けの数も3と少ない．第4章では地方債現在高が類似団体よりも低いことを示したが，歳入構造からもこの点が明らかである．

　以上を総括すると，次のことが言えるだろう．まず，電源三法交付金を含む国庫支出金の平均倍率が高いことから，原子力発電所立地市町村の財政が交付金に依存している部分は確かにあるだろう．しかしながら，固定資産税をはじめ市町村税は国庫支出金を上回る倍率であり，この点では自立した歳入構造を持っているのである．

　また，地方交付税の平均倍率が低いことは原子力発電所の立地による固定資産税（償却資産）の増加が交付税によって相殺されていることを表す．このことから，芝田英昭や川瀬光義は税収の増加が実質的には大きくないことを指摘した．確かに，収入見込額の75%が基準財政収入額に算入されるため，その範囲では地方交付税が減少して実質的な税収の増加は25%にしかならない．しかし，不交付団体に生じる財源超過額は相殺されず，ここに含まれる税収もある．そのため，税収の増加が相殺されるとしても75%に達するとは限らない．また，地方債の倍率が小さいことも歳入総額の平均倍率を低下させている．立地市町村の多くで歳入総額が類似団体を上回っているのは，交付税による相殺や起債の抑制によって税収や国庫支出金ほど高くならないとしても，確かに原子力発電所の立地によるものである．

　なお，地方交付税や地方債も依存が問題となる収入であるが，いずれも類似

団体を大きく下回っている．第3節でも述べるが，原子力発電所立地市町村の
歳入構造は依存の度合いが低い部分も持っているのである．

## 第2節　電源三法交付金と固定資産税（償却資産）の関係

　次に，電源三法交付金の定性的な変化について，固定資産税（償却資産）と
の関係を踏まえて新たな見方を示す．交付金の経過については，第1章第1節
で述べたとおり，主に交付金種目の多様化をともなう拡充と使途の拡大の2点
に整理される．また，固定資産税（償却資産）についても第1章第2節で述べ
た．第1章**図1-8**では，これらの収入を合計した推移を示している．

　電源三法交付金は制度改革によって幅広い使途が認められるようになり，ほ
とんど一般財源に近い形になった．交付期間も新たな種目の創設によって原子
力発電所の運転期間を対象とするものが加わり，発電所の集積と運転の継続を
前提に大規模で安定した収入を立地地域にもたらしている．しかし，こうした
ことから「立地地域が交付金への依存からますます脱却できない状況になって
いる」といった批判も多い．

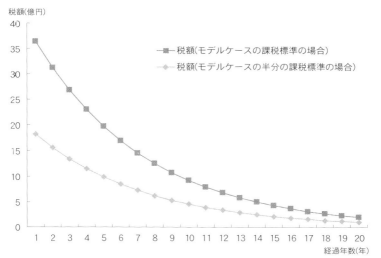

**図5-1　原子力発電設備にかかる固定資産税（償却資産）の推移比較（モデルケース）**

（資料）全国原子力発電所所在市町村協議会HPより作成．
　　　http://www.zengenkyo.org/（閲覧日2014（平成26）年4月18日）．

　一方，固定資産税 (償却資産) は，大幅な制度改革こそなかったものの，原子力発電所１基あたりの出力が向上したことにより設備投資の規模が大きく拡大し，運転開始当初における収入の変動がいっそう顕著になった．**図5-1**は，第１章**図1-7**に示したモデルケースの税額の推移と，課税標準をその半分にした場合で比較したものである．課税標準が２倍になれば，税額は大幅に増えるとともに減少額も２倍になる．収入の不安定性が高まるのである．

　このように，電源三法交付金と固定資産税 (償却資産) の変化には，両者の共通点をもたらす側面 (収入期間と使途) と相違点をもたらす側面 (安定化と不安定化) の両面があった．しかし，制度が変わったのは電源三法交付金だけであり，固定資産税 (償却資産) は制度改革ではなく原子力発電所そのものの変化が引き起こしたものである[3]．

　原子力発電所立地市町村は，いずれの収入についても制度改革を国に要請した．それにもかかわらず，電源三法交付金の改革が大きく進む一方で，固定資産税 (償却資産) は変わらなかった．

　このように対照的な結果となったのは，なぜであろうか．そこには，国策としての原子力政策の変化が電源三法交付金の制度改革を必要とした一方で，固定資産税 (償却資産) は地方税としての改革が必要であったが行われず，それゆえに電源三法交付金の制度改革によって実質的な効果を獲得したという，これまで注目されてこなかった要因があると考えられる．

### (1)　電源三法交付金制度の見直しの背景──国策としての原子力政策の変化──

　まず，原子力政策の変化が電源三法交付金の制度改革を促進したことについて述べる．吉岡 [2011] によると，日本の原子力開発利用の社会史の時代区分は６つあり，1980 (昭和55) 年から1994 (平成6) 年は第４期「安定成長と民営化の時代」であったのが，1995 (平成7) 年から2010 (平成22) 年には第５期「事故・事件の続発と開発利用低迷の時代」になったという．このことは，第３章の冒頭で述べた原子力発電所の立地基数の変化によって，明確に表れている．

　開発利用低迷の時代が訪れた要因は，まさに事故・事件の続発である．原子力発電所における小規模の事故やトラブルは1970年代から発生し，立地地域でも原子力安全協定の締結や原子力安全対策課の設置などによって対応を重ねてきた[4]．しかし，1979 (昭和54) 年３月のスリーマイル島原発事故や1986 (昭和61) 年４月のチェルノブイリ原発事故などが発生し，各国に深刻な被害をもたらし

た．また，国内でも1995（平成7）年12月に起きた高速増殖原型炉もんじゅの
ナトリウム漏えい事故や1999（平成11）年9月のJCOウラン加工工場臨界事故
など，大規模な事故が発生した．これらは原子力発電の安全性に重大な疑問を
投げかけるだけでなく，国や特殊法人・電力事業者のあり方を根本的に見直す
契機ともなった．また，電力需要もバブル経済の崩壊を発端とする長期不況の
ため，拡大鈍化から低下傾向に転じていた．こうしたなかで，原子力発電の拡
大が難しくなったのである．

　そこで，原子力発電も既存の発電所を安定的に運転することが，新増設より
も重視されるようになった．電源三法交付金の変貌も，こうした経緯を背景と
して進められた．原子力白書は次のように述べている．

　　　原子力発電設備容量を確保するためには，既存サイトでの増設に加えて
　　新規サイトの確保が必要であるが，原子力発電所の立地には計画から運転
　　開始までの先行期間（リードタイム）が長期に及ぶことを考慮すると，早急
　　に新規サイトの確保に向けて対策を充実していくことが必要である．
　　　原子力施設の立地促進については，これまで国，地方公共団体，事業者
　　等の積極的な立地促進活動が一定の成果を挙げてきたものの，国民の意識
　　の口から原子力に対する不信感，不安感が依然として払拭されていないこ
　　とも一因となり，立地は年々困難になっている［原子力委員会 1997：116］．

　　　また，立地に伴う地域振興効果を期待する地元の声も，ますます多様化
　　してきている．原子力施設の立地による波及効果を地域の長期的発展に結
　　びつけることが重要であるが，その際，既存立地地点における地域の発展
　　状況が，新規立地予定地点の理解を深める上で意義が大きいことにも留意
　　する必要がある．
　　　原子力施設の立地促進の主体は事業者，地元の地域振興の主体は地方公
　　共団体であるが，国としても立地円滑化の観点から地元と原子力施設が共
　　生できるよう，関係省庁が一体となって地元の地域振興に一層きめ細かな
　　支援を進める必要がある［原子力委員会 1997：117］．

　これは，国策としての原子力政策を推進するうえで既存の電源三法交付金制
度では限界が生じているために，新たな措置を加える必要が出てきたことを明
確に示している．すなわち，原子力発電に対する国民の不信感や不安感などを

背景に，交付期間が原子力発電所の建設段階に限られる当時の交付金では新規立地が難しくなってきた．そこで，既存の立地地域についても長期的振興を図ることが新規立地に結びつくと考えられ，原子力発電所の運転期間を対象とした交付金種目が創設されるに至ったのである．端的に言えば，国策としての原子力政策をとりまく環境の変化を背景として，交付金の基本的な趣旨を維持するために機能の強化が行われたことになる．近年の立地地域の歳入構造や歳出構造をみれば，実質的には機能の転換と言えるかもしれない．

　しかし，実際には原子力発電所の新増設がさらに停滞した．電源三法交付金の機能強化は立地地域にとって好ましいものであったが，新規立地の促進という本来の目的に寄与したとは言いがたい．この点について，清水修二は「単価の引き上げ，交付期間の拡張，使途の拡大等の一連の措置は，制度の充実強化というよりもむしろ制度の限界を裏面から物語るものである」[清水 1991b：162]と述べている．

　電源三法交付金制度の限界については本書の最後に述べるが，交付金は原子力発電所の立地を推進するための財政面での誘導手段であるから，国策としての原子力政策をとりまく環境が変化すれば新たな手段を講じることが必要になる．逆に言えば，このような環境の変化がなければ交付金も現在の姿にはならなかった，ということである．

## (2) 電源三法交付金制度の見直しの背景——固定資産税（償却資産）への評価——

　さらに，電源三法交付金制度の経緯の背景には，固定資産税（償却資産）の制度改革が行われなかったこともあるのではないだろうか．すなわち，固定資産税（償却資産）の制度が変わらなかったことが，交付金の変貌を大きなものにしたと考えられる．

　原子力発電所立地市町村にとって，電源三法交付金も固定資産税（償却資産）も重要な収入である．したがって，原子力発電所の新規立地を促進するために既存の立地地域についても長期的な振興を図るならば，電源三法交付金だけでなく固定資産税（償却資産）の制度改革も含まれるであろう．

　しかも，固定資産税（償却資産）の方が長期的振興に寄与する可能性も高いと考えられる．なぜならば，第1に，固定資産税（償却資産）には使途の制約がないため，活用可能な期間や使途が電源三法交付金よりも広く，それだけ地域振興への寄与は交付金よりも高くなるからである．第2に，当初の交付金は

原子力発電所の建設期間に限られていたのに対して，固定資産税（償却資産）は
運転期間の収入だからである．交付金は使途も限定されていて，原子力発電所
の完成後に固定資産税（償却資産）に滑らかに移行するための「つなぎ」とし
ての役割が想定されていた[清水 1991a：157；岡田・川瀬・にいがた自治体研究所 2013：
111]．その限りでは交付金と固定資産税（償却資産）に補完関係が成り立ってい
た[7]，交付金は長期的な地域振興の財源と位置づけられていなかったのである．
これに対して，固定資産税（償却資産）は運転開始後の一般財源であるから，
機能を転換しなくても立地地域の長期的な振興を図ることができる．このよう
に，既存の立地地域の長期的な振興を図る手段としては，電源三法交付金より
も固定資産税（償却資産）の方が有効であると考えられる．

　また，固定資産税（償却資産）を長期・安定的な収入とするための制度改革
も必要であった．なぜならば，原子力発電所 1 基あたりの出力向上とともに，
運転期間の長期化が進んでいたからである．第 1 章第 2 節で述べたように，固
定資産税（償却資産）の減少割合を決めるのは設備の想定稼働期間として設定
される耐用年数である．原子力発電設備の場合は耐用年数が15年と定められて
おり，長くなるほど税額の減少率は低下する．そして，実際は大半の発電所が
15年を超えて運転しており，なかには40年を超過する場合もある．そこで，実
態に合わせて耐用年数を延長すれば税額の安定化と増加をもたらし，それだけ
既存立地地域の長期的な振興にも寄与するだろう．

　以上のように，固定資産税（償却資産）は制度改革の可能性と必要性が高い
にもかかわらず，電源三法交付金の改革が進む一方で固定資産税（償却資産）は
変わらないという対照的な結果となった．交付金の方が，種目の多様化をとも
なう拡充と使途の拡大という形で，機能の転換と言ってよいほど大きく変化し
たのである．

　その背景には，次の 3 点が考えられる．第 1 に，国策としての原子力政策を
進めるうえで，固定資産税（償却資産）よりも電源三法交付金の方が重要だか
らである．原子力発電所立地市町村にとってはいずれの収入も大きいが，交付
金は隣接・隣々接の市町村や都道府県，住民・企業家など，交付対象が幅広い．
また，国が原子力政策を遂行するためには国庫支出金による誘導の方が効果的
であり，それが電源開発促進税を財源とした交付金の本来の機能である．笹生
仁が「電源三法を中心とする現行の電源立地政策は，本質的にはエネルギー産
業政策であり，その円滑な遂行のために立地地域の振興整備といった地域政策

的性格を組み入れたものとみることが妥当のように考えられる」[笹生 1985：82-83] と述べたように，地域政策の視点ではなく国策としての原子力政策を推進するために固定資産税（償却資産）よりも電源三法交付金が重視されてきたと考えられる．

第2に，地域政策の財源としても固定資産税（償却資産）が見直しの対象にならなかったからである．すなわち，地方自治体の自主財源を拡充するための議論は地方分権の進展とともに行われてきたものの，その重点は住民税や消費税に置かれ，固定資産税については制度改革の必要性が特に提起されなかった．

例えば，1995（平成7）年に発足した地方分権推進委員会は5次にわたる勧告と意見を提出し，機関委任事務の廃止や必置規制の緩和など「第一次地方分権改革」と呼ばれる大きな成果をあげた．地方税制については具体的な改革の実現に期間を要したものの，2001（平成13）年6月に提出された最終報告の「第3章　第2次分権改革の始動に向けて——地方税財源充実確保方策についての提言——」では，地方税充実確保の方向として，税制の改正に向けた方向性が次のように示されている．

　　　地方税源充実は，税源の偏在性が少なく，税収の安定性を備えた地方税体系を構築していくという方向で考えるべきであり，特に税源移譲に伴う地方財源の偏在を抑制するためにも，地域的偏在の少ない地方税体系構築が必要である．

そのうえで，固定資産税については次のような方向性が必要である，としている．

　　　（固定資産税）
　　　固定資産税については，資産の保有と市町村の行政サービスとの間に存在する一般的な受益関係に着目して課税されるものであり，応益性という地方税の基本的性格を具現したものであるとともに，市町村財政を支える基幹税目であり，引き続きその安定的確保に努めていくべきである．

すなわち，固定資産税はすでに市町村の財政を支える基幹税目になっているとともに，地方税の基本的性格も実現している．そこで，大きな見直しは必要ないと判断されたのである．確かに，土地や家屋にかかる固定資産税はこのような状況であるかもしれない．しかしながら，償却資産とりわけ原子力発電所

などの大規模償却資産については，不安定性という逆の側面を持っている．地方税のあり方からみれば大規模償却資産の制度改革を検討するべきであったが，改革の効果が一部の原子力発電所立地地域等に限られるために，地方分権に関する論議のなかでは住民税や消費税が優先され，固定資産税は見直しの対象にならなかったと考えられる．

　第3に，固定資産税（償却資産）に適用される耐用年数が法人税等にも共通のものであり，経済政策の見地から延長よりも短縮が志向されてきたからである．耐用年数が短ければ，納税者である電力事業者にとっては設備投資額を早期に費用化することが可能となり，法人税の繰り延べや新規投資の財源獲得につながる．現在は経済政策の見地から法人税の実効税率を低減することが模索されているが，耐用年数の短縮も税負担の軽減につながることから経済政策の観点で進められてきた．そのため，全体として短縮に向かっている耐用年数を限られた原子力発電所立地地域のために例外的に長期化するような制度改革は困難であったと考えられる[9]．

　以上の理由から，固定資産税（償却資産）の不安定性を制度改革によって克服する必要性が高いにもかかわらず，実現には至らなかった．原子力発電所の運転期間を対象とした電源三法交付金の種目が新たに加わり，交付金額が増えてきたのは，交付金が当初から固定資産税（償却資産）をある程度補完する役割を担ってきたなかで，固定資産税（償却資産）が見直されることなく不安定さをましていた状況を緩和する意味もあったのではないだろうか．端的に言えば，交付金の制度改革を通じて両者の補完関係に新たな側面を加えることによって，固定資産税（償却資産）の見直しを含んだ変化が実質的に進んだと考えられる．

　このことを証明するのは容易ではないが，2つの点から推察される．第1に，量の側面で両者の補完関係が強まったことである．原子力発電所の運転期間を対象とした電源三法交付金と固定資産税（償却資産）を合計した推移を試算すると，耐用年数の延長と同様の状況が実現する．**図5-2**は，第1章**図1-8**に示した資源エネルギー庁の試算による交付金と全国原子力発電所所在市町村協議会の試算による固定資産税（償却資産）の収入の推移をもとに，さまざまな耐用年数の固定資産税（償却資産）と現行制度における固定資産税（償却資産）と交付金の合計額を比較したものである．耐用年数を延長して20年，25年，30年，60年とした場合の税額と，現行の耐用年数で税額のみと税・交付金の合計額の

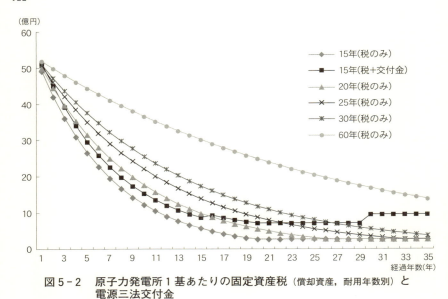

（億円）

**図5-2　原子力発電所1基あたりの固定資産税（償却資産，耐用年数別）と電源三法交付金**

（注）資源エネルギー庁による出力135万 kW を想定し金額を調整した.
（資料）経済産業省資源エネルギー庁［2010］，全国原子力発電所所在市町村協議会HPより作成.

両方を示している.

　耐用年数を延長することは固定資産税（償却資産）の減少傾向そのものを変えるわけではないが，減少率の低下と税額の増加をもたらす．しかし，現行の耐用年数15年の場合であっても，電源三法交付金が加わることによって運転年数の経過とともに耐用年数の延長と同等もしくはそれ以上の収入が確保される．その規模は，図から耐用年数30年とした場合に匹敵することがわかる．すなわち，現行制度では耐用年数が15年であっても，電源三法交付金を加味すれば耐用年数が2倍に延長された場合と実質的に同等の収入となっているのである[10].

　なお，先に述べたように，固定資産税（償却資産）は地方交付税の算定で基準財政収入額に算入されるため，税額が増えても交付税の減額によって相殺される部分がある．これに対して，電源三法交付金は基準財政収入額に算入されないため，交付金額の増加は実質的に耐用年数30年を超える場合の税額に相当する可能性がある．

　原子力発電所の増設が近年停滞しており，立地市町村の多くが図の右側に近い状況となっているだろう．従来の電源三法交付金であれば，固定資産税（償

却資産）も交付金もほとんどなくなり，新たな原子力発電所を建設する以外に収入を確保する方法がなかったかもしれない．しかし，現状では電源三法交付金が固定資産税（償却資産）の減少を十分に補う収入となっている[11]．交付金の制度改革が，量的に固定資産税の不安定性を補完する財源としての役割を実質的に果たしていると考えられる．

　第2に，電源三法交付金が質の面でも固定資産税（償却資産）に近づいていることである．繰り返し述べたように，交付金は当初，公共用の施設の整備に使途が限定されていた．交付期間の限定を緩和するなど今後の課題もあるが，現在は庁舎職員の人件費や国庫補助金の補助裏（一部）あるいは公債費など一部を除いて多様な経費に交付金を充当できるようになり，ほとんど一般財源に近い．この点でも，電源三法交付金と固定資産税（償却資産）との区分は不明確になりつつある．

　以上から，電源三法交付金が種目の多様化をともなう拡充と使途の拡大を遂げてきた背景には，国策としての原子力政策の変化だけでなく，地域政策の財源としての固定資産税（償却資産）が見直されずに不安定で低く抑えられてきたことがあると考えられる．すなわち，量（収入の大きさ）と質（財源としての使いやすさ）の両面で，交付金が固定資産税（償却資産）の補完財源としての機能を強めることによって，交付金の制度改革が固定資産税（償却資産）の見直しを実質的に組み込む形で進んだのではないだろうか．

## 第3節　原子力発電所立地市町村の依存問題をどうみるか

　原子力発電所立地市町村の歳出構造については，施設の整備や維持管理にかかる経費が大きいなど従来の問題や電源三法交付金における交付期間の限定という課題がなお残されているものの，立地市町村が起債の抑制や基金の活用を積極的に行っていることも明らかとなった．そして，その背景には，主な収入である電源三法交付金と固定資産税（償却資産）が，原子力発電所の集積や運転の継続を前提として高い水準を維持しながら，従来よりも柔軟な歳出を可能にした点がある．

　しかしながら，これらの収入が原子力発電所の立地によるものであることは変わらず，財政が発電所に依存しているとの批判は続いている．"原発マネー"や"交付金漬け"といった表現は，これらの収入が巨額なことから生まれる．

　本節では，これまで述べてきた原子力発電所立地市町村の歳入構造や電源三法交付金と固定資産税（償却資産）の補完関係を踏まえ，立地市町村の依存の問題について論じる．

### (1)　依存財源としての電源三法交付金と自主財源としての固定資産税（償却資産）

　財政の依存については，2つの側面から把握しなければならない．第1に，財源には「依存財源」と「自主財源」があり，前者の割合が多いことで生じる「依存」の問題がある．

　依存財源とは「国（市町村の場合は，都道府県を含む）の意思により定められた額を交付されたり，割り当てられたりする収入」[地方財務研究会 2011：4] をいう．具体的には，地方交付税や国庫支出金・都道府県支出金（市町村の場合）・地方譲与税・地方債などが含まれる．電源三法交付金は国庫支出金であるから依存財源である．

　これに対して，自主財源とは「地方公共団体が自主的に収入しうる財源」[地方財務研究会 2011：252] である．具体的には，地方税・分担金及び負担金・使用料・手数料などをいう．固定資産税（償却資産）は地方税であるから，自主財源である．地方自治体の現状が「3割自治」と呼ばれるのは，自主的な決定の権能やその裏づけとなる自主財源が十分でないからである．財源の面では，普通会計歳入総額のうち自主財源としての地方税が3割程度しかなく，多くを地方交付税や国庫支出金・地方債などの依存財源によっているためであろう．

　原子力発電所の立地による主な収入については，電源三法交付金が依存財源である一方，固定資産税（償却資産）は自主財源である．交付金が増額されることは依存財源の増加を意味するから，地方財政の自主性を低下させる点で確かに問題がある．三位一体改革などでも，地方財政の自主性を高めるために依存財源である地方交付税や国庫支出金から，自主財源である地方税への税源移譲をすることが提起された．地方からみれば三位一体改革が大きな成果をあげたとは言いがたいが，依存財源の割合を低下させ自主財源の割合を高める方向性が地方財政の自主性を高めることは間違いない．

　しかしながら，第1節で述べたように，原子力発電所立地市町村の歳入構造は固定資産税（償却資産）をはじめとする市町村税の水準が類似団体と比較してきわめて高く，最近でも平均倍率は電源三法交付金を含む国庫支出金を大きく上回っている．また，地方交付税や地方債などの依存財源の水準は類似団体

よりも低い．したがって，依存財源の割合が高いことで生じる問題については，国庫支出金では該当するかもしれないが，立地市町村の歳入構造が全体として類似団体よりも依存の性格が強いわけではない．

さらに，第2節で述べたように，電源三法交付金の経過には固定資産税（償却資産）の制度改革が行われなかったことを補完する側面があった．このことを依存財源と自主財源の関係で捉えるならば，交付金という依存財源の増加が自主財源の拡充の限界を一因としていたことになる．仮に交付金の割合を低下させて固定資産税（償却資産）の割合を高めていれば，自主財源が拡充されて依存財源の増加による問題も緩和されていたはずである．

したがって，電源三法交付金の増額によって依存の問題が大きくなったとしても，歳入構造の全体に及ぶものではなく，交付金を削減するだけで問題が解決するわけでもない．自主財源の問題解決に依存財源が用いられていたとすれば，依存問題の解決にも自主財源を含めて対処しなければならないだろう．

### ⑵　特定の納税主体に財政規模が規定される場合の依存

財政における「依存」の第2の問題として，特定の主体に歳入の多くを負うという意味での「依存」がある．たとえ自主財源であっても，原子力発電所という特定の主体が大きな割合を負担していれば，立地地域の財政は発電所に依存していると言える．

この問題は，原子力発電所立地市町村の多くが直面している．とりわけ，発電所が集積して運転を継続することによって，電源三法交付金や固定資産税（償却資産）を中心に立地市町村の歳入総額は類似団体を大きく上回っている．このことが，従来から続いてきた施設の整備や維持管理にかかる経費への偏重だけでなく，起債の抑制や基金の活用をも可能にしたのである．原子力発電所の立地なくしてこのようなことが不可能であったとすれば，それは依存の側面を持っていると言える．

ただし，財政が比較的健全とされる市町村のなかには，原子力発電所に限らず特定の主体が大きな役割を果たしている場合が多い．とりわけ，地方圏では企業城下町の形成や工業地帯における大企業の集積，原子力発電所の立地，その他観光・リゾート施設や拠点空港などの立地が財政力指数などの高い要因となっている．特定の主体に歳入の多くを負う場合に生じる「依存」は，原子力発電所立地市町村に限らない．

　では，原子力発電所立地市町村の「依存」に対する見方は，このような他の主体が立地する場合と異なるのであろうか．主に2つの面で違いがあると考えられる．

　第1に，原子力発電所の場合は特殊な危険性（安全性への懸念）をともなうことで，依存が批判される一因となる[12]．東日本大震災とそれにともなう東京電力福島第一原子力発電所の事故は，このような危険性が立地地域だけでなく広域に及ぶことを明らかにした．電源三法交付金への依存によって原子力発電の危険性が軽視されていたのではないかとの批判が強まり，第2章で取りあげた橘川武郎や金井利之などは安全性の向上に配慮した制度の見直しを提起している．

　確かに，大規模な事故や被害の発生を想定することなく，電源三法交付金や固定資産税（償却資産）を求めて原子力発電所の集積が安易に進んできたとすれば，「依存」が危険性の軽視をもたらした可能性がある．ただし，原子力発電所の危険性をどうみるかについては本書の範囲を超えており，また，交付金によって立地地域の原子力安全対策がどのような影響を受け，東京電力福島第一原子力発電所の事故に結びついたのかを明確に示すことは困難である．ここで言えるのは，震災と原発事故による被害の大きさが被災地である福島県や立地市町村に交付されてきた交付金額（1974（昭和49）年度から2012（平成24）年度の累計で約3073億円，水力発電等を含む交付金総額）とは比較にならないことくらいであろう．

　第2に，立地主体の将来性に関する違いである．特定の主体が立地地域の歳入構造に大きな影響を与える場合，その主体の動向によって財政が左右される．したがって，その主体が発展段階にある場合には地域経済や地方財政は立地主体とともに大きく伸びていくが，逆に衰退に直面すれば地域全体の縮小を招くことになり，依存していたことが問題と捉えられる．後者の代表的な事例は，北海道夕張市であろう．このような場合は，将来を見通して新たな産業の形成を図る必要がある．

　原子力発電の場合は，震災と原発事故を機に将来性が大きく変化した．従来の原子力発電は，国策としての原子力政策を背景に発展の見通しを立てることができた．したがって，立地市町村でも衰退を想定する必要性はそれほどなかったと考えられる．しかしながら，震災と原発事故によって原子力政策の方向性が転換し，民主党政権下で策定された『革新的エネルギー・環境戦略』では，2030年代に原発稼動ゼロや新増設を認めないとする方針が示された．また，自

民党政権下で改定された『エネルギー基本計画』でも，原子力発電の割合を可能な限り低減することが盛り込まれている．原子力発電の将来性が低下したことによって，依存の問題が表面化してきたと考えられる．

　そのため，原子力発電所という特定の主体に歳入の多くを負う意味での「依存」という問題は，従来はそれほど重要でなかったかもしれないが，今後は緊急に対応しなければならない課題となっている．

### ⑶　依存の問題をどう解決するか

　以上，原子力発電所立地市町村における依存の問題について，2つの側面から述べた．まず，依存財源としての電源三法交付金が大きいことについては，自主財源としての地方税がきわめて大きい一方で依存財源としての地方交付税や地方債が小さいことから，歳入構造を全体としてみれば必ずしも依存の問題が大きいとは言えない．また，交付金が自主財源としての固定資産税（償却資産）を補完する性質をあわせ持っている点も考慮しなければならない．次に，特定の主体に財政が大きく左右されることについては，原子力発電所が危険性（安全性への懸念）という特殊な問題との関係で捉えられることと，震災と原発事故等を受けて将来性が大きく変わろうとしていることに，他の主体が立地する場合とは異なる特徴がある．

　では，このような依存の問題を克服するには，どうすればよいであろうか．

　第1の点に対応する必要があるとすれば，電源三法交付金を削減して依存財源の割合を低下させるだけでは解決にならない．すなわち，自主財源としての固定資産税（償却資産）の制度改革をあわせて行うこと，もしくは電源三法交付金を自主財源に転換することなどが必要であろう[13]．固定資産税（償却資産）の趣旨や原子力発電所の稼働実態（高経年化の進展）に即して想定稼働期間である耐用年数を延長すれば，自主財源としての固定資産税（償却資産）を現状よりも安定的に，しかも長期間にわたって確保できるようになる．あるいは，交付金の財源となる電源開発促進税を地方に移譲することによって，自主性の強い財源にすることも考えられる．この場合，交付金が地方譲与税などになっても依存財源であることに変わりはないが，地方にとっては使途の自由な一般財源となるため原子力発電所立地地域の財政は自主性が大きく向上するだろう．

　ただし，これらの方策については第2の依存問題が深刻にならないよう配慮しなければならない．すなわち，量出制入の原則に即して必要な収入の規模を

長期的に確保しながら，自主財源や一般財源の割合を高めることが必要である．例えば，固定資産税（償却資産）の耐用年数を延長する場合は，運転開始当初の税額を増やしながら減少率を低下させるため，量出制入の原則を大きく逸脱しないようにすることが求められる．また，電源三法交付金が実質的な耐用年数の延長を実現しているとすれば，税と交付金との調整も必要になるだろう．

すなわち，原子力発電所立地地域が起債の抑制や基金の活用などによって自ら財政規律を強化すると同時に，量出制入の原則や電源三法交付金と固定資産税（償却資産）の関係に配慮した制度改革をあわせて検討することが必要である．今後の財政規律と制度改革のあり方については，第6章から第8章で述べる．

なお，第2の依存問題については，基本的には多様な立地主体を模索することが解決策となるが，これは地域政策での対応が必要である．第3章図3-4や図3-5に示したように，原子力発電の規模は今後縮小していく．原子力発電所の増設が近年停滞しているのは，財政面では一定の集積と運転の継続を前提として一過性であった収入が大規模で安定するようになったからである．しかし，この前提が失われれば，かえって増設を誘発する要因になり依存の問題が大きくなるかもしれない．

そこで，原子力発電所立地地域は長期的な地域経済の展望を持つ必要がある．この点はかなり以前から指摘されており，日本原子力産業会議 [1984] は次のように述べた．

> 原子力発電所の立地は地域にきわめて大きな効果をもたらすが，地域がこれを享受しうる期間には限りがあり，したがって，立地を契機に地域の長期的な振興整備をはかっていくためには，その効果を巧みに吸収し，将来の展開に結びつけていくための計画的な努力が欠かせない [日本原子力産業会議 1984：iv]．

これは，原子力発電所の新規立地による地域社会への影響が一過性であることを踏まえた提言である．本シリーズ第1巻では，原子力発電所の集積と運転を前提に「大きな効果が持続する」ことを明らかにし，一過性ではなくなったことを述べた．しかしながら，より長期の視点では原子力発電所の廃炉や依存度低減を見すえることが必要であり，将来の展開に結びつけていくための計画的な努力がますます重要になっている[14]．したがって，産業政策に重点を置いた

地域政策の姿を早急に描き，電源三法交付金や固定資産税（償却資産）をそのための財源としても位置づけなければならないだろう[15]．

　電源地域振興センター［2002］によれば，電源三法交付金は1980年代に地域産業の振興や人材育成などに重点が置かれるようになったという．公共用の施設の整備がある程度進み，地域開発や雇用効果といった経済的側面が求められるようになったからである．その結果，電力移出県等交付金や電源地域産業育成支援補助金などの種目が創設された．しかし，原子力発電所の集積によって立地地域の経済は大きな効果が持続するようになったため，90年代に入ると交付金には多様な使途が求められていったと考えられる．今後は，使途が広くなっているとはいえ，原子力発電所の廃炉によって再び経済的側面から交付金が認識される可能性がある．

　ただし，このような地域政策に電源三法交付金を用いる場合は，交付金を実質的に原子力発電所への依存から脱却するための財源と位置づける側面を持つことになるから，交付金の趣旨に反する部分があるかもしれない．しかし，原子力発電所の集積と運転の継続が地域経済を支えてきたのであるから，その前提が転換すれば交付金のあり方も変わらざるをえないのではないだろうか[16]．

---

注

1 ）例えば，笹生［1985］では電源立地政策における地域政策的対応が不可欠であったにもかかわらず，「地域政策的展望を明確にしないなかでいたずらに助成策を強化してゆくことはかえって住民に反対給付的誤解を生み，甘えの構造を助長し，結果的には地域の主体的意志をスポイルし，自主努力を埋没させることをも招来しかねない」（p. 223）と述べている．

2 ）表5-1に示した倍率は普通会計に計上された部分であり，公営企業会計等に計上された電源三法交付金は含まれていない．

3 ）電源三法交付金も原子力発電所の変化による影響を受けているが，とりわけ制度改革が変化を大きくした．

4 ）これらの経緯については，本シリーズ第1巻第4章で述べた．

5 ）国際原子力事象評価尺度（INES）によると，スリーマイル島原発事故はレベル5（広範囲な影響を伴う事故），チェルノブイリ原発事故はレベル7（深刻な事故）であった．また，もんじゅのナトリウム漏えい事故はレベル1（逸脱），JCOウラン加工工場臨界事故はレベル4（局所的な影響を伴う事故）であった．なお，東京電力福島第一原子力発電所の事故はレベル7である．

6 ）1994（平成6）年版から1998（平成10）年版まで同様の記述がみられる．

7 ）電源三法交付金制度の創設に際して，すでに立地された地点への手当てが考慮されていないことから，固定資産税（償却資産）の課税標準額の減額措置が廃止された［清水

1991a：157］．ここにも交付金と固定資産税（償却資産）の補完関係を読みとることができる．

8）清水［1991a］では，この点から「電源三法システムの構造的な限界とは，それが本質的にはエネルギー産業政策の手段であって第一義的に地域振興を目的としたものではないという事情に由来する」（p. 142）と述べている．

9）2007（平成19）年度の税制改正では，減価償却制度などを含めた法人税関係法令の大幅な見直しが行われている．まず，償却可能限度額と残存価額の廃止等が行われ，残存簿価1円まで償却できるようになった．固定資産税（償却資産）については，資産課税としての性格を踏まえて取得価額の5％を課税最低限度とする従来の評価方法を維持することとなったが，残存価額が廃止されていれば設備が稼働していても課税されなくなる可能性があった．

10）それでも，現行制度で定められた運転年数40年（最長60年）より短い．しかし，原子力発電所が立地した当初は30年程度の運転が想定されるなかで耐用年数が15年とされていた．この点を考慮すれば，原子力発電所の高経年化に応じて一定の耐用年数の延長が行われたのと同等の収入が電源三法交付金によって確保されている，とも考えられる．

11）第1節で述べたように，固定資産税（償却資産）も原子力発電所の集積と運転の継続を前提に類似団体を大きく上回っている．

12）製造業や交通機関の立地等でも汚染や騒音など公害発生の懸念があるため危険性がないわけではないが，原子力発電所の場合は放射能に対する特有の懸念がある．

13）次章で述べる財政規律は，実質的に電源三法交付金を自主財源に転換する方策と言える．

14）本シリーズ第1巻で紹介したアトムポリス構想やエネルギー研究開発拠点化計画は，その1つに位置づけられるだろう．

15）序章で述べたように，原子力発電所立地地域における主体性は地域政策と地方財政の分野でそれぞれ発揮された．しかし，今後は地方財政の主体性を地域政策の手段として発揮する必要性が高くなる，ということである．

16）第4章で分析したように，原子力発電所立地市町村は起債の抑制や基金の活用などによって発電所の高経年化や廃炉を見すえた対応を進めている面もある．したがって，すでに電源三法交付金は原子力発電への依存から脱却するための財源としての性質も実質的に備えている部分があると言えないわけではない．また，第3章では，金子勝や川瀬光義，金井利之などが提唱した廃炉交付金について述べた．地域政策の財源として電源三法交付金を位置づけることは，明確に廃炉を促進するための財源とするものではないが，第9章ではこの議論を一歩進めて，原子力発電への依存度を低減するための交付金のあり方について言及する．

第6章
# 原子力発電所立地市町村に求められる財政規律

　原子力発電所立地市町村は，電源三法交付金と固定資産税 (償却資産) を中心に一定規模の収入を確保してきた．しかも，これらは確実に見込むことができる，予見可能性の高いものである．また，交付金は依存財源であるものの使途が拡大しており，固定資産税 (償却資産) は一般財源であるから，いずれも自主性の高い財源となっている．

　しかしながら，電源三法交付金こそ制度改革を経て収入の安定性を高めてきたものの，固定資産税 (償却資産) はむしろ不安定さをましている．原子力発電所立地市町村が持続性を備え自立した財政構造をより強固なものとするためには，依然として収入の不安定性を克服することが重要な課題である．

　そこで，原子力発電所立地市町村における主体的な取り組みとしての財政規律と，国による制度改革が求められる．これまで，立地市町村はいずれにも対処してきた．起債の抑制や基金の活用などは前者であり，支出面での対応が中心であった．また，交付金種目の多様化をともなう拡充や使途の拡大など後者の部分は収入面での対応であるが，やはり立地地域からの要請があった．これからも，財政規律と制度改革によって収入の不安定性を克服していかなければならない．

　そして，まず重要なのは財政規律である．原子力発電所立地市町村は，現行制度に問題が残されているとしても，これを前提として主体的な財政運営を実践し，収入の不安定性を可能な限り克服しなければならない．また，制度の範囲で問題が解決されるならば改革は必要ないであろうし，解決できなくても改革の内容を最小限にとどめることができる．制度改革の必要性についての説得力も高くなるだろう．

　そこで，本章では現在の制度を前提として，持続性を備え自立した財政構造をより強固なものとするために，原子力発電所立地市町村に求められる財政規

律のあり方について論じる．すなわち，現行制度では不安定な収入であっても，支出の面で立地市町村が工夫をこらし，さらに安定的かつ自主性の高い財源として活用しうる余地があるかどうか考察する．そして，財政規律のみでは解決できない問題点を明らかにし，制度改革の必要性について示唆を得る．

## 第1節　電源三法交付金の活用方策

まず，電源三法交付金を長期・安定的で自主性の高い財源として活用するための方策について述べる．原子力発電所の増設が1990年代後半から停滞したが，1997（平成8）年度には原子力発電施設等立地地域長期発展対策交付金が創設されて運転期間も立地市町村に交付されるようになり，また2003（平成15）年度の制度改革によって電源立地地域対策交付金に統合され，使途が大きく広がった．そのため，交付金は従来よりも長期・安定的で自主性の高い財源となっている．これをさらに望ましい形とするためには地方税と同様の一般財源にすることが必要であるが，それは制度改革の問題となるので，本節では支出面の財政規律によってどこまで一般財源に近づけることが可能であるかを述べる．

### (1)　経常事業への電源三法交付金活用による一般財源との代替

現行制度における電源三法交付金の活用については，交付金の広い使途を十分に活かし，これまで一般財源を充当してきた経常事業の部分に用いることが可能となっている．そうすれば，充当する必要のなくなった一般財源が交付金で実施できない事業に活用されたり，基金に留保されたりすることによって，

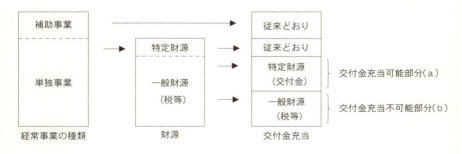

**図6-1　電源三法交付金の活用イメージ**

交付金が実質的に税と同様の収入になるだろう．こうして，間接的ではあるが交付金を一般財源のような長期・安定的で自主性の高い財源にすることができる．

　このことを図で表すと，**図6-1**のようになる．自治体が実施する経常事業は，財源の性格によって補助事業と単独事業に分けられる．このうち，単独事業は特定財源（使用料・財産収入など）が充当される部分を除いて，税などの一般財源が充当される．ここに電源三法交付金が充当できる部分があれば，一般財源から交付金に財源を転換するのである．その部分が図の（a）であり，（a）に相当する一般財源は他の使途に自由に振り替えることが可能になる．また，交付金を充当できない部分，すなわち図の（b）については制度改革が行われない限り振り替えることはできないので，これまでどおり一般財源を充当することになる．

　原子力発電所立地市町村は，実際にこのような財政運営を行ってきた．公共用の施設の維持管理費に電源三法交付金が充当されているのは，税等一般財源を充てるのが通常であるが制度改革によって交付金の対象となったからである．また，庁舎職員等の人件費に交付金が充当されていないのは，交付金の対象ではないからである．施設の維持管理費に充当される交付金が大きければ，それだけ税等一般財源に余裕が生じていることになる．

　この効果は2つある．第1に，現行の電源三法交付金制度に即しているだけでなく，税の代替として交付金を活用することによって，全体として財源の自主性と安定性が高まることである．代替された税は一般財源であるから，交付金よりも幅広い用途に使うことができ，後年度の財源として基金に留保することも可能である．すなわち，持続性を備え自立した財政構造の確立に寄与することになる．

　第2に，経常事業に電源三法交付金を充当するのであれば，交付金を活用するために新たな事業を創設するわけではないから，制度によって経費の膨張を招く可能性が低下することである．[1] 交付金は使途こそ広いものの運転期間のものは年度ごとの交付であるから，期間の制約が依然として強い．そのため，単年度の交付金額が大きければ投資的経費を始めとした事業が過剰になりがちとなる．しかし，一般財源を充当してきた経常事業に交付金を活用するのであれば，交付金収入の増加が事業の拡大に直結しないため経費の膨張は抑制される．また，仮に事業が拡大しても，交付金の代替となる税によって事業が拡大する

ことは財政規律の問題として自治体の責に帰せられるだろう.

　以上の点から，電源三法交付金の経常事業への活用は，実質的な一般財源への転換として長期・安定的な自主財源の確保に有効な方策であり，現行制度の下で持続性を備え自立した財政構造の確立に寄与すると考えられる.

## (2) 電源三法交付金制度の趣旨からみた問題点と対応策

　ただし，こうした方策にも問題があり，電源三法交付金の趣旨との整合性には十分に配慮しなければならない.　交付金の目的は「発電用施設の周辺の地域における公共用の施設の整備その他の住民の生活の利便性の向上及び産業の振興に寄与する事業を促進することにより，地域住民の福祉の向上を図り，もって発電用施設の設置及び運転の円滑化に資すること」(発電用施設周辺地域整備法第1条) である.　しかし，交付金を経常事業に充当することは地域住民の福祉の「向上」ではなく「維持」にすぎない.　この点について，三好ゆうは「原発立地に伴う財政効果の安定を求めるための方策として，交付金を税 (一般財源) の振替手段にするという提案は，交付金本来の趣旨から著しく反するものであり，問題がある」[三好 2011：384] と指摘する.　また，川瀬光義も交付金の制度改革について「固定資産税が入るまでのつなぎであり，施設整備に限るという原則のなし崩し化がすすんでいきます」[岡田・川瀬・にいがた自治体研究所 2013：144] と述べている.　これまで進められてきた交付金の制度改革は本来の趣旨に沿わないものであり，さらに一般財源の代替として活用することには確かに問題があるかもしれない.

　しかしながら，第5章で述べたように，電源三法交付金制度の見直しには固定資産税 (償却資産) が見直されなかったことを補完する意味もあると考えられる.　仮に，耐用年数の延長など固定資産税 (償却資産) の制度改革が行われて原子力発電所の運転期間に長期・安定的な一般財源が確保されていれば，交付金の制度改革もこれほど進むことはなかったかもしれない.　交付金を税の振替手段にすることは固定資産税 (償却資産) の実質的な増加に結びつくから，固定資産税 (償却資産) の制度改革により近い効果を立地市町村にもたらすだろう.　現行制度を前提とすれば交付金本来の趣旨に沿わない財政規律であったとしても，固定資産税 (償却資産) を含めた場合にはむしろ趣旨に沿う部分がある，という逆説も成り立つのではないだろうか.

　また，電源三法交付金の本来の目的は「発電用施設の設置」である.　第5章

で挙げた原子力白書では，発電用施設の設置が停滞したことから交付金の機能を強化した事情が示されている．原子力発電所の運転期間を対象とした交付金が加わったことは，既存の原子力発電所立地地域にとっては交付金の新たな展開として注目されるものの，国策としての原子力政策にとって発電用施設の設置という本来の目的は変わっていないのである．したがって，税は使途の面でも活用時期の面でも交付金よりも幅広く，地域住民の福祉の向上に結びつく可能性も高いことから，間接的な形にはなるが，交付金を一般財源の代替として活用する方が目的に沿っている部分もあるのではないだろうか．

　以上のように，電源三法交付金を税の振替手段にするという提案は，形式的には交付金本来の趣旨等に沿わない部分があるとしても，実質的には原子力発電所立地地域の財政運営からみて，また「発電用施設の設置」という国策としての原子力政策の目的からみて，むしろ趣旨等に沿う部分もあると言える．

　ただし，原子力発電所立地地域は，電源三法交付金の収入を含めて「地域住民の福祉の向上」が実現していることを明確に示さなければならない．交付金は，国にとっては国策としての原子力政策を進めるための支出であり，立地地域にとっては地域政策を進めるための収入である．立地地域が交付金などを地域政策に有効に活用して地域住民の福祉の向上をもたらすことによって，初めて「発電用施設の設置」という国策に結びつく．すなわち，電源開発促進税による負担が受益との関係を持ちうるのである．2004（平成16）年11月に財政制度等審議会がとりまとめた『特別会計の見直しについて──フォローアップ──』では，電源立地地域対策交付金活用事業の透明性の向上と，事業成果の的確な評価を行うことが提言されている．これを受けて資源エネルギー庁や都道府県ではホームページで事業概要の一覧を公表しているが，現状では施設の整備や維持管理に注目が集まり，立地地域における交付金依存への批判に連なっている．むしろ，地域政策の全体像を示して交付金や固定資産税（償却資産）も含めた収入全体が具体的な成果に結びついていることを，立地地域が明確に示すべきだろう．その意味で，三好や川瀬による指摘は，交付金本来の趣旨等を立地地域が明確に認識することをあらためて主張したものとして，重要なものと言える．

### (3)　基金による電源三法交付金の長期的活用の必要性と限界

　次に，電源三法交付金を経常事業に充当できない部分がある場合の方策につ

いて述べる．以下の2つが考えられる．

　第1に，電源三法交付金のうち交付期間が長期に設定されているものを長く活用することである．第1章第2節で述べたように，交付金の交付期間と交付限度額は種目ごとに定められており，統合された電源立地地域対策交付金でも原子力発電施設等立地地域長期発展対策交付金相当部分や電源立地特別交付金相当部分のように年度ごとに算定・交付されるものもあれば，電源立地等初期対策交付金相当部分や電源立地促進対策交付金相当部分のように一定の期間内で交付限度額を定めて，その範囲で毎年度の交付額を申請するものもある．

　後者については，交付期間内であれば原子力発電所立地地域の裁量によって各年度の配分を計画的に行うことができる．そこで，これらの交付金を交付期間にわたって均等に活用することや，全体の財政規模が安定するように調整しながら活用することが，交付金の長期・安定的な活用に結びつくだろう．

　ただし，これらも長期間の活用には限界がある．電源立地促進対策交付金は交付期間が建設段階から運転開始後5年までに限定されている．そのため，期間内で均等に活用した場合であっても，電源立地促進対策交付金から原子力発電施設等立地地域長期発展対策交付金に切り替わることによって交付金額は急激に減少する．制度の枠内で安定性が欠けることは避けられないのである[2]．

　そこで，第2に，やはり基金の活用が必要である．かつての電源三法交付金は公共用の施設の整備に使途が限定され，また大規模な交付金を短期間に活用したために，原子力発電所立地地域では多くの施設が整備されてきた．先行研究で指摘されているように，施設の整備費や維持管理費は依然として類似団体よりも大きい．このような状況を緩和するために，基金の活用は重要な方策であるだろう．

　しかしながら，電源立地地域対策交付金を活用して設置できる基金は使途を明確にしておかなければならず，財政調整基金のように後年度の一般的な財源不足には対応できないなど，不確実性の高い長期について計画的な基金の活用によって適切に対処するには難しい面がある．

　**表6-1**は，電源立地地域対策交付金による基金制度の概要である．例えば，事業運営基金や施設整備基金は基金造成の翌年度から5年以内の運用・処分が求められており，活用できる期間は必ずしも長くない．また，維持補修基金や維持運営基金は対象施設が供用されている期間となっているが，やはり限界がある．すなわち，維持補修費は第3章で述べたように原子力発電所立地市町村

表6-1　電源立地地域対策交付金の基金制度

| 基金の名称 | 基金の処分期間 | 対象範囲 |
|---|---|---|
| 事業運営基金 | 造成年度の翌年度から5年以内 | 地域振興計画作成等措置，温排水関連措置（施設の整備に係る経費を除く），企業導入・産業活性化措置（施設の整備に係る経費を除く），福祉対策措置（施設の整備に係る経費を除く），地域活性化措置（施設の整備に係る経費を除く），給付金助成措置，給付金加算等措置に要する経費 |
| 施設整備基金 | 造成年度の翌年度から5年以内 | 公共用施設や各施設の整備に要する経費 |
| 維持補修基金 | 対象施設が供用されている期間 | 公共用施設や各施設の原状回復並びに外観及び内装を維持するために行う修繕その他の維持補修に要する経費 |
| 維持運営基金 | 対象施設が供用されている期間 | 公共用施設や各施設を運営するために主に経常的に発生する経費 |

（資料）経済産業省資源エネルギー庁［2010］ほかより作成.

の支出ではごくわずかな割合にとどまる．また，維持運営基金は比較的長期の活用が可能であるが，発電所の運転開始とともに原子力発電施設等立地地域長期発展対策交付金が交付され，これも維持運営に充てることができる．そのため，維持運営に要する費用がかなり大きな場合でない限り（つまり，施設が過剰でない限り）長期的に活用することは困難である．

　近年は原子力発電所の増設が停滞し，高経年化も進んでいるため，電源立地地域対策交付金のうち電源立地促進対策交付金よりも原子力発電施設等立地地域長期発展対策交付金を長期的に活用する方が多くの立地市町村にとって重要な課題となっている．しかし，これは原子力発電所の運転期間を対象として年度ごとに算定・交付され，しかも長期的には交付金額が増えていく．そこで，運用・処分の目処を明確にして基金を活用するためには，廃炉によって交付金が途絶える時期を想定しておくことが必要になることから，立地地域の対応は難しいのではないだろうか．

　以上の点から，原子力発電施設等立地地域長期発展対策交付金を公共用の施設の維持管理などの経常事業に充当しながら，これを上回る部分を過剰な施設の整備などに用いることなく積極的に基金に留保することが必要であるとしても，現行制度では限界があると言わざるをえない．とりわけ，原子力発電所が廃炉となれば交付金が途絶えるため，廃炉後にも長期にわたって交付金が活用できるようにすることが制度改革の重要課題となるだろう．

## 第2節　固定資産税（償却資産）の活用方策

　次に，固定資産税（償却資産）の活用で求められる財政規律について述べる．これは税であるから，一般財源である．したがって，収入が不安定であっても支出の面で年度ごとに全額使わなければならないわけではなく，電源三法交付金のように基金の種類や内容・期間などの制約もない．

### (1)　税収の予見可能性を踏まえた財政規律の事前設定

　そこで，むしろ制約がないことから基金の活用を主体的に行うことが重要となるだろう[3)]．とりわけ，新しい原子力発電所は1基あたりの出力向上とともに設備投資の規模も大きくなり，運転開始当初の固定資産税（償却資産）とその後の減少も顕著で収入の不安定性が高まっている．したがって，当初の大規模な収入の大部分を基金に留保し，これをより長期間にわたって活用することが可能であり，その必要性も高いと言える．

　第5章でみたように，基金の活用はすでに多くの原子力発電所立地市町村で行われており，発電所の高経年化が進む地域でも積極的に基金への留保が進んでいる．ただし，それでも財政規模をどの程度維持できるかは，5年から10年程度を見すえた中期財政計画などに示されることはあっても，より長期間にわたる見通しは必ずしも明確でない．

　そこで，固定資産税（償却資産）による基金活用の方策については，次のような提案をしたい．すなわち，固定資産税（償却資産）を基金に留保する場合でも恣意的に行うのではなく，あらかじめ設定した収入の活用期間によって支出上限額を機械的に算出したうえで，あるいは，原子力発電所立地市町村の財政需要に応じて支出上限額を設定し活用期間を算出したうえで，期間中は上限額の範囲内に支出を抑制することである．

　これは，長期的な展望をより明確にした財政規律である．最近では原子力発電所立地市町村の多くが基金を積極的に活用しており，一定の財政規律が保持されていると考えられるが，長期にわたる展望がなければ今後も歳出を十分に抑制できるとは限らない．また，原子力発電所の集積や運転の継続という前提も持続的とは言えない．税収の高い予見可能性を活かして，税収を長期にわたって活用するための展望を描き，より厳格なルールとしての財政規律を導入す

ることで，歳出増加への圧力を抑制しなければならないだろう．

### (2)　税収の長期的推移と収入増加額の算出

　支出上限額の算出は，次のように行うことができる．まず，固定資産税（償却資産）については，あらかじめ長期的な推移を見積もることができる．あるいは，原子力発電所の運転期間中でも今後の見通しを立てることは可能である．立地市町村が置かれた財政状況や発電所の規模などに応じて異なるが，ここでは第1章**図1-8**のモデルケースを用いて試算を行う．

　原子力発電所の運転開始とともに課税される初年度の固定資産税（償却資産）は，49.2億円である．ここで，当該年度に発電所の立地がなかった場合を仮定し，地方交付税（普通交付税）の収入が10億円であったとしよう．すると，**表6-2**に示したように，税額のうち地方交付税の算定に用いられる基準財政収入額は75％の36.9億円となる．税額の増加によって地方交付税が交付されなくなるから，正味の収入増加額は49.2億円から10億円を差し引いた39.2億円になるだろう．2年目以降も同様の方法で算出すると，モデルケースでは税額の減少とともに正味の収入増加額も減っていき，10年目には再び地方交付税が交付されるようになる．ただし，この場合でも，基準財政収入額に算入されなかった25％の留保分は収入増加額に含まれる．そこで，10年目の場合は税額12.4億円の25％分である3.1億円が収入増加額となり，以降も同様の方法で算出している．その結果，運転開始から20年間の収入増加額は合計186.6億円，その後は課税最低限度として20年目の税収が40年目まで続くとすれば，40年間の収入増加額は200.6億円となる．

### (3)　収入増加額の活用期間を40年とした場合の試算

　次に，この収入増加額を長期・安定的に活用するための支出上限額を算出する[4]．なお，基金は財政調整基金や減債基金，自治体独自の特定目的基金など多種多様であるが，ここでは自治体の財政状況や課題に応じて主体的に基金を設置し活用することを重視し，基金の種類は問わないことにする．

　基金の活用期間は，原子力発電所立地市町村が自ら設定する[5]．一般的には原子力発電所の稼働期間として原子炉等規制法に規定されている40年，あるいは延長を含めた60年などが考えられるだろう．ここでは，40年の場合で支出上限額を算出する[6]．

表6-2　原子力発電所の立地による固定資産税（償却資産）の収入増加額（試算）

（単位：億円）

| 年目 | 固定資産税<br>（償却資産）<br>収入額<br>（a） | 基準財政収入<br>算入額<br>（a）×0.75<br>（b） | 発電所が<br>なかった場合の<br>地方交付税<br>（c） | 発電所がある<br>場合の地方交付税<br>（c）−（b）<br>（d） | （差引）収入<br>増加額<br>（a）−（c）+（d） |
|---|---|---|---|---|---|
| 1 | 49.2 | 36.9 | 10.0 | | 39.2 |
| 2 | 42.2 | 31.7 | 10.0 | | 32.2 |
| 3 | 36.2 | 27.2 | 10.0 | | 26.2 |
| 4 | 31.1 | 23.3 | 10.0 | | 21.1 |
| 5 | 26.6 | 20.0 | 10.0 | | 16.6 |
| 6 | 22.9 | 17.2 | 10.0 | | 12.9 |
| 7 | 19.6 | 14.7 | 10.0 | | 9.6 |
| 8 | 16.8 | 12.6 | 10.0 | | 6.8 |
| 9 | 14.4 | 10.8 | 10.0 | | 4.4 |
| 10 | 12.4 | 9.3 | 10.0 | 0.7 | 3.1 |
| 11 | 10.6 | 8.0 | 10.0 | 2.0 | 2.6 |
| 12 | 9.1 | 6.8 | 10.0 | 3.2 | 2.3 |
| 13 | 7.8 | 5.9 | 10.0 | 4.1 | 1.9 |
| 14 | 6.7 | 5.0 | 10.0 | 5.0 | 1.7 |
| 15 | 5.8 | 4.4 | 10.0 | 5.6 | 1.4 |
| 16 | 4.9 | 3.7 | 10.0 | 6.3 | 1.2 |
| 17 | 4.2 | 3.2 | 10.0 | 6.8 | 1.0 |
| 18 | 3.6 | 2.7 | 10.0 | 7.3 | 0.9 |
| 19 | 3.1 | 2.3 | 10.0 | 7.7 | 0.8 |
| 20 | 2.7 | 2.0 | 10.0 | 8.0 | 0.7 |
| 合計 | 329.9 | 247.7 | 200.0 | 56.7 | 186.6 |

（注）1：（a）及び（c）の額は，仮定である.
（注）2：地方交付税を受けない期間（1〜9年目）の（差引）収入増加額は，発電所がなかった場合の交付税額を差引いて（a）−（c）の額となる.
（注）3：地方交付税を受ける期間（10年目以降）の（差引）収入増加額は，税収のうち基準財政収入額に算入されない部分，すなわち（a）−（c）+（d）=（a）−（b）の額となる.

　ごく単純に考えれば，収入増加額の200.6億円を40年間活用するためには，毎年度の支出増加の上限額（支出上限額）[7]が5.0億円余りとなる. すなわち，毎

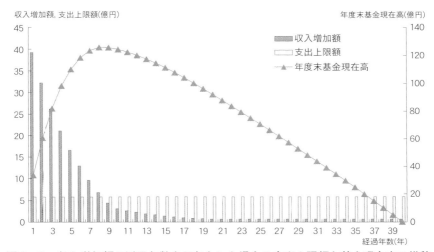

**図6-2　収入増加額の活用年数を40年とした場合の支出上限額と基金現在高の推移**

（注）　1：基金運用利子は年1％とし，年度末に発生すると想定して算出した.
　　　　2：収入増加額は年度当初に発生し，支出は年度末に行うと想定した. したがって，利子は前年度末基金
　　　　　現在高と当該年度の積立金額（取崩金額）の合計額から算出している.
（資料）全国原子力発電所所在市町村協議会HPより作成.

　年度の支出上限額を5.0億円以内に抑制すれば，少なくとも40年間は固定資産
税（償却資産）を安定的に活用することが可能となる. あるいは，運転開始当
初の財政状況によって，例えば60億円を大規模な投資的経費なども含めて10年
間で活用し，残り140.6億円を30年間で用いるようなことも考えられるだろう.
　なお，基金に預金利子が加わることを考慮すれば，支出上限額の算出もより
正確になる. 金利を年1％と仮定すれば，毎年の支出上限額は約5.8億円とな
る[8].
　上記の方法で支出を行った場合の固定資産税（償却資産）と基金現在高等の
推移を**図6-2**に示した. 預金利子を考慮し，毎年度の支出増加額を上限の約
5.8億円で固定している. 原子力発電所の運転開始当初は収入増加額が5.8億円
を大きく上回るため，大部分が基金に積み立てられる. その後は税額が減少す
るけれども運転開始後8年までは基金への積立が続き，基金現在高も増加を続
ける. そして，9年目以降から支出増加額が収入増加額を上回るため，基金の
取り崩しが始まることとなる. 税額は減少を続けて課税最低限度に収束するこ

とから，基金現在高もこの時期をピークとして減少傾向に転じる．そして，40年目に基金現在高がゼロとなる．

　このように，基金による収入増加額の年度間調整は，税額が不安定ながらも当初に増加してその後は減少することが事前にほぼ明らかとなっているため，活用期間と支出上限額をあらかじめ設定して厳格なルールに基づいた活用をすることによって，少なくとも設定した期間は固定資産税（償却資産）を長期・安定的な財源にすることができる．原子力発電所立地市町村が持続性を備え自立した財政構造を確立するためには，固定資産税（償却資産）の場合は長期的展望の上に立った財政規律を導入することが必要である．

### ⑷　収入増加額を恒久的に活用する場合の試算

　次に，収入増加額の活用期間を恒久とする場合を考える．これは最も極端な想定であるが，原子力発電所の廃炉後も固定資産税（償却資産）を活用できる形になる．

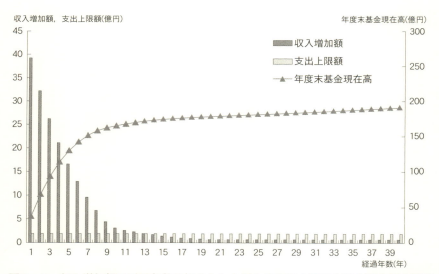

**図6-3　収入増加額の活用年数を恒久とした場合の支出上限額と基金現在高の推移**

（注）　1：基金運用利子は年1％とし，年度末に発生すると想定して算出した．
　　　　2：収入増加額は年度当初に発生し，支出は年度末に行うと想定した．したがって，利子は前年度末基金現在高と当該年度の積立金額（取崩金額）の合計額から算出している．
（資料）全国原子力発電所所在市町村協議会HPより作成．

　そのためには，端的に言えば固定資産税（償却資産）をほぼ全額基金に積み立て，毎年度の支出上限額を預金利子分のみとすることが求められる．先のモデルケースと同じ場合で基金の金利を年１％とすれば，支出上限額が約1.9億円になる．活用期間を40年とした場合と比較すれば３分の１に縮小するが，これは原子力発電所１基の試算であるから，財政規模が小さく発電所が集積する市町村では十分になる場合もあるだろう．

　この場合の収入増加額と支出上限額，基金現在高の推移は**図６−３**のとおりである．**図６−２**と異なる点は，支出上限額が少なくなることによって基金現在高が減少しないことである．基金現在高は40年目で190億円程度となり，その後は基金の預金利子（年１％で約1.9億円）によって収入増加額を恒久的に活用することができる．

　なお，この場合でも収入増加額の活用期間を恒久とすることをあらかじめ決定しておかなければならない．逆に言えば，上限額を超える歳出圧力が抑制できなければ制度の意義は失われ，原子力発電所の増設を誘発する可能性に結びつく．このような状況に陥ることのないよう，立地市町村は支出上限額と実際の支出額を毎年公表し，上限額を上回る支出がなされていないかどうか，住民や議会が厳しく監視できるような制度の確立などが求められるだろう．

### (5)　原子力発電所立地市町村の経済情勢を踏まえた基金の調整

　以上のように，原子力発電所立地市町村は固定資産税（償却資産）による収入増加額の予見可能性を活かして，事前に支出上限額という厳格な財政規律を導入することによって，これを長期・安定的な財源として活用することができる．電源三法交付金と比較すれば，基金の活用に使途や期間の制約がないため，支出上限額を設定するだけの簡素なものでよい．

　ただし，場合によっては支出上限額の遵守だけでなく，状況の変化に柔軟に対応することもまた必要となるだろう．なぜならば，今後は原子力発電所の廃炉が進み地域経済が大きな影響を受けると見込まれるなかで，第５章第３節で述べたように立地地域では産業振興のための政策が必要になると考えられるからである．そのための財源としても，固定資産税（償却資産）は欠かせない．基金による収入増加額の長期・安定的な活用は厳格な財政規律を保持するだけでなく，地域経済の変動に対応できるよう一定の柔軟性をあわせ持つことも必要であろう．

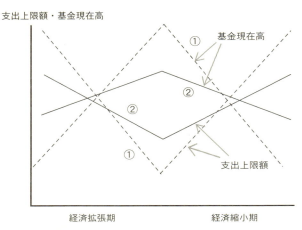

図6-4　地域経済の状況による基金の柔軟な活用イメージ

　すなわち，**図6-4**に示したように地域経済の縮小期に基金を多く取り崩して支出上限額を増やすとともに，拡張期には支出上限額を減らして基金現在高を平時の水準に戻すという激変緩和メカニズムを基金に持たせることが考えられる．このように，情勢の変化などによって活用期間を途中で見直す場合があるだろう．

　基金を取り崩す大きさは，**図6-4**のパターン①に示すように経済縮小期に多く取り崩す場合は基金現在高の減少も大きくなるが，そのためには経済拡張期にも多く積み立てて現在高を維持しなければならない．あるいは，パターン②のように少なく取り崩す場合は，積み立てる部分も少なくて済むだろう．基本的には，あらかじめ設定した支出上限額を超えることがないように，あるいは変更した場合でも地域経済の見通しを立てて適切な支出上限額の水準となるようにしなければならない．

　原子力発電所立地地域における財政の運営は，経済の激変緩和を考慮することが今後重要になると予想される．立地地域が新たな局面を迎えるなかで，将来にわたって長期・安定的な財政運営を可能にするためには，財政規律を厳格に保持しながら地域経済の変化に即した柔軟な財政運営を行うことが必要である．

## ⑹　基金活用の限界と制度改革への示唆

　本節では，固定資産税（償却資産）を長期・安定的な財源として活用するために，基金による調整を軸とした財政規律のあり方について述べてきた．税は一般財源であるから，基金についても使途や活用期間の制約がなく，簡素な財政規律の導入によって持続性を備え自立した財政構造を強固にすることが可能になるだろう．

　しかしながら，財政運営は量出制入の原則によるとともに，固定資産税（償却資産）は応益原則に基づく課税である，ということに注意しなければならない．本節で提起した基金の活用は，いずれにも沿わない点で限界がある．

　電源三法交付金は川瀬光義が指摘したように量出制入に即した財源ではなく，原子力発電所の出力や発電電力量に応じて交付金額が決まる．そのため，交付金は立地市町村の財政需要を必ずしも反映しているとは限らず，量出制入の原則から問題があると言える．

　しかし，原子力発電所にかかる固定資産税（償却資産）もやはり量出制入の原則に即しているとは言いがたい．なぜならば，固定資産税（償却資産）の増加と減少が必要な歳出の変動によって生じるのではなく，電源三法交付金と同様に発電所の設備の状況によって決まるからである．これは固定資産税の応益原則からみても過大な変動であるとともに，毎年度の税収を年度内に全額活用すれば不要な支出を招く可能性がある．また，それを避けるためには基金による調整を当初から，しかも大規模に想定しなければならず，支出が定まっていないのに収入だけが大きくならざるをえない．特に，収入増加額を恒久的に活用する場合は基本的に基金の利子が支出上限額の財源となるため，税収そのものに対する財政需要が永久に生じないことを想定していることになる．

　このように，原子力発電所にかかる固定資産税（償却資産）を基金によって長期・安定的な財源として活用することは，財政運営における量出制入の原則と固定資産税の応益原則に沿わない点で限界があると言える．基金による調整が量出制入の原則から許容されるとすれば，支出上限額が長期的な財政需要を踏まえて設定される場合であろう．税収の急増に限らず急減も量出制入の原則に即しているとは言いがたいからである．

　以上から，現行制度を前提として財政規律を導入する場合は，長期的な視点から基金の活用が有効な方策となるが，短期的には量出制入の原則に沿わない点で限界があり，制度改革の必要な部分になると考えられる．厳格な財政規律

を導入して収入の長期的な活用を図りながら，年度ごとの財政需要にも配慮した制度改革を行うことによって，短期・長期いずれの面でも量出制入の原則に対応することが可能になるだろう．

---

**注**

1）ただし，量出制入の原則に沿わないことが問題となる．この点については，第8章第4節で述べる．

2）原子力発電所の建設に要する期間が長くなっているため，それだけ電源立地促進対策交付金相当部分も長期にわたって活用することができる．しかし，このような状況は原子力発電の安全性に対する懸念などが背景にあり，決して好ましいことではない．

3）ただし，基金等の活用が過剰になれば，財政運営における量出制入の原則や会計年度独立の原則に合致しなくなるおそれがある．現実的な対応として基金の活用は重要だが，制度改革のあり方を考察する際にはこれらの原則にも配慮することが求められる．

4）固定資産税（償却資産）はこのように変動するのに対して，他の税，すなわち法人住民税や個人住民税，土地・家屋にかかる固定資産税は比較的安定している．本章では簡略化のためにこれらの安定した税を原子力発電所の立地による収入に含めていないが，含める場合は**表6-2**における収入増加額に毎年度一定額を加算すればよいだろう．

5）支出上限額を主体的に設定して活用期間を算出することもできるが，基本的な計算方法は活用期間を設定した場合と同じなので，省略する．

6）第8章で述べる固定資産税（償却資産）の制度改革として，原子力発電所の運転開始から40年を超過した時点で税額の再計算を行うこととも関係している．

7）税等一般財源もしくは基金からの繰入金（取り崩し）の増加額である．ただし，地方債の増加は当該年度の支出上限額に含まれないが，長期的には公債費の増加を通じて支出上限額に算入されることになる（交付税措置があり実際に措置された部分は除く）．

8）償却資産は設備の改修等によって課税標準が変わることがあるが，ここでは考慮していない．実際は途中で課税標準と収入増加額が若干増え，支出上限額の再算定が必要になる場合もありうる．

第 7 章
# 電源三法交付金と固定資産税（償却資産）の制度改革

　原子力発電所立地市町村の財政については，電源三法交付金にせよ固定資産税（償却資産）にせよ，巨額だが不安定な収入を長期・安定的な財源として活用することによって，持続性を備え自立した財政構造を確立することが求められる．そのためには，まず立地市町村の主体的な工夫としての財政規律が重要であり，それぞれの収入について第6章で具体的な内容を述べた．

　しかし，財政規律だけでは限界があることも同時に明らかとなった．そこで，制度改革が必要になる．これまで原子力発電所立地地域が国に要請してきた主な制度改革[1]は，電源三法交付金の増額や交付期間の長期化，使途の拡大などであった．また，固定資産税（償却資産）については，耐用年数の延長である．いずれも持続性を備え自立した財政構造の確立に寄与するものだが，前者の制度改革が大きく進展したのに対して後者は実現しなかった．本章では，これまでの制度の経緯と財政規律の限界を踏まえて，これから電源三法交付金と固定資産税（償却資産）に求められる制度改革について論じる．

　その際，原子力発電所の運転期間における収入の増加は，今やそれほど重要でないだろう．なぜならば，第4章と第5章で明らかにしたように立地市町村の歳入や歳出の規模は類似団体を大きく上回っており，地方債現在高や基金現在高が類似団体よりも好ましい状況にあるからである．また，運転期間中の収入が増加すれば，原子力発電所に対する財政の依存をますます深めるとの批判に結びつくことになる．そこで，本章では運転期間中における収入の増加を主な目的とせず，原子力発電所の高経年化の進展や廃炉による収入の減少を見すえて，より長期・安定的な財源として活用しうる制度改革の方向性について述べることにする[2]．

　まず，電源三法交付金については，基金を中心に交付期間と使途を拡大することが重要であろう．すでに交付金は交付期間も長期にわたり，使途もかなり

広くなっている．しかしながら，第6章では交付金を長期・安定的に活用するための財政規律として一般財源への振替や基金による調整を提案したが，それでも交付金を財源とする基金には期間も使途も制約が残されているために限界がある．したがって，制度改革の方向性として基金制度の弾力化が焦点になるだろう．

　ここで，電源三法交付金と固定資産税（償却資産）の補完関係に着目すれば，今後は両者を一体的に取り扱う制度改革も検討課題に入る．また，電源三法交付金をめぐる議論は使途の拡大に向けて新たな展開もみられる．そこで，本章では，基金制度の弾力化よりも踏み込んだ制度改革の方向性として次の提案をする．すなわち，原子力発電所の運転期間を対象とした交付金について，財源となる電源開発促進税を立地地域に移譲することである．税源移譲によって交付金の使途は自由になり，基金の制約も解消される．

　次に，固定資産税（償却資産）については耐用年数の延長が重要であろう．原子力発電所1基あたりの出力が向上し，高経年化が進んでいるなかで，耐用年数の延長は税の趣旨に即しているだけでなく収入の安定化をもたらす．ただし，耐用年数を単に延長するだけでは基金の活用が依然として必要であり，量出制入の原則に沿わないという問題も残る．そこで，高経年化を考慮した制度を組み込むことによって，これらの問題点を緩和する方策を提示する．原子力発電所の立地に起因する特殊な財政運営の必要性が低下すれば，持続性を備え自立した財政構造の確立は容易になるだろう．

## 第1節　電源三法交付金の制度改革
### ──電源開発促進税の部分移譲──

　電源三法交付金の制度改革については，原子力発電所立地市町村が持続性を備え自立した財政構造を確立するために，立地市町村の主体的な取り組みとしての財政規律だけでは対応できない部分に重点を置くことが求められる．第6章で述べたように，それは基金の活用期間や使途の拡大が中心になるだろう．

　しかし，さらに踏み込んだ制度改革の議論がすでに進められている．2009（平成21）年の民主党への政権交代を契機として同年11月から実施された「事業仕分け」では，電源立地地域対策交付金についても議論された．仕分けの対象となった事業は予算のごく一部にすぎなかったものの，2010（平成22）年4月と

5月に独立行政法人や政府系の公益法人を対象とした新たな仕分けが始まり，同年10月と11月にも特別会計等を対象とした仕分けが行われた．また，2011(平成23) 年11月には提言型政策仕分けとして，無駄や非効率の根絶にとどまらず政策的・制度的な問題点にまで掘り下げた議論が行われている．こうしたなかで，電源立地地域対策交付金は3度の仕分けで取りあげられ，そのうち2度が震災前，1度が震災後であった．

　結論については，震災前の仕分けでは事業の廃止のような大胆な形は示されなかったものの，見直しが必要と判断された．一方，震災後は原子力政策全般を対象とするなかに電源立地地域対策交付金が含まれたため，他の2回とは視点が異なっている．すなわち，原子力発電所の安全性が重視され，交付金を活用した安全対策の拡充が必要とされた（第2章第2節参照）．所管官庁は関係地域との意見交換会などを開催して交付金制度の見直し作業を進め，2010 (平成22) 年3月には一部が改正され，8月にも再び改正が行われている．

　本節では，電源三法交付金の制度改革について，これまでの議論を踏まえつつ，震災前に行われた事業仕分けの議論と改革の内容に着目して，今後のあり方を述べる．すなわち，基金にかかる制約の緩和に重点を置きながら，事業仕分けでは交付金の使途を原子力発電所立地地域の裁量に委ねることが提言されたことから，原子力発電所の運転期間を対象とした交付金について，財源となる電源開発促進税を立地地域に移譲することを提案する．

### (1)　電源三法交付金制度における基金制度の弾力化

　これまで述べてきたように，原子力発電所立地市町村の主な収入の1つである電源三法交付金は，制度改革によって収入の不安定性と使途の制約が大きく緩和された．そして，立地市町村が持続性を備え自立した財政構造を確立するうえで制度改革の成果が活かされ，原子力発電所の集積と運転の継続を前提に，財政面で増設を誘発するような状況ではなくなっている．

　すなわち，原子力発電所立地市町村では起債の抑制や基金の活用によって財政規模の過度な膨張を抑制してきた面があり，制度改革が一定の財政規律をもたらしている．今後は，経常事業への充当による交付金の一般財源への実質的な転換や基金の活用をさらに進めることなどが求められる．

　そして，制度改革については，原子力発電所立地市町村の財政規律だけでは限界が生じる部分となる．とりわけ，運転期間を対象とした電源三法交付金が

年度ごとの交付となり，これを長期にわたって活用するための基金について期間や使途の面で制約が大きい点であろう．

そこで，電源三法交付金の制度改革としては基金の活用期間を長期化し，使途を拡大することが重点となる．具体的には，造成年度の翌年度から5年以内（事業運営基金・施設整備基金）や対象施設が供用されている期間（維持補修基金・維持運営基金）となっている点を基金が枯渇するまで活用できるような制度改革や，より使途の広い基金の設定が考えられる[3]．

### (2)　政権交代と事業仕分けの実施

本書では電源三法交付金の制度改革について基金の活用期間と使途の拡大を重視しているが，このことは原子力発電所立地地域にとって交付金が一般財源にさらに近づくことを意味する．これまでの制度改革の経過も考慮すれば，究極の制度改革は交付金を一般財源そのものにすることであろう．

電源三法交付金を一般財源にする必要性は，すでに事業仕分けのなかで示されている．そして，仕分けの議論やその後の制度改革の内容を地方分権の潮流に即して考察すれば，交付金の財源となる電源開発促進税の一部を移譲することが求められるのではないだろうか．

そこで，以下では事業仕分けの議論を整理し，電源三法交付金の制度改革について，基金の活用期間と使途の拡大を考慮した電源開発促進税の部分移譲のあり方を述べる．

2009（平成21）年の総選挙で民主党政権が誕生し，電源三法交付金制度の新たな改革が行われた．民主党のマニフェストに掲げられた「事業仕分け」で，電源立地地域対策交付金が対象となったのである．事業仕分けとは，国や地方自治体が行っている行政サービスのそもそもの必要性や実施主体（国・県・市など）について，予算書の項目ごとに議論し，「不要」・「民間」・「市町村」・「都道府県」・「国」へと分けていく作業のことである．官か民か，国か地方かの前に事業の要否について議論すること，そして「外部の者」が参加し「公開の場」で議論することが，これまでにない特色とされている［構想日本 2007：2］．

2009（平成21）年11月11日から27日まで行われた事業仕分け第1弾では，3つのグループに分けて国の449事業を対象に議論が行われた．このうち，電源立地地域対策交付金は11月27日の午前に，経済産業省を担当する第2グループで議論が実施されている．その結果，14名の評価者の全員が「見直し」を結論

とし，そのうち12名から賛同を得て以下のような「とりまとめコメント」が示された．

　　　使い道については，地方自治体の自由な判断で使っていただけるという
　　形にするというのが，ほぼコンセンサスに近い考え方であり，結論とさせ
　　ていただく．

　これは，電源三法交付金制度の経緯からみて交付金の増額ではなく使途の拡大をさらに推し進めるものである．2003（平成15）年度に主要な交付金種目が電源立地地域対策交付金に統合され，使途の大幅な拡大が実現したが，事業仕分けでは地方自治体の自由な判断で使えるような制度改革がさらに必要であると判断された．そして，この結論に関連して評価者から以下のようなコメントが示されている．

　　・交付金の使い方を見直すべき．無駄が多い．自治体の自由裁量に委ねて
　　　いい．但し，会計検査院で事後のチェックを強化する．
　　・「使途限定はない」との説明にも拘わらず，手引きなどの行政指導ベー
　　　スでは細々と使途を限定しており，矛盾している．このような「手引き」
　　　を撤廃し，自治体において，人件費，負債返済も含めて完全に自由に使
　　　えるようにすべき．
　　・使い道は完全に自由にする．
　　・交付金の使途については完全に地方自治体が自由に使えるようにすべき．
　　・国は，金は出しても口出ししないで，自治体に全面的に任せること．
　　・政治判断で地方交付金の形を変えて交付されてきたこれまでの歴史を再
　　　度見直して現在の交付の形が適切かどうか早急に検討していただきたい
　　　（例えば，ほとんど無人化した地域にも同額の交付金を行うのか）．
　　・第一段階として，関与をなくす．広報等，無駄をなくす．制度内容も含
　　　め見直しをする時ではないか．

　これらの指摘のなかで注目されるのは，電源立地地域対策交付金の使途を「完全に自由にする」「全面的に任せる」などの意見が多いことである．電源立地地域対策交付金への統合で使途は大幅に拡大されたけれども，残された制約も解消すべきである，ということが事業仕分けの結論として示されたのである．

### (3) 電源立地地域対策交付金制度の見直し

　事業仕分けの結論を受けて，福島県双葉郡富岡町と福井県敦賀市で経済産業副大臣をはじめ所管官庁（経済産業省資源エネルギー庁・文部科学省）の幹部と地元首長および住民との意見交換会が開催された．電源三法交付金の使途の拡大については，具体的に以下のような要望が出されている．

　　　・国庫補助の裏負担への充当[4]
　　　・庁舎建設費や職員人件費，地方債償還金への充当

　これらは，電源立地地域対策交付金への統合によって使途が拡大してもなお充当できない部分であったため，自治体にとって使途の制約と認識されていた．そのため，事業仕分けで「地方の自由な判断」で使える形にするという結論は，これらの使途を加えるかどうかが見直しの焦点となった．

　意見交換会を経て，まず2010（平成22）年3月に電源立地地域対策交付金制度の一部見直しが行われた．主な内容は次のとおりである．

　① 交付金通達等の改正により可能とするもの（次年度予算から適用）
　　　・国の予算補助事業への充当について，補助率2分の1以下という要件を廃止し，事業所管官庁の了解のみを条件とすることに要件を緩和する．
　② 現行制度の運用で可能なもの
　　　・住民の家計費補助については，福祉対策や地域住民の利便性の向上の観点から行う補助事業であって，領収書等の提出等による家計における使途を明確に示すことができるものは可能（具体例：一般家庭への灯油代の補助事業）である．
　　　・広域事業組合が行う事業に対する交付金の交付は，現行制度においても可能である．
　　　・交付金で建設後，相当期間が経過している施設の目的外使用については，一定の要件を満たせば，国に対する承認や届出によって可能となっている．

　①の見直しでは，国の補助事業について地元負担分に電源立地地域対策交付金を充当する際の制限が緩和された．すなわち，地方の要望のうち「国庫補助の裏負担への充当」への可能性が広がったことになる．

表 7-1　2010（平成22）年 8 月に行われた電源立地地域対策交付金の制度改革

| 項目 | 現行 | 見直し |
|---|---|---|
| 運営事業に係る管理職員や事務職員の人件費への充当 | 保育士や看護師など直接ソフト事業に従事する者の人件費のみ認められている. | 直接従事する者の人件費を対象とする場合に，保育所の園長や病院の経理担当職員などの管理・事務職員の人件費も対象とする. |
| 市町村庁舎等に勤務する職員の人件費への充当 | 認められていない. | 保育事業や介護事業などのソフト事業に直接従事する者の人件費を対象とする場合に，当該事業の計画策定や管理運営等を担当する自治体職員の人件費も対象とする. |
| 市町村庁舎等の建設費や改修費への充当 | 認められていない. | 保育事業や介護事業などの計画策定や管理運営等を担当する自治体職員の所属課等（児童家庭課や社会福祉事務所等）の建設費や改修費を対象とする. |
| 維持補修・運営基金の用途変更 | 認められていない. | 公共的施設の用途変更（例えば，小学校から公民館などに変更）をした場合に，主務大臣の承認により，当該施設の維持・補修のための基金の用途変更を認める. |
| 執行手続の緩和 | 費目ベースで20％を超える額の変更については主務大臣の承認が必要. | 交付対象経費全体ベースに大括り化し，承認が必要となる額の変更を30％以上に緩和する. |

（資料）資源エネルギー庁「電源立地地域対策交付金の更なる使途拡大について」2010年 8 月31日.

　国庫補助の裏負担に電源立地地域対策交付金を充当することは従来の制度でも部分的に認められていたものの，予算補助のうち補助率 2 分の 1 以下の事業に限られていた．さらに，当該補助事業を所管する官庁の承諾を得ることも条件となっていたのである．今回の見直しでは，所管官庁の承諾は依然として必要なものの，補助率 2 分の 1 以上の事業にも電源立地地域対策交付金を充当することができるようになった．

　一方，もう 1 つの要望，すなわち庁舎建設費や職員人件費，地方債償還金への充当については，3 月での見直しは行われなかった．しかし，この点についても「なお，都道府県庁舎や市町村庁舎の建設費や，一般職員の給与の助成等への充当については，交付金通達等の改正が必要であるが，交付金対象事業としての切り分けができる特定のものを交付金の対象とすることについて調整中である」とした．あらためて見直しが行われると予告されたのである．

　その結果，8 月には見直しの内容が追加された．人件費や施設の維持管理費についても，従来はまったく認められていなかった，あるいは一部にしか認められていなかったものに，新たな交付金の使途が加わったのである（**表 7-1 参照**）．ここに，関係市町村の要望を踏まえた電源立地地域対策交付金の制度改

革について，全容が示されることとなった．

### (4) 事業仕分けによる制度改革の限界

　事業仕分けを受けて，電源立地地域対策交付金の使途はさらに拡大した．このことは仕分けの結論に即した方向性であるとともに，原子力発電所立地地域の要請にも対応したものであるから，一定の評価ができるだろう．しかし，見直しによって拡大した使途が実際に活かされる可能性は低い．すなわち，制度改革が実現しても現実の使途拡大には次のような限界があると考えられる．

　第1に，国庫補助の裏負担については予算補助に限られたままとなっており，法律補助への充当が依然として不可能なことである．法律補助は根拠法令に負担の定めがある場合の事業に対する補助金であり，国が当該事業に対して負う責務や地方の受益の度合いなどに応じて支出される．したがって，法律補助の裏負担には地方税などの自主財源を充当することが想定されており，電源立地地域対策交付金のような別の国庫支出金を充てることは法律補助の趣旨を逸脱する可能性がある．しかも，2013（平成25）年度における国庫支出金（予算額27兆8690億円）のうち法律補助は8割強（23兆5612億円，84.5%[5]）に達しており，予算補助は1割程度にすぎない．そのため，予算補助に対して補助率の制限が緩和されたとしても，国庫支出金の裏負担に電源立地地域対策交付金を充当する余地はそれほど大きくならないのである．

　第2に，補助率の制限がなくなっても所管官庁の承諾を要する制約は残っていることである．所管官庁がどこまで充当を許容するかは，官庁や事業ごとに多様であろう．しかし，総じて承諾の可能性は低いと考えられる．

　例えば，社会資本整備総合交付金が2010（平成22）年度に創設され，個別補助金では個々のハード整備にだけ使用されていたのが，基幹のハード事業と一体的に行う他種の事業を自由に選択できるようになった．また，メニューが限定されない地方の創意工夫を活かした事業も可能となった．さらに，補助金が余れば従来は返還か繰越の手続きが必要で他には回せなかったが，この交付金では返還や繰越の手続きが不要で計画内の他事業に国費の流用ができるようになった．このように，社会資本整備総合交付金は従来の個別補助金よりも地方自治体の自由度を大きく高め，使い勝手を向上するものである．

　しかしながら，他の国庫支出金を加えて充当することはできない．交付金要綱第3の2「交付対象事業」には，社会資本総合整備計画に記載されたもので

「法律又は予算制度に基づき別途国の負担又は補助を得て実施するものを除く」となっている．電源立地地域対策交付金を社会資本整備総合交付金の裏負担として充当するためには国土交通省の承諾が必要となるが，制度上は承諾が得られないことになる．

　また，民主党政権下では地域自主戦略交付金が創設され，2011（平成23）年度に第一段階として都道府県が対象となり，翌年度には政令指定都市にも導入された．これは，地方向けの投資補助金を所管する8府省から拠出を受け，従来の補助事業の一部を内閣府に一括して予算を計上するものである．各府省の所管にとらわれず，地方自治体が自主的に選択した事業に対して交付金が交付される．しかしながら，地域自主戦略交付金は2013（平成25）年度に廃止され，各府省でメニューの大括り化や追加が行われることとなった．省庁横断的な国庫支出金の本格的な導入には至らなかったのである．

　このように，たとえ予算補助であっても所管官庁の承諾が必ずしも得られるわけではなく，補助率の制約だけ緩和されても電源立地地域対策交付金の使途が拡大する余地は大きくならないと考えられる．

　第3に，人件費への使途拡大等についても限界がある．電源立地地域対策交付金の人件費への充当については，これまで交付金の対象としてきた公共用の施設（保育園・公民館・図書館・保健センターなど）における住民サービスの提供に直接従事する職員に加えて，管理・事務職員まで対象が拡大された．例えば，保育園の園長や病院の経理担当職員，これらの事業の計画策定や管理運営等を担当する職員の人件費などに交付金が充当できるようになった．また，対象事業に何らかの関与をしていれば，当該施設だけでなく庁舎に勤務する職員も交付対象となったことから，人件費の使途が大きく広がったと言える．

　次に，庁舎建設費や改修費も電源立地地域対策交付金の対象となった．電源三法交付金は当初，公共用の施設の整備に使途が限定され，庁舎の建設等には認められていなかった．すなわち，道路や橋りょう，公民館や図書館・体育館等の公共用の施設は住民の福祉を向上する目的を持って住民の利用に供するために整備されるものであり，それゆえ交付金を充当することができた．これに対して，庁舎は地方自治体が使用する公用施設であり，住民が利用するものではないことから交付の対象にならなかったのである．事業仕分けの結論を受けた制度改革では，人件費への使途拡大にともない庁舎に勤務する職員の一部も交付対象となったことによって，その職員の所属課等に対応する部分の庁舎建

設費や改修費も使途として認められた.

　以上の見直しについても，関係自治体の要望を踏まえて制度改革が迅速に実現したことから，一定の評価ができるだろう．しかしながら，やはり運用面を考慮すれば実態はそれほど変わらないのではないだろうか.

　まず，人件費への使途拡大についてはソフト事業に「直接従事する者の人件費を対象とする場合に」という条件の下で，施設の管理・事務職員が交付対象となった．管理・事務職員だけを対象とすることが認められなかった点で，制約が残ったのである．また，庁舎職員でもやはり，住民の福祉を向上する業務に直接従事する職員は多い．具体的には，総務や企画の分野を除き，環境・衛生分野や原子力安全・防災，児童・高齢者福祉，産業・観光振興，道路整備・都市計画，文化・スポーツ振興などの分野では，施設であろうと庁舎であろうと職員が行政サービスを地域住民や企業に直接提供している．このような職員の人件費に電源立地地域対策交付金を充当しても，大きな問題はなかったのではないだろうか.

　さらに，実務上の懸念から新しい制度を十分に活用できない可能性もある．なぜならば，施設の職員は基本的に施設におけるサービスの提供に専念するのに対して，庁舎に勤務する職員は複数の多様な業務を行うのが通例だからである．例えば，保育士は保育園に通う児童の保育が本来の職務であり，それ以外の業務をする機会はきわめて少ない．そのため，保育士の人件費を全額電源立地地域対策交付金の対象としても特に問題が生じることはない．また，保育園の園長は管理職員であるが，保育園の管理以外の業務がなければ，やはり人件費の全額を交付対象とすることができるだろう．これに対して，施設を所管する庁舎の職員は，特に人口規模の小さな市町村ほど通常は少数の職員が複数の業務を行っている．例えば，保育園を所管する部署では，庁舎職員が子育て支援や児童手当の支給などの業務でも主担当あるいは補助職員として関与することが多い．しかし，保育園の管理や事務が交付対象であっても子育て支援や児童手当の業務は交付対象でないとすれば，1人の職員が交付対象事業と対象外事業の両方に従事することになる．この場合，庁舎職員の人件費に交付金を充当するには，これらを「切り分けて」交付対象部分を特定しなければならない．そのため，交付申請などにかかる手続きが煩雑になり，計画と実績との乖離が大きくなれば交付金額の大幅な修正を迫られるかもしれない．そのため，制度が十分に活用されない可能性がある.

このことは，庁舎建設費や改修費への使途拡大についても同様である．自治体の組織は部署の新設や統合・廃止，拡充や縮小など流動的であるから，庁舎のフロア構成も固定されない．交付対象となる部署も，庁舎内での配置だけでなく所管業務の範囲や職員数，担当の区分が常に変動するだろう．そのため，庁舎に勤務する職員の人件費を電源立地地域対策交付金の対象とする場合と同様に，庁舎施設でも交付対象事業と対象外事業を切り分けて交付対象部分を特定することは困難と考えられる．施設の改修が短期で小規模なものならば可能かもしれないが，庁舎の建設など長期にわたる大規模な事業になれば，交付対象部分を特定することは人件費よりも難しいのではないだろうか．また，仮に特定できたとしても，交付金を充当するために部署や職員の構成，業務分担の範囲などが柔軟に変更できなくなれば，むしろ新たな制約を作ることになりかねない．以上の点から，庁舎建設費や改修費に交付金を充当することもきわめて難しいと考えられる．

　制度改革の成果を実りあるものにするためには，今後，庁舎職員の人件費について交付対象を拡大するとともに，庁舎建設費や改修費への充当が容易になるような見直しが必要ではないだろうか[6]．

### (5)　国庫支出金の整理合理化と電源三法交付金

　事業仕分けでは，電源立地地域対策交付金の使途を完全に自由化することを求める意見が多かった．しかし，所管官庁は原子力発電所立地地域の意見を踏まえて一定の見直しを行ったものの，実質的にはその成果が十分に活かされないと考えられる．

　本書では，電源三法交付金を長期・安定的な財源として活用するために，基金について期間の長期化や使途の拡大といった制度改革が必要であることを述べた．交付金の使途を完全に自由化することは基金の活用についても制約がなくなることだから，より踏み込んだ内容の改革と言える．

　では，電源三法交付金の使途を完全に自由化する意義は，基金の活用可能性を高める他に何があるだろうか．主に2つあると考えられる．

　第1に，電源三法交付金の財源となる電源開発促進税は特定財源であり，使途を自由化することで「ノン・アフェクタシオンの原則」に即した財政運営に近づくことである．これは，特定の収入と特定の支出を結びつけてはならないという原則であり，例えばガソリン税など道路整備と結びつけた特定財源は原

則に反するものであると指摘された [神野 2007：94].

　電源開発促進税も特定財源であるから，ノン・アフェクタシオンの原則に反する．そのために生じる弊害として「収入と支出の充当関係を，ひとたび形成してしまうと，特定収入がある限り，特定支出を計上しなければならなくなる．例えば，全国的に道路の整備が完了したとしても，ガソリン税の収入がある限り，道路をつくり続けなければならなくなってしまう」[神野 2002：94] ということがある．電源開発促進税の場合で言えば，仮に電源開発が完了したとしても，特定の税収がある限り電源開発を続けなければならなくなってしまうことになるだろう．このような弊害を生じさせないための財政運営のルールが，ノン・アフェクタシオンの原則である．

　ただし，特定財源は緊急に要請される事業を確実に実施するための財源確保の手段として容認される場合がある．この場合には，弊害を防ぐために特定財源の時限を明確にすることが望ましいとされている [伊東 2004：34]．特定の事業が要請される状況でなくなれば特定財源の役割も終わり，弊害の発生を防止することができる．

　問題は，その時限をどう見きわめるかである．電源開発促進税が創設された時期には，石油危機を背景として多様な電源の開発を積極的に推進することが緊急課題となっていた．同時に，原子力発電所立地地域では経済面での波及効果の拡大や利益の十分な還元に関する要請があった．電源開発にかかる財政規模を格段に大きくする必要があったことから，電源開発促進税が「例外中の例外」[清水 1991a：154] として登場したのである．したがって，電源開発促進税はノン・アフェクタシオンの原則を明確に意識して創設されたと考えられる．

　しかしながら，現在は弊害が指摘されている．原子力発電所の建設が停滞しているなかで，剰余金が蓄積していると批判されたのである．財政制度等審議会が2003（平成15）年11月に策定した『特別会計の見直しについて——基本的考え方と具体的方策——』では，電源開発促進対策特別会計に「毎年，多額の不用，剰余金が発生している．また，電源開発促進税の税収全額が直入される仕組みになっている結果，歳出が十分合理化されずに肥大化しているのではないか，との批判が見られる」(pp. 15-16) と指摘された．一方で，原子力発電施設等立地地域長期発展対策交付金など，原子力発電所の運転に応じて40年あるいはそれ以上を想定した交付金種目が創設されている．これは電源三法交付金の肥大化をもたらしただけでなく，時限が明確でない恒久的措置が導入された

ことを意味する．交付金額を建設期間と運転期間で比較すると，年度ごとにみれば前者の方が依然として大きいものの，合計額では後者の方が大きくなっている．このように，電源三法交付金が特定財源であることによって歳出の肥大化や特定支出の恒久化という弊害が生じるとともに，それでもなお不用，剰余金が発生するという深刻な状況に直面していると認識されている．

2007（平成19）年度には電源開発促進対策特別会計が石油及びエネルギー需給構造高度化対策特別会計と統合され，エネルギー対策特別会計が誕生した．また，その際に電源開発促進税が一般会計の歳入に変更され，必要額が一般会計から特別会計に繰り入れられる形になっている．しかしながら，電源開発促進税が特定財源であることには変わりなく，時限が明確でない問題も残されている．そこで，電源開発促進税は，一般財源化もしくは新たなエネルギー政策の方向性に応じた再編成と時限性の再設定という2つのあり方を検討することが必要になるだろう．

電源三法交付金の使途を自由化することは，そのいずれにも配慮したものである．これは，電源開発促進税の一般財源化と必ずしも同じ内容ではないため，ノン・アフェクタシオンの原則に沿わない部分も残るだろう．しかし，電源開発促進対策特別会計に多額の不用，剰余金が発生していたのは電源開発の遅延による部分も大きく，時限性が考慮されなくなったわけではない．また，第9章で述べるように，電源開発促進税は新たなエネルギー政策の方向性を踏まえて，あらためて時限性を設定しなければならない．そこで，電源開発促進税の一般財源化ではなく部分的な税源移譲による使途の自由化にとどめ，弊害の大きな部分を重点的に緩和する制度改革が現状では適切であるように思われる．

電源開発促進税の移譲によって電源三法交付金の使途を完全に自由化する第2の意義として，原子力発電所の運転期間を対象とした交付金の多くが公共用の施設の維持運営に充当されているため，税源移譲によって国庫支出金としての限界を克服できることである．1998（平成10）年5月に策定された『地方分権推進計画』の「第4　国庫補助負担金の整理合理化と地方税財源の充実確保」では，国庫補助負担金の整理合理化や地方税・地方交付税等の地方一般財源の充実確保を図るための方策の1つに，次の点を挙げている．

　　・地方公共団体の事務として同化，定着，定型化しているものに係る補助
　　　金等，即ち，法施行事務費，会館等公共施設の運営費をはじめとする地

方公共団体の経常的な事務事業に係る国庫補助負担金については，原則
として，一般財源化を図る．

　また，人件費補助に係る補助金，交付金等については，当該職員設置
に係る必置規制等を見直すとともに，特定地域に対する特別なものを除
き，一般財源化等を図る．

　また，2003（平成15）年6月に地方分権改革推進会議は「三位一体の改革に
ついての意見」を内閣総理大臣に提出した．意見では国庫補助負担金見直しの
基本的考え方として，「国の関与を廃止・縮減し，地方公共団体の裁量を拡大
する」観点から行うことが述べられている．そのうえで，国庫補助負担金は地
方分権改革を推進するために特に重点的に推進する事項をリストアップすると
同時に，「同化・定着・定型化した事務や人件費に係る補助金の一般財源化等
その性質に応じた整理合理化など，従来行われてきた国庫補助負担金の整理合
理化のための努力や，毎年の予算編成過程等を通じて行われてきた国庫補助負
担金の整理合理化のための努力は，引き続き重要であり，当会議としては，政
府における今後の積極的な取り組みを強く期待したい」という認識が示された．

　電源三法交付金は，交付期間の長期化や使途の拡大によって施設の維持管理
などに充当される部分が大きくなっている．この点については問題も指摘され
るものの，交付金が地方財政に同化・定着・定型化しつつあることを表してい
る．また，第6章では交付金を長期・安定的に活用するための方策として経常
事業に充当することを提起したが，これも地方財政に同化・定着・定型化した
事業に交付金を活用することである．そこで，地方分権の潮流を踏まえ，交付
金のうち恒久的措置と言える部分は「同化・定着・定型化した事務や人件費に
係る補助金」として，国庫補助負担金の整理合理化に沿った制度改革が可能で
はないだろうか．

　以上の点から，電源三法交付金の制度改革については，恒久的措置にかかる
部分の電源開発促進税を移譲することによって使途を自由化することが求めら
れる．税源移譲の方法については，地方税の創設だけでなく地方譲与税の設置，
あるいは地方交付税への算入などが考えられる．このうち，地方交付税への算
入は適切とは言えないだろう．なぜならば，電源三法交付金の対象が一部の地
方自治体に限られ，また普通交付税にしても特別交付税にしても財政需要を算
定する過程で自治体の自主性が損なわれる可能性が生じるからである．そして，

地方税を新設する場合は国税（電源開発促進税）と地方税（新たな地方税）を別々
に納付することが必要となる．したがって，現行制度から最も円滑に移行でき
るのは，地方譲与税の形で相当部分を国から自治体に移譲することではないだ
ろうか．

## ⑹　電源開発促進税の部分移譲としての電源立地地域対策譲与税の創設

　以上のように，電源三法交付金の財源である電源開発促進税の部分移譲は，
原子力発電所立地市町村における財政規律の限界を克服する制度改革として意
義があるだけでなく，事業仕分けの結論に沿ったものであり，さらに特定財源
としての限界と国庫支出金としての限界にも一定の配慮をしている．そこで，
本書では税源移譲の形として電源立地地域対策譲与税の創設を提案する．

　ただし，電源開発促進税を全額移譲するのではなく，原子力発電所の運転期
間を対象とした部分のみとすることが望ましい．なぜならば，第1に，運転期
間の長期化によって実質的には恒久的措置に近くなっている部分の制度改革が
重要だからである．そして，第2に，電源三法交付金の趣旨はあくまでも「発
電用施設の設置」にあるからである．交付金を発電用施設の設置に直結させる
ためには，（望ましいかどうかは別にして）交付金の効果が建設期間に集約して現
れる必要がある．単年度でみれば依然として建設期間の交付金額が大きく，こ
の部分も含めて電源開発促進税を移譲すれば基金の活用によって効果の発現も
長期化する可能性がある．しかし，それでは「発電用施設の設置」という趣旨
に沿わないため，国庫支出金としての意義を低下させるかもしれない．したが
って，建設期間を対象とした交付金の部分まで電源開発促進税を移譲すること
は難しいと考えられる．

　そこで，原子力発電施設等立地地域長期発展対策交付金など，原子力発電所
の運転期間を対象とした電源三法交付金の部分が電源開発促進税を移譲する部
分となる．そうすれば，一般財源を充当してきた経常事業に交付金を充てて実
質的な一般財源への振替を図るようなことをしなくても，多くの立地市町村が
交付金を一般財源そのものとして活用することが可能になる．また，基金への
留保に際しても特に運転期間中の交付金にあった制約が完全に解消される．電
源開発促進税の部分移譲という制度改革によって，財政規律だけでは限界があ
った部分についても長期・安定的に活用することが可能となり，さらに持続性
を備え自立した財政構造の確立に寄与するだろう．

　このように，電源三法交付金のうち電源立地促進対策交付金など原子力発電所の建設期間を対象としたものは「発電用施設の設置」に直接寄与するものとして従来の制度を維持しながら，原子力発電施設等立地地域長期発展対策交付金など運転期間を対象とした恒久的な部分については特定財源としての弊害や交付金活用事業の実態などを踏まえて電源開発促進税を移譲し，電源立地地域対策譲与税とすることが望ましい制度改革の姿と考えられる．

　なお，税源移譲の規模が現行制度のままでよいかどうかは別途議論しなければならない．電源三法交付金は固定資産税（償却資産）との補完関係を強めてきたため，交付金の制度改革が実質的に固定資産税（償却資産）の見直しを含んでいるのであれば，両者の制度改革を一体として捉えたうえで必要な移譲の規模を検討する必要があるだろう．この点については，第8章で述べることにしたい．

## 第2節　固定資産税（償却資産）の制度改革
### ——耐用年数の延長——

　次に，固定資産税（償却資産）の制度改革について述べる．地方税は一般財源であるから基金の期間や使途などに制約はなく，収入の予見可能性を踏まえて活用期間と支出上限額をあらかじめ設定しておけば，基本的には財政規律によって長期・安定的な活用を図ることができる．そこで，制度改革の方向性としては，基金等の活用がより容易に行えるような収入とすることであろう．ここでは，原子力発電所1基あたりの出力が向上し，また，高経年化が進んでいることから，耐用年数の延長が1つの方策として考えられる．

　ただし，耐用年数の延長によって固定資産税（償却資産）の推移や規模が変わることから，大きな影響を受ける主体にも配慮しなければならない．すなわち，電力事業者・電力消費者・原子力発電所立地市町村では影響の内容も受け止め方も異なるだろう．多様な利害関係を踏まえて慎重に吟味することが求められる．

　本節では，固定資産税（償却資産）の制度改革として原子力発電設備にかかる耐用年数の延長に焦点を当て，影響を受ける主体とその内容を整理しながら今後の方向性について論じる．

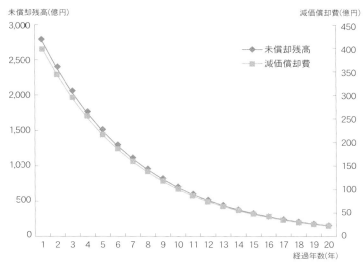

図 7 - 1　減価償却費と未償却残高の推移（15年定率法，モデルケース）

（資料）全国原子力発電所所在市町村協議会HPより作成.

## (1)　耐用年数と減価償却費の関係

　まず，耐用年数の概要と固定資産税（償却資産）との関係について述べる.

　原子力発電設備に限らず，事業に用いる不動産以外の資産には耐用年数が定められている. これは，設備投資の費用配分を適切に行うためである. 設備投資を行う主体からみた収入と支出の流れは，設備の稼働前に投資額を固定費用として支出する一方，稼働するまで生産が行われないため収入は発生しない. 対照的に，設備が稼働すれば生産が始まって収入が生じる一方で，支出は原材料費や光熱水費などの変動費が中心となり固定費用はない. そのため，各期の収入と支出を単純に差し引けば，稼働前には固定費用によって大幅な損失が発生するのに対して，稼働後は逆に大きな利益となる. 設備投資と生産・販売にかかる収支を各期で適切に算出するためには，実際の収入と支出を差し引くだけでは不可能である. すなわち，当初に要した設備投資の費用を何らかの方法によって稼働期間で仮想的に分割することによって，各期の収入から仮想の費用と変動費を差し引いた金額が利益（損失）として算出される. この仮想的に分割した設備投資の費用を減価償却費と呼び，減価償却費の大きさが適切であれば各期の利益（損失）の大きさも正確に測定されるだろう.

　各期の減価償却費の大きさを決める重要な要素は，設備の稼働期間としての耐用年数の設定と減価償却費の配分方法である．耐用年数は「減価償却資産の耐用年数等に関する省令」によって定められている．原子力発電設備の耐用年数は省令の別表第二「機械及び装置の耐用年数表」の「31　電気業用設備　汽力発電設備」によって15年となっており，配分方法は一般的に定率法が用いられる．

　第1章第2節でも示したが，耐用年数15年の定率法で実際に減価償却費がどのように推移するか，あらためて確認しておきたい．**図7-1**は，原子力発電所の出力100万 kW（建設費4000億円）で発電設備の投資額を2800億円と仮定した場合の減価償却費の推移である[8]．定率法による毎年の減価償却費は，次の式で算出される[9]．

　　　減価償却費＝（取得価額－償却累計額）×定率法の耐用年数による償却率

　図の未償却残高とは「取得価額－償却累計額」のことであり，図からも分かるように減価償却費と同じような推移をたどる．また，定率法の特徴は減価償却費が逓減していくことである．原子力発電設備の場合，償却率が0.142であることから，減価償却費も毎年14.2％ずつ減少する．定率法の償却率は毎年の減価償却費の減少率でもある．

　ただし，減少率は一定だが毎年の未償却残高の大きさが異なるため，減価償却費は同じにならない[10]．とりわけ，原子力発電設備は設備投資が巨額になるため，当初の減価償却費も多額になるとともに翌年の減価償却費も当初ほど減少額が大きくなる．年数が経過すれば未償却残高が急激に減るため，減少率は一定でも減価償却費が少なくなり，減少額も減っていくのである．

### (2)　耐用年数延長の減価償却費への影響

　次に，耐用年数の延長による減価償却費への影響を示す．原子力発電設備については15年の耐用年数が長いという議論はなく，逆に短いという認識が原子力発電所立地市町村などから示されている．そこで，耐用年数の短縮は考慮せず，延長の場合のみを取りあげる．実際，原子力発電が日本に導入されてから半世紀近くが経過したにもかかわらず，ほとんどの発電所が現在も稼動している．原子力発電設備は40年以上の稼働を想定することも可能であり，想定稼働期間である耐用年数は現行の15年から延長する余地はあっても，他の要素を考

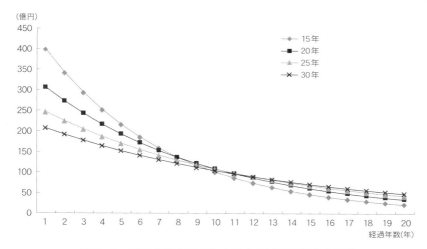

**図 7 - 2　耐用年数を延長した場合の減価償却費の推移**

（資料）全国原子力発電所所在市町村協議会HPより作成.

慮しない限り短縮することは考えられない.

　耐用年数が延長されれば設備投資額の配分期間も延長され，償却率と減価償却費の減少率が低下することになる．**図 7 - 2** は，**図 7 - 1** について耐用年数を現行の15年だけでなく20年，25年，30年とした場合の減価償却費を比較したものである．図から分かることは，次の 3 点である.

　　・耐用年数を延長するほど，当初の減価償却費は小さくなる.
　　・耐用年数を延長するほど，減価償却費の減少率も減少幅も小さくなる.
　　・耐用年数を延長するほど，後の減価償却費がやや大きくなる.

　耐用年数を延長するほど，初期の減価償却費は図の下方になり小さくなる．ところが，耐用年数の延長によって償却率が低くなり，それとともに減価償却費の減少率も低下していく．すなわち，減少率は耐用年数が15年の場合に14.2％であるのに対して，20年は10.9％，25年では8.8％，30年では7.4％になる．そのため，図の左下に位置するほど減価償却費の減少はゆるやかになり，ある時期を境として耐用年数が短い方が減価償却費は大きくなる，という逆転現象が生じる．図から，その時期は 9 ～10年目前後にあることが分かる.

　では，耐用年数の延長による減価償却費の変動が，原子力発電所立地市町村

における固定資産税（償却資産）にどのような影響を与えるのであろうか．

### (3) 耐用年数の延長が原子力発電所立地市町村に与える影響

　耐用年数は固定資産税（償却資産）の大きさにも減少率にも影響を与える．原子力発電所にかかる税額は，モデルケースとして第1章第3節で示した次の式によって算出される．

$$税額＝（建設費）\times 0.7 \times (1-r／2) \times (1-r)^{n-1} \times 税率$$

　変数は $r$（減価率）および $n$（経過年数）のみである．このうち，$n$ は課税対象となる設備の経過年数を表すから，毎年1が自動的に加わることになる．一方，$r$ の値は耐用年数によって決まる．原子力発電設備は現行で耐用年数15年なので，$r＝0.858$ となる．未償却残高と減価償却費が毎年14.2%減少するのと同様，固定資産税（償却資産）も14.2%ずつ減少する（$1-r＝0.142$）．ただし，課税対象資産が事業の用に供する限り，評価額の最低限度として取得価額の5%を課税標準とした税額が維持される．稼動期間の途中で設備の改修等が行われれば課税対象資産も変更されるが，これを考慮しなければ運転開始後20年以降は課税最低限度の税額で一定となる．

　原子力発電所立地市町村が国に対して要請している耐用年数の延長とは，この $r$ の数値を変更することで固定資産税（償却資産）に影響を与える．例えば，現行の耐用年数15年が20年に延長された場合，$r$ は0.858から0.891に低下する．そうすれば，固定資産税（償却資産）の減少率も未償却残高や減価償却費の減少率と同様に10.9%と緩やかになる．また，25年になると税額の減少率は8.8%，30年では7.4%，さらに60年では3.8%となる．このように，原子力発電設備の耐用年数延長は税額の不安定性を緩和する方策となる．

　さらに，耐用年数の延長は固定資産税（償却資産）の安定化だけでなく税額

### 表7-2　耐用年数による固定資産税（償却資産）の比較（運転開始後60年間）

（単位：億円）

| 耐用年数 | 15年 | 20年 | 25年 | 30年 | 60年 |
|---|---|---|---|---|---|
| 税収総額 | 324.5 | 391.0 | 459.3 | 526.9 | 912.8 |
| 15年との比較（倍） | | 1.20 | 1.42 | 1.62 | 2.81 |

（注）図7-2のモデルケースに基づいて算出した．

の増加にも結びつく．**表7-2**は，モデルケースの場合で耐用年数による税収総額を比較したものである．耐用年数を5年延長するごとに，60年間の税収総額が65億円余り，比率では15年と比較して20％程度ずつ増えることになる[11]．

　以上のように，原子力発電設備にかかる耐用年数の延長は固定資産税（償却資産）の不安定性を緩和するとともに，税額を増加させる効果もある．原子力発電所立地市町村にとっては，きわめて魅力のある制度改革の内容と言えるだろう．

　また，現行の耐用年数と実際の運転年数との乖離が無視できない大きさになっているため，このような改革には合理的な根拠がある．これまで，耐用年数の見直しは税制改正のなかで頻繁に行われてきたが，その根拠は使用実態である．つまり，耐用年数は資産の使用実態に即して決定され，実態に即していない耐用年数が見直されてきた．

　原子力発電設備の場合も，使用実態との乖離が著しくなっている．国内の原子力発電所は1960年代後半に運転が開始され，その時点では30年間の稼働が見通されていた．それでも耐用年数は15年であったから，想定の半分にすぎない．しかし，現在では運転開始から40年以上経過した発電所の多くが稼動し，さらに稼働期間が60年まで延長される余地もある．

　原子力発電所の高経年化については，2005（平成17）年4月の原子力安全・保安院による『高経年化対策の充実に向けた基本的考え方――高経年化対策の枠組みに係る主な論点整理――』で，60年間の稼働でも「ほとんどの経年変化事象について評価上十分な余裕を有し，現状の設備保全の継続及び一部の点検・検査の充実により，高経年化した原子力発電所であっても安全に運転を継続することは可能である」との見解が表明された．また，東日本大震災とそれにともなう東京電力福島第一原子力発電所の事故を受けて原子炉等規制法が改正され，原子力発電所の運転期間を原則40年とし，最大60年まで延長を認めることとなっている．実際の運用には不透明な部分もあるものの，すでに現行の耐用年数15年を大きく超えて運転している発電所が多くあるなかで，高経年化への対応によって60年間の運転が見込まれるようになった．想定稼働期間としての耐用年数と使用実態の乖離が拡大すれば，耐用年数の延長も根拠ある要請としてさらに強まるであろう．

　以上のように，原子力発電設備にかかる耐用年数の延長は，固定資産税（償却資産）の不安定性を緩和しながら税額の増加にも寄与する．しかも，このこ

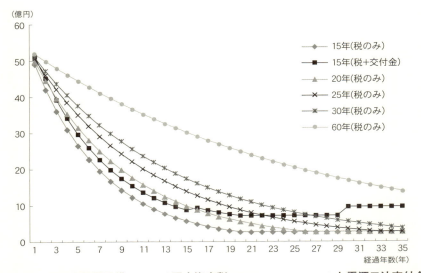

**図7-3　原子力発電設備にかかる固定資産税** (償却資産, 耐用年数別) **と電源三法交付金**

(注) 資源エネルギー庁による出力135万 kW を想定し金額を調整した.
(資料) 経済産業省資源エネルギー庁 [2010], 全国原子力発電所所在市町村協議会HPより作成.

とは第5章で述べたように市町村の基幹税としての固定資産税の要件に沿うだけでなく, 設備の稼働実態に即した耐用年数となる. そのため, 立地市町村にとって大きな魅力があるとともに, 合理的な要請と言えるだろう.

しかしながら, 耐用年数を延長しても固定資産税 (償却資産) が減少すること自体は変わらないから, 不安定性が完全に解消するわけではない. むしろ, 収入が大規模なままで緩やかに減少するようになれば歳出増加の圧力が長期化し, 問題の先送りとなる部分もあると考えられる.

**図7-3** (図5-2再掲) は, 固定資産税 (償却資産) の推移を耐用年数ごとに比較し, また現行の耐用年数15年の税額と電源三法交付金の合計額を加えたものである. いずれの期間でも現行の15年が最も低い位置にあるから, 耐用年数の延長によって税額の減少率が低下し, 税収総額も増える. しかし, 毎年度の税額が減少することは変わらない.

また, 耐用年数を経過すれば固定資産税 (償却資産) が課税最低限度 (取得価額の5%) に収束するので, 長期的には税額が一定の規模になる. したがって, 耐用年数の延長によって税額が増えても, 運転開始後30~40年が経過すれば(耐

表7-3　原子力発電所の経過年数の電力事業者別分布

| | 0～5年 | 5～10年 | 10～20年 | 20～30年 | 30年以上 |
|---|---|---|---|---|---|
| 北海道電力㈱ | | 1 | | 2 | |
| 東北電力㈱ | | 1 | 2 | | 1 |
| 東京電力㈱ | | | 2 | 7 | 2 |
| 中部電力㈱ | | 1 | | 2 | |
| 北陸電力㈱ | | 1 | | 1 | |
| 関西電力㈱ | | | | 4 | 7 |
| 中国電力㈱ | | | | 1 | 1 |
| 四国電力㈱ | | | | 1 | 2 |
| 九州電力㈱ | | | 1 | 2 | 3 |
| 日本原子力発電㈱ | | | | 1 | 2 |

（注）実用発電用施設で，2014（平成26）年12月末現在の経過年数で分類した.
（資料）資源エネルギー庁［2010］より作成.

用年数60年の場合を除き）ほとんど変わらなくなるのである.

　国内で稼働している原子力発電所の多くは，すでに運転開始から20年以上が経過している（**表7-3**参照）.そのため，途中の改修工事等による小さな変更はあるものの，固定資産税（償却資産）は課税最低限度の水準でほぼ安定していると考えられる.したがって，耐用年数が延長されても不安定性の緩和や収入の増加に寄与する余地は実際に小さいと考えられる.

　さらに，第5章で述べたように原子力発電所の運転期間を対象とした電源三法交付金が拡充され，固定資産税（償却資産）の減少を補完するようになっている.現行の耐用年数15年に交付金が加わることによって，立地市町村は実質的に耐用年数が25年あるいは30年超に匹敵するような収入を確保していると言える.

　以上から，原子力発電設備にかかる耐用年数の延長は確かに固定資産税（償却資産）の趣旨に即したものであるが，それだけでは不安定性が緩和されるにすぎず，歳出圧力が長期化する可能性もある.また，多くの立地市町村では税額が課税最低限度の水準で安定しており，耐用年数を延長するだけでは大きな変化はないと考えられる.電源三法交付金によって固定資産税（償却資産）の減少が補完されている点も考慮しつつ，耐用年数の延長が弊害を回避しながら高い効果が得られるような工夫のうえで行われる必要があるだろう.

表7-4　電力事業者の減価償却費と経常費用に占める割合（2010（平成22）年度）

|  | 減価償却費（億円） | 経常費用に占める割合（％） |
|---|---|---|
| 北海道電力㈱ | 1,087 | 21.1 |
| 東北電力㈱ | 2,195 | 14.7 |
| 東京電力㈱ | 6,556 | 13.3 |
| 中部電力㈱ | 2,602 | 10.6 |
| 北陸電力㈱ | 825 | 18.1 |
| 関西電力㈱ | 3,396 | 14.7 |
| 中国電力㈱ | 1,155 | 11.3 |
| 四国電力㈱ | 755 | 15.8 |
| 九州電力㈱ | 1,759 | 13.1 |
| 日本原子力発電㈱ | 275 | 16.8 |

（資料）各電力事業者決算資料より作成.

### (4) 耐用年数の延長が電力事業者や電力消費者に与える影響

　次に，原子力発電設備にかかる耐用年数の延長が固定資産税（償却資産）の推移や規模の変化を通じて電力事業者や電力消費者に与える影響を明らかにし，耐用年数の延長についてどのような配慮が必要となるか考察する.

　まず，耐用年数の延長が電力事業者や電力消費者に及ぼす影響は，減価償却費を変動させることである. では，耐用年数の延長による電力事業者への影響は大きいであろうか.

　原子力発電設備は投資の規模が他の発電設備と比較して大きいため，耐用年数の延長は運転開始当初の減価償却費の大幅な減少に結びつく. **表7-4**は，2010（平成22）年度決算における主要な電力事業者の減価償却費の金額と，その経常費用に占める割合を示したものである. 事業者によって規模の違いはあるものの，経常費用に占める割合は概して15％前後となっている.

　この数値が高いかどうかを判断することは難しいが，仮に耐用年数を延長すれば，運転開始から10年未満の原子力発電所を多く保有する電力事業者が大きな影響を受けるだろう. しかし，先の**表7-3**から明らかなように，「20～30年」あるいは「30年以上」の設備が多い一方で「0～5年」は存在せず，「5～10年」の設備もごくわずかである. また，建設中もしくは着工準備中の原子力発電所は11基あるが，震災と原発事故を受けたエネルギー政策の見直しによって今後の見通しは不透明な状況になっている. したがって，原子力発電設備にか

かる耐用年数の延長が電力事業者に与える影響は，今後の増設の展望によるとしても[12]，原子力発電所の立地状況からみれば小さいと考えられる．

次に，耐用年数の延長による電力消費者への影響はどうであろうか．電気料金は公共料金として公的規制の下にあり，電力事業者が適正な平均費用に適正な利潤を加えた収入が確保できるよう「総括原価方式」と呼ばれる方式等で決定される．計算式は以下のとおりである．

$$電気料金収入＝適正な平均費用×（１＋適正報酬率）$$

原子力発電設備にかかる耐用年数の延長は，平均費用を構成する減価償却費の大きさに影響を与える．電気料金が適正であるためには，平均費用と報酬率が適正でなければならない．適正な平均費用を算出するためには，減価償却費では設備の実態に即した耐用年数に基づくことが必要である．その意味で，耐用年数の延長は適正な電気料金の算出に寄与すると考えられる．

では，耐用年数の延長は電気料金を負担する電力消費者にとって望ましいことであろうか．例えば，耐用年数を15年から20年に延長した場合，**図7-1**のモデルケースでは１年目の減価償却費が398億円から305億円に減少する．実に92億円，20％以上の減少である．したがって，建設中や着工準備中の原子力発電所が多い電力事業者ほど耐用年数の延長による当初の減価償却費の減少が大きくなり，電気料金の低下をもたらす．このような場合は，電力消費者にとって耐用年数の延長は好ましいようにみえる．

しかしながら，減価償却費の減少は原子力発電所の運転開始当初に限られ，例えば耐用年数を15年から30年に延長しても減価償却費が減少するのは７年間にすぎない．それ以降は，逆に耐用年数15年の方が減価償却費は少なくなる．耐用年数の延長による電気料金の低下は短期間しか持続しないのである．また，減価償却費は稼働期間における費用の配分額だから，結局のところ減価償却費の総額は変わらない．期間が短ければ毎年の配分費用が大きくなり，期間が長ければ小さくなるだけである．したがって，耐用年数の延長が減価償却費の短期的な変動に影響を与えることはあっても，長期的にみれば影響はない．電気料金を負担する電力消費者にとって原子力発電設備の耐用年数の延長が望ましいのかどうかは，短期・長期の見方によって判断が分かれるだろう．

以上を総括すると，原子力発電設備にかかる耐用年数の延長は，電力事業者や電力消費者にそれほど重大な影響を与えることはないと考えられる．

### (5) 耐用年数の延長と税額の安定化を両立するための方策

　本節では，原子力発電所にかかる固定資産税 (償却資産) の制度改革につい
て，耐用年数の延長に焦点を当てて必要性や効果を明らかにした．また，立地
市町村だけでなく電力事業者や電力消費者に与える影響についても考察した．
それぞれ影響は多様であり，利害が対立する部分もある．耐用年数の延長に際
しては，影響を受ける電力事業者や電力消費者に配慮しながら立地市町村が直
面する問題を可能な限り克服し，弊害の小さな形にすることが望ましい．

　そこで，耐用年数を延長しながら固定資産税 (償却資産) の不安定性をより
緩和するための方策として，次のような考え方を提示したい．すなわち，電力
事業者の判断によって高経年化対策が行われた場合に，運転年数の延長に沿っ
て耐用年数も延長し，税額の再計算を行うことである．

　再計算の方法は次のとおりである．まず，原子力発電所の運転開始当初は現
行制度の耐用年数15年で固定資産税 (償却資産) を課税する[13]．税額の減少率は
現行どおり年14.2％で，20年後には課税最低限度に収束する．この間は第6章
で述べた基金の活用など，財政規律によって歳出規模の安定化に努めることが
求められる．

　次に，運転開始から40年を経過した時点で原子力発電所の運転を延長するか
どうかの判断が電力事業者によって行われる．ここで，延長されることとなっ
た場合に固定資産税 (償却資産) の耐用年数も延長するのである．以降の税額
については，運転開始当初から耐用年数が長かった場合に納付すべきであった
額から実際の納付額を差し引いたものとし，これを運転終了までの期間で均等
に配分して課税する[14]．こうして，原子力発電所1基でみた場合でも，また高経
年化した設備であっても，立地市町村は高水準で安定した固定資産税 (償却資
産) を確保することができるようになる．

　一例として，原子力発電所の運転開始から40年を経過した時点で運転が20年
延長され，発電設備の耐用年数が15年から30年となった場合に，固定資産税(償
却資産) を再計算した税額の推移をみることにしよう．**図7-4**は，耐用年数を
15年とする現行制度の場合と，再計算によって耐用年数を30年とした場合，そ
して当初から耐用年数を30年とした場合で税額の推移を比較したものである．
再計算の場合，運転開始から40年間は現行の耐用年数15年で課税されるため，
税額の推移は変わらない．しかし，40年を経過して運転延長の措置がとられた
場合，税額は課税最低限度に収束していた状況から一転して約6倍の規模にな

る．これを延長された期間の20年間，安定的に確保することができるのである．
しかも，60年間の税収総額は耐用年数が当初から30年であった場合と同じである．

　原子力発電所の高経年化に応じた固定資産税（償却資産）の再計算には，大きく分けて2つの意義がある．第1に，立地市町村における固定資産税（償却資産）の不安定性が，かなりの程度，しかも長期間にわたって安定的になることである．先に述べたように，耐用年数を単に延長するだけでは税額の不安定性を解消することはできない．しかし，高経年化に応じた税額の再計算を行うことによって，運転開始当初の40年間は税額が減少していくことは変わらないものの，一定の期間が経過した後にあらためて課税することによって，再び大規模で安定した収入を回復させることができるのである[15]．運転開始から40年間は引き続き基金の活用が必要であるが，歳出圧力は当初から長い耐用年数とするよりも40年目以降に税額が増加する方が分散されるので，財政規律の保持も容易になるのではないだろうか．

　第2に，耐用年数の延長に影響を受ける主体にも一定の配慮をしながら，想

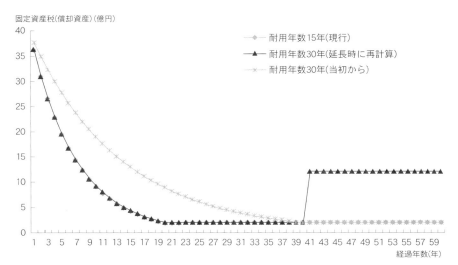

図7-4　原子力発電所の運転延長により再計算された
固定資産税（償却資産）の推移と現行制度との比較

（注）図7-2のモデルケースに基づいて算出した．
（資料）全国原子力発電所所在市町村協議会HPより作成．

定と実態の乖離を是正しうることである．固定資産税（償却資産）の再計算は，原子力発電所の多くが運転開始から40年に近づいている（もしくは超えた）ことから，立地市町村における税額の増加に大きく寄与する．その分，電力消費者の負担増加をもたらすものの，電力事業者は電気料金への影響を考慮しながら運転の延長について主体的な経営判断を下すことができる．しかも，法人税制との関係で耐用年数は短縮されることが多くなっているが，再計算では個々の原子力発電所の状況に応じて使用実態に応じた耐用年数が設定されるから，税制の公平性を確保することもできる．

　以上から，固定資産税（償却資産）の制度改革としては，耐用年数の延長が必要であるが単なる延長だけでは十分に克服できない問題があることから，高経年化対策による運転年数の延長とともに耐用年数も延長して税額を再計算することによって，より安定した収入を高水準で確保することが可能となる．また，影響を受ける主体にも配慮しながら設備の使用実態を反映する形になっている．固定資産税（償却資産）の再計算は制度改革のあり方として十分検討に値するだろう．

　問題は，このような制度が現在のところ存在しないことである．とりわけ，原子力発電設備のみに複数の耐用年数を設定して稼働の途中で固定資産税（償却資産）を再計算することは，税制全体の統一性に影響を与えるおそれがある[16]．省令で定められた原則に例外を設ける場合には，他の設備にかかる耐用年数との間でも整合性と公平性が確保されるかどうかを慎重に見きわめたうえで判断しなければならない．

　また，現実的には，電源三法交付金が固定資産税（償却資産）との補完性を強めてきたことを踏まえ，第1節で提起した電源開発促進税の部分移譲も含めて高経年化による固定資産税（償却資産）のあるべき規模を考慮することが適切であろう．すなわち，電源三法交付金と固定資産税（償却資産）の制度改革を一体的に進める必要があると考えられる．

注

1）原子力発電所立地地域の要請が実現してきた背景について，清水修二は次のように述べている．

　　発電所立地が誘致側の思惑どおりの地域振興効果をもたらすならば問題はないのであるが，そのような効果を期待しにくいという事情がそもそも電源三法誕生の由

来を構成しているのだから，受け入れ側があれこれ根拠を挙げて新たな利益供与を求めてくるのに対して，国としては無下にこれを拒否しがたい論理構造になっているのである［清水 1991b：160］

2）原子力発電所が廃炉になった際の収入についてはエネルギー政策の転換も背景にあるため別に論じる必要があり，第9章で述べる．

3）東日本大震災とそれにともなう東京電力福島第一原子力発電所の事故を受けて，国内の原子力発電所が長期間停止し，立地地域では経済の冷え込みや原発関連技術者，運輸・サービス業従事者等の雇用減少といった影響が出ている．このため，立地地域における経済・雇用の下支えを行うための施策が講じられており，2013（平成25）年1月には電源三法交付金による基金についても使途が柔軟化された．すなわち，すでに交付金により造成された基金については，計画内容を変更して雇用・経済対策に資する事業に充当するなど，立地地域の現在の状況により即した形で交付金を活用できるようになっている．ただし，これは震災の影響による措置である．

4）『福井新聞』2010（平成22）年1月17日付．なお「国庫補助の裏負担への充当」については，記事に「国直轄事業の地方負担に使いたい」と立地地域からの要望が記されている．しかし，これでは使途が大きく拡大したことにならず，その後の改正内容から考えると「国庫補助の裏負担への充当」が妥当と考えられる．

5）国の一般会計における数値で，交付先は地方公共団体だけでなく独立行政法人等，民間団体等，特殊法人等を含む．なお，地方公共団体に対する国庫支出金は法律補助と予算補助を合わせて20兆1166億円（72.2％）を占めている．また特別会計における国庫支出金は14兆5420億円（地方交付税交付金等を除く）であるが，そのうち年金特別会計が10兆4604億円と，7割強である．以上の数値は財政調査会［2013］を参照．

6）ここで，なお関係自治体の要望が反映されなかった点として，地方債償還金への充当について述べておきたい．地方債の償還金についても，国庫補助の裏負担，あるいは地方単独事業などで施設整備の財源となっていた部分が大きい．公共用の施設の整備費や維持管理費については電源立地地域対策交付金の充当がすでに認められているのだから，地方債償還金もこれらの財源として起債された部分について交付金を充当することに大きな問題はないと思われる．

7）ガソリン税は，2009（平成21）年度から一般財源化された．

8）投資額4000億円という仮定は，全国原子力発電所所在市町村協議会（全原協）の試算で用いられた．

9）旧定率法の算式である．

10）毎年の減価償却費が同じになる（したがって減少率が一定にならない）ような配分方法を定額法という．

11）この点は減価償却費と異なる影響である．減価償却費は耐用年数の変更によって費用の配分期間が変わるけれども，期間中における減価償却費の総額は変わらない．しかしながら，固定資産税（償却資産）は耐用年数の変更によって税収総額も変わる．なぜならば，固定資産税（償却資産）の課税標準が未償却残高だからである．耐用年数が延長されることによって未償却残高の減少率が低下し，毎年の未償却残高（課税標準）が大きくなるため，税額にも影響を及ぼすのである．

12）建設中・着工準備中の原子力発電所については，耐用年数の延長によって運転開始当

初の減価償却費が大きく減少することになる．当初の経常費用もそれだけ圧縮され，電力事業者の利益を押し上げるだろう．しかし，同時に莫大な設備投資費用を回収するのが遅れることになるため，耐用年数の延長が必ずしも電力事業者にとって望ましいとは限らない．

13）かつては30年の稼働を想定して耐用年数を15年としていたことを踏まえるならば，40年運転規制の導入により耐用年数も20年に延長することが必要かもしれない．それでも実態からは乖離しているため20年が適切と考えるわけではないが，稼働期間の想定と実態の乖離が半分程度であることは維持される．しかし，ここでは簡略化のため当初は現行制度のままで議論を進める．

14）先に述べた原子力安全・保安院の報告書から，高経年化対策が行われても，基本的には既存の発電設備を維持したままの措置である．したがって，耐用年数の延長は運転開始当初から遡って15年以上であったとみなすことができる．ただし，震災と原発事故を受けて設置された原子力規制委員会が高経年化対策にどのような対応をとるかは明らかでないため，今後の経過をみる必要がある．

15）税額が課税最低限度に収束して一定期間が経過した時期に再計算によって税額の増加を図ることは，増税に似た収入を原子力発電所立地市町村にもたらすだろう．この点では電力事業者にも税負担が増えることになる．また，税額が増えることによって財政面で運転延長を誘発する可能性もある．この点についてはエネルギー政策の転換を踏まえ，第9章で述べる廃炉対策とあわせて対処する必要があるだろう．

16）場合によっては，省令で耐用年数が統一され多様な制度で用いられている現状を見直すべきかもしれない．利害関係が対立する状況で，耐用年数は同一の制度が企業経営や電気料金，固定資産税（償却資産）という全く異なる場面で適用されることにも問題があるからである．利害の対立が激化すれば，制度の限界も大きくなるだろう．本書で検討することはできないが，耐用年数の設定はそれぞれの主体に配慮した形で個別に設定することも課題になると考えられる．あるいは，固定資産税（償却資産）ではなく，法定外税などの形をとることもありうる．

# 第8章
# 電源三法交付金と固定資産税（償却資産）の
# 一体化による財政規律と制度改革の効果

　第6章と第7章では，原子力発電所立地市町村が電源三法交付金と固定資産税（償却資産）を長期・安定的な財源として活用し，持続性を備え自立した財政構造を確立するための方策について，それぞれ財政規律と制度改革の面から考察した．

　次に考慮すべき点は，電源三法交付金と固定資産税（償却資産）の補完関係が強まっていることである．すなわち，これらの収入を一体として捉え，財政規律と制度改革を追求する必要があるだろう．

　また，原子力発電所立地市町村の現状も踏まえなければならない．多くの立地市町村では増設を経て発電所が集積し，長期にわたって運転を継続している．1基あたりの出力も向上してきた．しかし，今後は高経年化がさらに進み廃炉に至ることが見込まれる一方で，新増設の見通しも不透明になっている．収入が急減もしくは途絶える可能性に対応できなければ，財政規律も制度改革も成果をあげることはできない．

　そこで，本章では第6章と第7章の議論をさらに進めて，電源三法交付金と固定資産税（償却資産）を一体的に捉え，原子力発電所立地市町村の状況を前提として財政規律と制度改革がどのような効果をもたらすか明らかにする．

## 第1節　考察の手順
### ──電源三法交付金と固定資産税（償却資産），
### 財政規律と制度改革の関係──

　まず，第6章と第7章の議論を振り返りながら，本章における考察の手順を示す．

　原子力発電所の立地による収入の特徴は，その不安定性にある．すなわち，

建設期間は電源三法交付金が，運転期間には固定資産税（償却資産）が収入の中心となるが，いずれも急増した直後に急減する．そこで，収入の安定化を図ることが必要になり，時系列的には交付金→固定資産税（償却資産）の順で対応することになる．

次に，安定化の手段については，原子力発電所立地市町村における主体的な取り組みとしての財政規律と，国による制度改革の両方がある．すでに述べたように，まず必要なのは前者であり，現行制度における電源三法交付金と固定資産税（償却資産）が財政規律によってどの程度安定性を確保できるかを示さなければならない．その上で，財政規律を厳格に遂行してもなお課題の残る部分も明らかになるため，これについては制度改革を国に求めることが有効と考えられる．

そこで，時系列では電源三法交付金→固定資産税（償却資産）の順で，手段では原子力発電所立地市町村による財政規律→国による制度改革の順で，考察を進める必要がある．第6章では財政規律について，第7章では制度改革について，いずれも電源三法交付金と固定資産税（償却資産）の順で述べた．その概要は，**表8-1**のとおりである．

まず，電源三法交付金に求められる財政規律は，次の3つの方法が考えられる．第1に，交付金を可能な限り経常事業に充当して一般財源の振替とすることである．これまで充当されてきた一般財源を基金として留保しておくことが

**表8-1　電源三法交付金と固定資産税(償却資産)に求められる財政規律と制度改革の概要**

| | | 運転開始前 | 運転開始後1-40年 | 運転開始後41-60年 |
|---|---|---|---|---|
| 電源三法交付金 | 財政規律 | ① 経常事業に充当し一般財源を基金に積立<br>② 経常事業に充当しきれなかった部分は交付金制度における維持修繕基金・維持運営基金等に積立 | ① 経常事業に充当し一般財源を基金に積立<br>② 維持修繕基金・維持運営基金等の積立・活用<br>③ 振り替えた一般財源や交付金を長期活用するための支出 | ① 経常事業に充当し一般財源を基金に積立<br>② 維持修繕基金・維持運営基金等の積立・活用<br>③ 振り替えた一般財源や交付金を長期活用するための支出 |
| | 制度改革 | | 恒久的措置部分の税源移譲として電源立地地域対策譲与税を創設 | 恒久的措置部分の税源移譲として電源立地地域対策譲与税を創設 |
| 固定資産税（償却資産） | 財政規律 | | 税収を長期活用するための活用期間や支出上限額の設定と基金活用の厳格化 | 税収を長期活用するための活用期間や支出上限額の設定と基金活用の厳格化 |
| | 制度改革 | | | 高経年化にともなう耐用年数の延長と税額の再計算 |

できるので，この方法によって交付金の実質的な一般財源化が可能となる．これに対して，交付金を投資的経費や新たな事業の実施に活用することは趣旨に即しているものの，それだけ基金への留保が不十分になり維持管理費等が増加して後年度の財政運営に影響するから，交付金の長期・安定的活用からみれば必ずしも好ましいとは言えない面がある．

　第2に，振替がなされなかった電源三法交付金は可能な限り維持修繕基金や維持運営基金など交付金が長期間充当できるように積み立て，原子力発電所の運転開始後でも一般財源への振替を可能にすることである．ただし，運転開始後も一定規模の交付金が年度ごとに算定・交付されるので，基金の活用は施設が過剰なことの裏返しになる場合もあり，注意しなければならない．

　第3に，電源三法交付金を基金に留保できなかった部分は活用しなければ返還を要することもあるが，後年度に交付金が減少しても事業規模の縮小が柔軟にできるような仕組みの下で長期間活用することである．すなわち，投資的経費や時限の定められた経常事業の充実といったように，臨時の財源としての活用が中心になるだろう．ただし，これも過大な投資的経費や維持管理費の増加を招く場合があるので，やはり注意が必要である．

　そして，固定資産税（償却資産）にかかる財政規律については，一般財源なので交付金のような振替や基金での制約はない．長期にわたる収入増加額をあらかじめ見通したうえで活用期間や支出上限額を設定し，住民や議会の監視の下で支出上限額を遵守することである．

　次に，制度改革について述べる．電源三法交付金では，基金の活用期間や使途の面で制約が残っていた部分が中心となる．ただし，事業仕分けや地方分権改革の議論も踏まえるならば，恒久的措置の性格を持つ部分の電源開発促進税を移譲することが必要と考えられる．例えば，原子力発電施設等立地地域長期発展対策交付金を電源立地地域対策譲与税とすることによって，運転期間における基金の活用期間や使途の制約が解消する．

　また，固定資産税（償却資産）については，今後検討すべき課題は多いものの，税の趣旨や原子力発電所の実態を踏まえて高経年化対策と耐用年数の延長を組み合わせることによって，基金の活用による安定した財政運営が容易になる．すなわち，原子力発電所の運転延長とともに耐用年数の延長と税額の再計算を行うことである．運転延長の判断は運転開始後40年の時点で行われるため，当初の40年間は財政規律によって収入の長期・安定的な活用を図る必要がある．

そのうえで，40年後から固定資産税（償却資産）の再計算によって新たに大規模で安定した収入が生まれることになる．高経年化が進む立地地域の実情と電力事業者の主体性に配慮した制度改革であるとともに，運転開始当初から耐用年数を長くした場合よりも初期の基金増加を抑制することができる．そのため，歳出圧力がそれほど強まることなく分散して，活用期間の長期化や支出上限額の遵守が容易になると考えられる．

　以上に示した議論を踏まえ，本章では電源三法交付金と固定資産税（償却資産）を一体的に捉えた場合の財政規律と制度改革が収入の長期・安定的な活用にもたらす効果を明らかにする．原子力発電所の集積や運転の継続，1基あたりの出力向上という状況を踏まえつつ，第2節では財政規律による効果，第3節では制度改革をあわせた効果について述べ，第4節では量出制入の原則を考慮した適切な財政規模の設定のあり方を示す．

## 第2節　財政規律による安定化の効果

　電源三法交付金と固定資産税（償却資産）を一体で捉えた場合，いずれにも必要な財政規律は当初の巨額な収入を積極的に基金へ留保することによって長期・安定的に活用することである．また，交付金は可能な限り経常事業に充当することによって実質的に一般財源に振り替え，制約のない基金として活用することが望ましい．

　そして，電源三法交付金は原子力発電所の運転期間を対象とした種目が加わり，固定資産税（償却資産）は1基あたりの出力が向上したため，発電所の集積と運転の継続によっていずれも一定の規模で安定した収入となった．しかし，今後は多くの発電所が廃炉を迎えると見込まれており，収入が激減もしくは途絶えることを見すえた長期の視点が求められる．

　すなわち，基金の活用は（交付金の場合は一定の制約があるものの）固定資産税（償却資産）が大きく減少する時期，あるいは廃炉の時期以降まで含めた期間とする必要がある．

　では，財政規律によって，どのような財政運営が可能となるのであろうか．

### (1)　モデルケースによる試算 ①──原子力発電所1基の場合──
　まず，原子力発電所1基のモデルケースを用いて，電源三法交付金と固定資

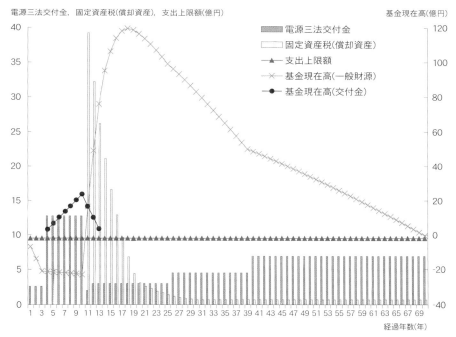

電源三法交付金，固定資産税(償却資産)，支出上限額(億円)　　　　　　　　　　　　　　　基金現在高(億円)

凡例：
- ▨ 電源三法交付金
- ▢ 固定資産税(償却資産)
- ▲ 支出上限額
- × 基金現在高(一般財源)
- ● 基金現在高(交付金)

経過年数(年)

**図8-1　原子力発電所の立地による収入の長期活用モデル**
（1基，財政規律のみ，ケース1）

(注)　1：基金運用利子は年1％とし，年度末に発生すると想定して算出した.
　　　2：電源三法交付金と固定資産税（償却資産）は年度当初に発生し，支出は年度末に行うと想定した. し
　　　　たがって，利子は前年度末基金現在高と当該年度の積立金額（取崩金額）の合計額から算出している.
(資料)　経済産業省資源エネルギー庁［2010］，全国原子力発電所所在市町村協議会HPより作成.

産税（償却資産）を一体とした試算を行う．発電所の規模は，これまでの試算
で用いた出力135万kWとする．また，運転期間は延長を含めて60年間とし，
収入の活用期間を60年間とした場合（ケース1）と，恒久とした場合（ケース2）
で支出上限額を算出し，基金現在高の推移をみる．なお，第6章**表6-2**で行
った計算と同様に固定資産税（償却資産）は税額（標準的な税収入）の75％が基準
財政収入額に算入され，原子力発電所の立地がなかった場合の地方交付税（普
通交付税）の収入が10億円であったと仮定して，差引収入増加額を算出する.
　**図8-1**は，ケース1の試算結果である．毎年の支出上限額は約9.5億円とな
り[1)]，上限額を維持することによって原子力発電所の運転開始から60年（図では
建設期間10年を含めた70年）後に基金現在高がゼロとなる.

　ただし，基金現在高の推移は複雑である．すなわち，原子力発電所の建設当初の段階では電源立地等初期対策交付金が小さいため，上限額の支出をするためには他の財源を大幅に導入しなければならず，基金現在高はいったんマイナスになる[2)]．その後，電源立地促進対策交付金の収入が加わる（図の4〜10年）ことによって交付金額が支出上限額をやや上回る．そのため，交付金を財源とした基金現在高がプラスとなるが，一般財源による基金現在高はマイナスのままである．続いて，原子力発電所の運転開始（図の11年）とともに電源三法交付金は大きく減少するが，固定資産税（償却資産）の収入が巨額になるため，基金現在高は一挙にプラスになる．同時に，当面は交付金を財源とした基金が取り崩され，その後は当該年度の原子力発電施設等立地地域長期発展対策交付金と固定資産税（償却資産）を財源として上限額までの支出を行い，これを上回る固定資産税（償却資産）が基金に積み立てられて基金現在高は増加していく．しかし，年数の経過とともに固定資産税（償却資産）が減少していくため，運転開始後9年（図の19年）以降は当該年度の交付金と固定資産税（償却資産）だけで支出上限額を賄うことができなくなり，基金を取り崩すことになる．運転開始後30年（図の40年）以降は交付金が増加するため基金を取り崩す規模はやや小さくなるが現在高は減少を続け，60年（図の70年）になると基金がなくなる．

　財政規律だけで60年間にわたって収入の安定的な活用を図るためには，このように支出上限額を厳格に守ることと原子力発電所の建設期間における電源立地促進対策交付金等の一部を基金に積み立てて運転開始後から取り崩し，その後は固定資産税（償却資産）を中心として基金を活用することが求められる．

　次に，ケース2の試算結果を**図8-2**に示す．この場合は毎年の支出上限額が約4.8億円となり，ケース1の半分程度にとどまる．しかしながら，原子力発電所の運転開始から60年経過した時点（図の70年）の基金現在高が約480億円（電源三法交付金財源，固定資産税（償却資産）財源の合計）[3)]となり，その後は基金の運用利子（利率1％と仮定）によって支出上限額の財源を確保することができる．こうして，上限額までの支出が恒久的に可能となる．

　また，基金の推移もケース1と大きく異なっている．とりわけ重要なのは，毎年の支出上限額が大きく減少するため，原子力発電所の建設期間における電源三法交付金を財源とした基金が大規模になる点であろう．

　これは2つの期間に分けられる．第1に，電源立地促進対策交付金等の収入

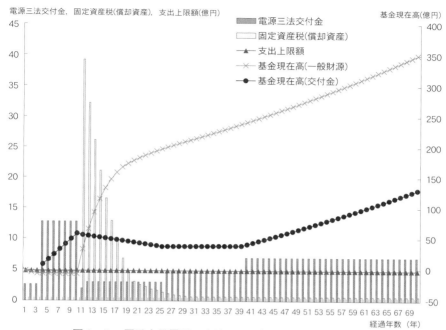

**図8-2　原子力発電所の立地による収入の長期活用モデル**
（1基，財政規律のみ，ケース2）

（注）1：基金運用利子は年1％とし，年度末に発生すると想定して算出した．
　　　2：電源三法交付金と固定資産税（償却資産）は年度当初に発生し，支出は年度末に行うと想定した．し
　　　　たがって，利子は前年度末基金現在高と当該年度の積立金額（取崩金額）の合計額から算出している．
（資料）経済産業省資源エネルギー庁［2010］，全国原子力発電所所在市町村協議会HPより作成．

が支出上限額を大きく上回るため，交付金を財源とした基金への積立が増え，運転開始時期（図の10年）には約58億円に達することである．運転開始後には交付金が激減するが，支出上限額が4.8億円にとどまるために基金の取り崩しも1億円程度となり，基金現在高はそれほど減少しない．

第2に，原子力発電所の運転開始後16年（図の26年）から電源三法交付金が再び増えて，交付金を財源とする基金現在高は少しずつ増加していく．そして運転開始後30年（図の40年）から交付金が支出上限額を上回る．そのため，交付金を財源とした基金現在高の増加が大きくなり，運転終了（図の70年）までに約130億円の基金現在高となる．これと一般財源による基金現在高の約350億円と合わせて約480億円になり，基金の利子(年1％)を財源として廃炉後に毎年4.8

億円が恒久的に活用されることになる.

このように，電源三法交付金を財源とする基金現在高の推移は70年間で2回の増減があり，一様ではない．そして，廃炉の後でも基金を長期間にわたって活用することが求められる．しかし，現行の交付金制度では基金の活用期間や使途に一定の制約がある．また，交付金を経常事業に充当すれば一般財源への振替が可能になるが，振替可能な規模は原子力発電所立地市町村によって多様であろう．原子力発電所の立地による収入を恒久的に活用するには，交付金額が支出上限額を上回る年度が多くなるため，財政規律だけでは限界があると考えられる.

原子力発電所の立地による収入の活用期間をどのように設定するかは立地市町村の判断に委ねられるが，運転期間60年と恒久という2つのケースを比較すれば，活用期間を長くするほど支出上限額が減少するため，交付金を財源とした基金の活用が長期にわたって求められることになる．端的に言えば，交付金による基金の活用に制約があるほど，財政規律だけで収入を長期・安定的に活用することが難しくなると考えられる.

### (2) モデルケースによる試算 ② ──原子力発電所を増設して3基となった場合──

次に，原子力発電所立地地域の実態を踏まえた試算を行う．近年は発電所の増設が停滞しているものの，大半の立地地域では増設を経て複数基が立地し，運転を継続している．そこで，より現実に近いモデルケースとして3基の原子力発電所が立地し，運転開始から30年が経過した1号機（出力50万kW），25年経過した2号機（同100万kW），20年経過した3号機（同135万kW）が運転している場合を想定する．いずれも運転開始から20年以上が経過しているので，電源三法交付金は原子力発電施設等立地地域長期発展対策交付金のみで，固定資産税（償却資産）も課税最低限度の水準となる[4]．また，過年度分の基金現在高はないものとし，今後の収入から活用期間を40年間（3基すべてが60年間運転し3号機が運転終了を迎える年まで，ケース1）と恒久（ケース2）の場合の支出上限額を算出し，基金現在高の推移をみる[5]．なお，基準財政収入額への算入と地方交付税の想定は先の試算と同様である.

まず，ケース1では支出上限額が約16.4億円となった．原子力発電所の集積と電源三法交付金の制度改革によって，すべての発電所が20年以上経過している状況でも1基分の収入を建設当初から活用する場合の支出上限額（約9.5億円）

を大きく上回っている．発電所の集積と運転の継続によって，年数が経過しても収入が減少することはない．

　また，その間の基金現在高の推移は**図8−3**のとおりである．当初の支出上限額は毎年度の電源三法交付金額を上回っているため，交付金を財源とした基金はない．また，固定資産税（償却資産）も少ないため，固定資産税（償却資産）を財源とする基金現在高もマイナスから始まることになる．しかし，年数の経過とともに電源三法交付金が加算措置によって支出上限額を上回るようになり，交付金を財源とする基金現在高がプラスになると同時に，固定資産税（償却資産）の収入を基金に積み立てることによって一般財源による基金現在高もマイナスが減少してプラスへと変わっていく．そして，1号機が廃炉となった時点

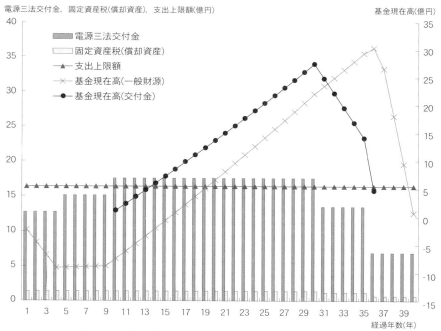

**図8−3　原子力発電所の立地による収入の長期活用モデル**
**（集積，財政規律のみ，ケース1）**

(注)　1：基金運用利子は年1％とし，年度末に発生すると想定して算出した．
　　　2：電源三法交付金と固定資産税（償却資産）は年度当初に発生し，支出は年度末に行うと想定した．したがって，利子は前年度末基金現在高と当該年度の積立金額（取崩金額）の合計額から算出している．
(資料)　経済産業省資源エネルギー庁［2010］，全国原子力発電所所在市町村協議会HPより作成．

　（図の30年）から交付金を財源とした基金の取り崩しが始まる．２号機が廃炉になると（図の35年）一般財源による基金も現在高が減少し，３号機が廃炉となった時点で基金現在高はゼロとなる．

　次に，ケース２の場合をみる．支出上限額は約5.4億円となり，１基の場合と同じく恒久の場合は減少が大きい．ただし，ケース１と同様に１基分の収入を建設当初から活用する場合の支出上限額（約4.8億円）よりも大きくなっている．また，毎年度の電源三法交付金額が常に支出上限額を上回るため，交付金を財源とした基金への留保も当初から大規模に始まる．さらに，固定資産税（償却資産）も全額基金に積み立てられる．その結果，基金現在高は**図8-4**のように推移する．原子力発電所の運転期間は交付金を財源とする基金も固定資産税

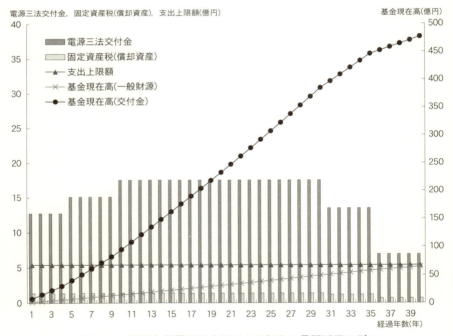

**図8-4　原子力発電所の立地による収入の長期活用モデル**
**（集積，財政規律のみ，ケース２）**

（注）　1：基金運用利子は年１％とし，年度末に発生すると想定して算出した．
　　　　2：電源三法交付金と固定資産税（償却資産）は年度当初に発生し，支出は年度末に行うと想定した．したがって，利子は前年度末基金現在高と当該年度の積立金額（取崩金額）の合計額から算出している．
（資料）経済産業省資源エネルギー庁［2010］，全国原子力発電所所在市町村協議会HPより作成．

（償却資産）を財源とする基金も増加を続け，1号機と2号機が廃炉となった時点で増加がわずかながら緩やかになる．そして，3号機が廃炉になると交付金を財源とする基金現在高が約476億円，固定資産税（償却資産）を財源とする基金現在高が約64億円となり，その後は基金の預金利子（年率1％と仮定）を財源として約5.4億円の支出上限額が維持される．

　この場合，すでに固定資産税（償却資産）が課税最低限度にとどまっているため，たとえ原子力発電所が3基集積していても支出上限額は1基でみた場合（約4.8億円）をやや上回る程度にとどまる．また，電源三法交付金の割合が高いため，交付金を財源とする基金の規模も1基の場合より大きくなる．したがって，運転年数が経過した発電所が集積することによって，財政規律だけで収入を長期・安定的に活用することはより難しくなると言える．多くの立地市町村はこのような状況に置かれており，第4章では起債の抑制や基金の活用など歳出構造の特徴から一定の財政規律が保持されていることを述べたが，活用期間の長期化や恒久化などを見すえるには限界があると考えられる．

### ⑶　財政規律による収入の長期・安定的な活用の限界

　本節では，原子力発電所立地市町村が電源三法交付金と固定資産税（償却資産）の収入を一体的に長期・安定的な財源として活用し，持続性を備え自立した財政構造を確立するための方策として，現行制度で可能な財政規律の姿を示した．第6章で述べた交付金と固定資産税（償却資産）それぞれの財政規律の内容と原子力発電所立地市町村の現実を踏まえて，収入の活用期間を原子力発電所の運転期間（延長を含む60年）と恒久の場合，さらに1基でみた場合と一定の集積・経過年数を考慮した場合に分け，4通りの支出上限額を算出し基金現在高の推移をみた．

　収入の活用期間が長期化するほど支出上限額が減少することは言うまでもないが，それとともに基金の活用が複雑になることが問題となる．とりわけ，電源三法交付金を財源とした基金の活用は現行制度で期間や使途に制約があるため，財政規律のみで長期間活用することには限界がある．原子力発電所が増設を重ねて集積している方が基金の重要性が高まることから，多くの立地市町村が直面する問題と言えるだろう．

　そこで，電源三法交付金や固定資産税（償却資産）の制度改革は，このような限界が克服できるかどうかが効果を判断するうえで重要になる．

## 第3節　制度改革による安定化の効果

　本節では，電源三法交付金と固定資産税 (償却資産) の制度改革が行われた場合に支出上限額と基金の推移がどのように変化するかを示す．交付金の制度改革は電源開発促進税の部分移譲であり，固定資産税 (償却資産) の場合は運転を延長した場合に耐用年数を延長し税額の再計算を行うことである．後者は収入の増加をもたらすため，まず前者の制度改革による基金の推移を明らかにし，続いて後者を加味した場合を示す．

　なお，適用するモデルケースは前節と同様，原子力発電所1基でみた場合と増設によって3基が集積している場合に分け，収入の活用期間も60年 (後者は3基すべて60年運転し3号機が運転終了を迎える年までの40年間，ケース1) と恒久 (ケース2) の場合とする．ただし，電源開発促進税が部分移譲されれば地方交付税の基準財政収入額に算入される可能性があるが，その場合は前節 (部分移譲のないケース) との比較が難しくなってしまうので，本節では移譲された部分を基準財政収入額に算入しないこととする．

### (1)　モデルケースによる試算 ①
#### ——原子力発電所1基で電源開発促進税を部分移譲した場合——

　まず，原子力発電所1基のモデルケースについて試算を行う．

　ケース1は，**図8-1**とほぼ同じである．なぜならば，原子力発電所の運転期間における電源三法交付金が支出上限額の約9.5億円を大きく下回るため，年度ごとの収入となる使途の広い交付金を当該年度の事業に直接充当することができ，交付金を財源とする基金の活用が必要ないからである[6]．したがって，この場合は部分移譲の効果はないと言える．

　これに対して，ケース2の場合は**図8-5**のようになる．支出上限額が約4.8億円であることは**図8-2**と変わらないが，電源三法交付金を財源とした基金現在高の推移が大きく異なっている．すなわち，運転期間の電源開発促進税が移譲されるため，建設期間の交付金を一部留保した基金を運転開始当初から活用することによって，運転開始13年 (図の23年) 目には交付金を財源とした基金の現在高がゼロになる．したがって，交付金による基金の活用期間や使途に制約があった場合でも，対応はより容易になるだろう．

電源三法交付金，固定資産税(償却資産)，支出上限額(億円)　　　　　　　　　　　　　基金現在高(億円)

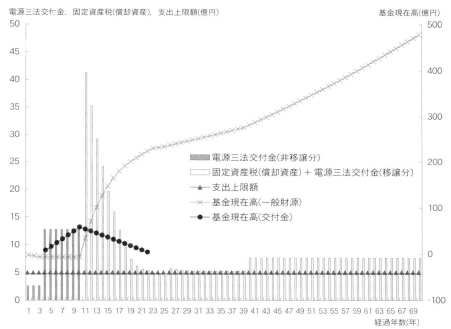

電源三法交付金(非移譲分)
固定資産税(償却資産) ＋ 電源三法交付金(移譲分)
支出上限額
基金現在高(一般財源)
基金現在高(交付金)

経過年数(年)

**図 8 - 5　原子力発電所の立地による収入の長期活用モデル**
（1 基，電源三法交付金の制度改革を含む，ケース 2 ）

(注)　1：基金運用利子は年 1 ％とし，年度末に発生すると想定して算出した．
　　　2：電源三法交付金と固定資産税（償却資産）は年度当初に発生し，支出は年度末に行うと想定した．し
　　　　たがって，利子は前年度末基金現在高と当該年度の積立金額（取崩金額）の合計額から算出している．
(資料)　経済産業省資源エネルギー庁 [2010]，全国原子力発電所所在市町村協議会HPより作成．

　一方，税源移譲された部分は固定資産税（償却資産）と合わせて一般財源と
なるため，一般財源による基金が大きく増える．移譲された部分と固定資産税
（償却資産）の合計額は支出上限額を常に上回るため，一般財源による基金が
大きく増え続け，60年後（図の70年）には約480億円に達する．これに対して，
税源移譲のなかった場合は交付金を財源とした基金が途中から再び増加して，
60年後には一定の現在高となっていた．したがって，税源移譲した場合はその
部分が全額一般財源による基金となるため，活用期間や使途が大きく広がるこ
とになる．
　このことから，収入の活用期間をより長期とする場合，電源開発促進税の一
部を原子力発電所立地地域に移譲する制度改革は，財政規律のみの場合よりも

収入の長期・安定的な活用に大きく寄与すると言える.

### (2) モデルケースによる試算 ②
#### ──原子力発電所 3 基で電源開発促進税を部分移譲した場合──

次に，原子力発電所 3 基で電源開発促進税を部分移譲した場合の試算を行う.

まず，ケース 1 の結果は図 8 − 3 とほぼ同じである．なぜならば，図 8 − 3 では電源三法交付金による基金現在高と一般財源による基金現在高が似たような推移をたどっているが，原子力発電所の運転期間における電源三法交付金が移譲されて一般財源になれば，両者が一般財源による基金に一本化されても推移の傾向はほとんど変わらないからである．支出上限額は約16.4億円で変わらないため，基金の活用が簡素になる点が部分移譲の効果と言える.

また，ケース 2 の場合は図 8 − 6 のようになる．支出上限額が約5.4億円となることは図 8 − 4 と変わらないが，電源開発促進税が部分移譲されるので基金の活用期間や使途の制約がなくなる．移譲された部分と固定資産税（償却資産）の合計額は支出上限額を常に上回っているため，基金現在高は増加を続ける．そして，3 号機が廃炉となった時点（図の40年）で基金現在高が約540億円となり，その後は預金利子（年率 1 ％と仮定）を財源として約5.4億円の支出上限額が恒久的に維持されることになる.

以上から，原子力発電所が集積し運転を継続している場合でも，収入の活用期間が長くなれば電源開発促進税の一部を立地地域に移譲することが大きな効果を発揮すると言える.

### (3) モデルケースによる試算 ③
#### ──原子力発電所 1 基で固定資産税(償却資産)の耐用年数延長を加味した場合──

次に，電源開発促進税の部分移譲に加えて，固定資産税（償却資産）の耐用年数延長を加味した場合の支出上限額を算出し，基金現在高の推移をみる[7]．収入が増加するため支出上限額に違いが生じるだけでなく，一般財源や基金現在高の変動も平準化される.

まず，原子力発電所 1 基のモデルケースで，収入の活用期間を60年間とした場合（ケース 1 ）と，恒久とした場合（ケース 2 ）を考える.

ケース 1 の結果は，図 8 − 7 のとおりである．図 8 − 1 と比較すると，支出上限額が約9.5億円から約10.7億円に 1 割強増えている．これは，固定資産税（償

電源三法交付金，固定資産税(償却資産)，支出上限額(億円)　　　　　　　　　　　　　　　　　基金現在高(億円)

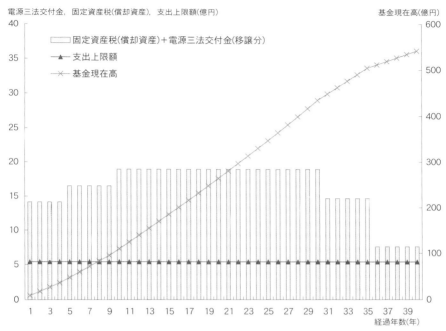

図 8 - 6　　原子力発電所の立地による収入の長期活用モデル
（集積，電源三法交付金の制度改革を含む，ケース 2 ）

（注）　1：基金運用利子は年 1 ％とし，年度末に発生すると想定して算出した．
　　　　2：電源三法交付金と固定資産税（償却資産）は年度当初に発生し，支出は年度末に行うと想定した．し
　　　　　たがって，利子は前年度末基金現在高と当該年度の積立金額（取崩金額）の合計額から算出している．
（資料）経済産業省資源エネルギー庁［2010］，全国原子力発電所所在市町村協議会HPより作成．

却資産）の耐用年数延長による再計算で税額が増加するからである．また，最
も顕著な違いは基金現在高の推移である．**図 8 - 1** では，基金現在高がマイナ
スからスタートし，原子力発電所の運転開始当初の固定資産税（償却資産）に
よってプラスとなり，その後に取り崩して最終的にはゼロとなった．これに対
して，**図 8 - 7** では運転開始から28年（図の38年）から基金現在高が 2 回目のマ
イナスとなるが，固定資産税（償却資産）の再計算によって税額が増えて，運
転開始から41年（図の51年）で再び支出上限額を上回るため，60年でゼロに戻
る形になっている．すなわち，基金の増減が 2 回訪れ，最終的に基金現在高が
マイナスからゼロになる点が大きく異なる．
　　基金の動向が複雑になれば，財政運営も難しくなるかもしれない．しかしな

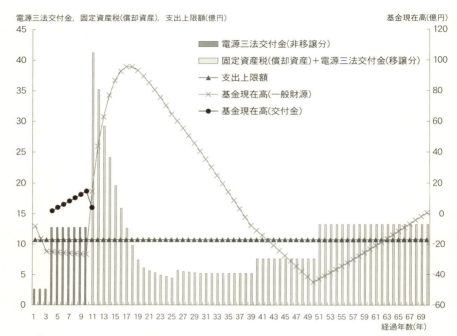

電源三法交付金，固定資産税(償却資産)，支出上限額(億円) 基金現在高(億円)

凡例:
- 電源三法交付金(非移譲分)
- 固定資産税(償却資産)＋電源三法交付金(移譲分)
- 支出上限額
- 基金現在高(一般財源)
- 基金現在高(交付金)

経過年数(年)

**図8-7　原子力発電所の立地による収入の長期活用モデル**
（1基，電源三法交付金と固定資産税（償却資産）の制度改革を含む，ケース1）

（注）　1：基金運用利子は年1％とし，年度末に発生すると想定して算出した．
　　　　2：電源三法交付金と固定資産税（償却資産）は年度当初に発生し，支出は年度末に行うと想定した．し
　　　　　たがって，利子は前年度末基金現在高と当該年度の積立金額（取崩金額）の合計額から算出している．
（資料）経済産業省資源エネルギー庁［2010］，全国原子力発電所所在市町村協議会HPより作成．

がら，電源三法交付金ではなく一般財源による基金の動向であるから，活用期
間や使途の制約はない．むしろ，基金の増加が2回あることによって歳出圧力
が分散され，支出上限額の維持が容易になる部分もあるだろう．

　次に，ケース2の場合である．支出上限額は**図8-2**の約4.8億円から約5.4
億円に増え，やはり固定資産税（償却資産）の再計算の効果が表れている．ま
た，その推移は**図8-8**に示したように，運転開始後41年（図の51年）から税額
が大きく増加するため基金現在高も増加傾向にも拍車がかかる．このことが原
子力発電所の運転終了後における基金現在高を大きく増やし，その後も基金の
預金利子を財源とした支出を可能にする．

　なお，電源三法交付金を財源とした基金現在高がゼロになる時期も，支出上

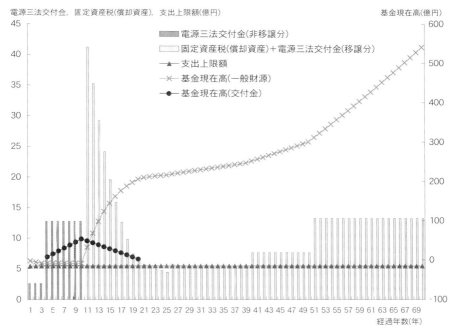

図8-8 原子力発電所の立地による収入の長期活用モデル
（1基，電源三法交付金と固定資産税（償却資産）の制度改革を含む，ケース2）

(注) 1：基金運用利子は年1％とし，年度末に発生すると想定して算出した．
　　 2：電源三法交付金と固定資産税（償却資産）は年度当初に発生し，支出は年度末に行うと想定した．し
　　　 たがって，利子は前年度末基金現在高と当該年度の積立金額（取崩金額）の合計額から算出している．
(資料) 経済産業省資源エネルギー庁 [2010]，全国原子力発電所在市町村協議会HPより作成．

限額が増えるために早く訪れる．すなわち，**図8-5**では原子力発電所の運転
開始後13年（図の23年）でゼロになったのに対して，**図8-8**では運転開始後11
年（図の21年）でゼロになる．その分だけ，基金の活用期間における制約も緩
和されるだろう．

### (4) モデルケースによる試算 ④
——原子力発電所3基で固定資産税（償却資産）の耐用年数延長を加味した場合——

最後に，原子力発電所が3基集積して固定資産税（償却資産）の耐用年数延
長を加味した場合の試算を行う．先の場合と同様に過年度分の基金現在高はな
いものとし，今後の収入から活用期間を40年間（3基すべてが60年間運転し3号機

電源三法交付金，固定資産税(償却資産)，支出上限額(億円)　　　　　　　　　　　　　　基金現在高(億円)

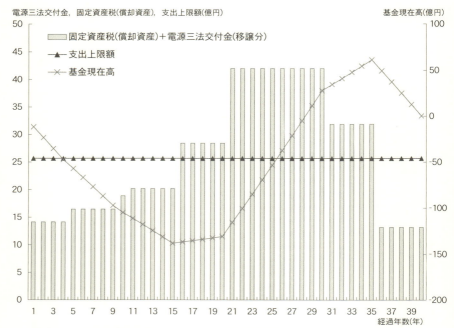

図8-9　原子力発電所の立地による収入の長期活用モデル
（集積，電源三法交付金と固定資産税（償却資産）の制度改革を含む，ケース1）

（注）1：基金運用利子は年1％とし，年度末に発生すると想定して算出した．
　　　2：電源三法交付金と固定資産税（償却資産）は年度当初に発生し，支出は年度末に行うと想定した．し
　　　　たがって，利子は前年度末基金現在高と当該年度の積立金額（取崩金額）の合計額から算出している．
（資料）経済産業省資源エネルギー庁［2010］，全国原子力発電所所在市町村協議会HPより作成．

が運転終了を迎える年まで，ケース1）と恒久（ケース2）の場合に分けて考える．

　ケース1の結果は，**図8-9**のとおりである．**図8-3**と比較すると，支出上限額が約16.4億円から約25.7億円へと大きく増加し，3基分の固定資産税（償却資産）の耐用年数延長による効果が顕著に表れている．また，基金現在高の推移はほとんどの期間がマイナスとなり，3号機の運転開始から49年（図の29年）目に初めてプラスになる．しかし，その後は1号機の廃炉（図の30年）とともに基金現在高の増加傾向が緩やかになり，2号機の廃炉（図の35年）とともに再び取り崩す形となる．そして，3号機が廃炉となった時点で基金現在高がゼロになっている．

　基金現在高が多くの期間でマイナスになることから，支出上限額を遵守しな

電源三法交付金，固定資産税（償却資産），支出上限額（億円）　　　　　　　　　　　　　　　基金現在高（億円）

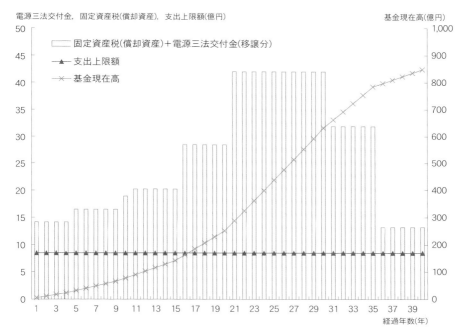

図 8 -10　原子力発電所の立地による収入の長期活用モデル
（集積，電源三法交付金と固定資産税（償却資産）の制度改革を含む，ケース 2 ）

(注)　1 ：基金運用利子は年 1 ％とし，年度末に発生すると想定して算出した.
　　　2 ：電源三法交付金と固定資産税（償却資産）は年度当初に発生し，支出は年度末に行うと想定した. し
　　　　たがって，利子は前年度末基金現在高と当該年度の積立金額（取崩金額）の合計額から算出している.
(資料) 経済産業省資源エネルギー庁［2010］，全国原子力発電所所在市町村協議会HPより作成.

い限りマイナスの幅が大きくなる. したがって, 固定資産税（償却資産）の再
計算によって収入が増えるものの, 支出上限額を超える歳出圧力は生じにくい
と考えられる.

　次に, ケース 2 の結果は**図 8 -10**のとおりである. **図 8 - 6** と比較すると, 支
出上限額が約5.4億円から約8.5億円へと, やはり 3 基分の税額を再計算するこ
とによって大きく増加している. また, 固定資産税（償却資産）と電源三法交
付金（電源開発促進税の移譲部分）の合計額が常に支出上限額を大きく上回るため,
基金現在高も増加傾向が強まっている. このことが原子力発電所の運転終了後
の基金現在高を大きく増やし, その後も基金の預金利子を財源とした支出上限
額の維持が恒久的に可能となる.

### (5) 小括——モデルケースからみた制度改革の効果——

本節では，原子力発電所立地市町村における電源三法交付金と固定資産税(償却資産) を一体として捉え，収入を長期・安定的に活用するための制度改革の効果を明らかにした．すなわち，前者は電源開発促進税が部分移譲された場合，後者は償却資産の耐用年数の延長による税額の再計算が行われた場合を想定して，原子力発電所1基の場合と3基の場合，そして活用期間を60年（運転延長を含む廃炉まで）と恒久の場合に分けて，収入と基金現在高の推移や支出上限額の大きさを比較してきた．これらを総括すると，次のことが言えるだろう．

第1に，収入の活用期間が長くなるほど，また原子力発電所の集積が進んでいるほど，制度改革の効果が顕著になることである．収入の活用期間を長くするためには支出上限額を少なくしなければならず，原子力発電所が集積すれば収入が大きくなるため，いずれも基金の活用がより重要になる．そのため，現行制度を前提とした財政規律だけでは限界が大きくなり，制度改革の効果もそれだけ高まるのである．

原子力発電所立地市町村が置かれた状況から，まさに発電所の集積を前提として収入の活用期間を長くすることが求められる．すなわち，発電所の集積と運転の継続によって収入の規模も大きくなっているが，高経年化が進み廃炉を見すえた長期・安定的な財政運営が必要である．したがって，多くの立地市町村では制度改革が高い効果をもたらすと考えられる．

第2に，基金現在高の推移が活用期間の設定と固定資産税（償却資産）の再計算の有無によって大きく異なることである．すなわち，活用期間を恒久とすれば基金現在高はほぼ増加傾向を維持する．原子力発電所が廃炉となった時点でいずれの収入も途絶え，その後は基金の預金利子のみが支出上限額の財源となるからである．また，固定資産税（償却資産）の再計算が行われれば，この傾向はより顕著になる．対照的に，活用期間が廃炉までの場合は基金現在高がプラスの時期とマイナスの時期を経て最終的にはゼロになる．固定資産税（償却資産）の再計算が行われれば，プラスとマイナスの変動も複雑になる．

基金現在高の動向が単純であれば，財政規律の設定が分かりやすくなる利点があるだろう．しかし，この場合は当初の収入が大きいため，歳出圧力が高まる可能性も否定できない．対照的に，基金現在高の動向が複雑であれば財政規律の設定も難しくなるが，当初の収入に加えて再計算された時点の収入が大きくなるため歳出圧力も分散されると考えられる．また，電源三法交付金は基金

の活用期間や使途に制約があるため，それだけ活用が難しくなるだろう．したがって，基金の動向が単純であっても複雑であっても長所と短所があるが，交付金を財源とする基金は少ない方が望ましいと言える．

　いずれにしても，電源三法交付金と固定資産税（償却資産）を一体的に捉えて長期・安定的な活用を図るためには，原子力発電所立地市町村が置かれた状況に応じて収入の活用可能期間や支出上限額を設定したうえで，財政規律だけでは限界が生じる部分がある．電源開発促進税の部分移譲や固定資産税（償却資産）の再計算という制度改革によって，その限界をかなり克服することが可能になると考えられる．

## 第4節　量出制入の原則に基づいた財政規律と制度改革へ

　これまでみてきたように，原子力発電所の立地による主な収入である電源三法交付金と固定資産税（償却資産）を一体的に捉え，長期・安定的な財源として活用するためには，まず立地市町村の財政規律として活用期間と支出上限額を設定したうえで，なお克服できない限界については制度改革を進めることが有効な方策となる．

　しかしながら，電源三法交付金も固定資産税（償却資産）も原子力発電所の出力や発電電力量などに基づいているため，それが立地市町村の財政需要に対応しているとは限らない．むしろ，財政需要に比して過大な収入が依存や支出の膨張をもたらしてきたのではないか，という批判を招いている．原子力発電所1基あたりの出力が向上し，運転期間の交付金が拡充されてきたことも批判を強めている．依存の問題については第5章で述べたが，立地市町村の財政需要を加味しなければならない．

　本章で行った試算も原子力発電所の立地状況に即しているが，立地市町村の財政需要までは考慮していない．収入の規模を財政需要に応じて調整することも必要ではないだろうか．とりわけ，固定資産税（償却資産）の再計算を行う場合は収入の増加をもたらすのであるから，その必要性はさらに高くなるだろう．

　そこで，先に算出した支出上限額に財政需要を加味した調整を行うことが求められる．この場合は，歳出圧力が大きくならないよう注意が必要であろう．あるいは，新たな制度改革として収入増加額そのものを調整する方法もありう

るのではないだろうか.

　では,後者については,どのような制度が考えられるであろうか.財政需要の大きさは原子力発電所立地市町村の状況によって多様だが,1つの尺度として参考になるのは第4章や第5章で行った類似団体の状況や地方交付税制度における基準財政需要額などであろう.特に,基準財政需要額は「各地方公共団体が合理的,かつ,妥当な水準における行政を行い,又は施設を維持するための財政需要を一定の方法によって合理的に算定した額」［地方財務研究会 2011：72］であり,自治体が置かれたさまざまな条件を考慮して精緻な計算が行われている.必ずしも現実の財政需要と一致するわけではないが,基準財政需要額が財政需要を把握する1つの尺度となりうる.

　原子力発電所立地市町村の財政需要を把握したうえで,電源三法交付金や固定資産税（償却資産）が持続性を備え自立した財政構造を確立するための収入となるには,これらの収入をどのような規模にすべきであろうか.

　1つの考え方として,原子力発電所の立地状況に応じて財政需要の一定倍を収入上限額とする方法がある.大半の地方自治体では収入（基準財政収入額）が基準財政需要額を下回っているため,財政需要を踏まえて普通交付税が交付される.これに対して,立地地域の場合は原子力発電所の基数や出力,経過年数などに応じて財政需要の一定割合を収入上限額として設定することが考えられる.例えば,1基ごとに基準財政需要額の0.1を収入上限額とするなどの方法があるだろう.

　そして,これを先に算出した支出上限額と比較し,大きなかい離がある場合は一定の調整をするなどの対応が考えられる.こうして,基金の活用ではなく収入そのものを制度によって調整するのである.その際,実際の収入が支出上限額を上回る場合は電源三法交付金（もしくは電源立地地域対策譲与税）や固定資産税（償却資産）を減額し,支出上限額を下回った時期に増額することや,活用期間を見直すことなどが必要となるだろう.

　すでに,固定資産税（償却資産）には類似の制度が存在する.すなわち,大規模償却資産にかかる固定資産税では,一定限度額を超える部分は税源の偏在を是正するために立地市町村を包括する道府県が課税している.ただし,その場合でも市町村の基準財政需要額の一定倍までは市町村が課税する.このように,原子力発電所の場合は,運転開始当初の税額が大きいため道府県が課税する場合があった.

　本節の提案は，自治体ごとに年度間で収入を調整することによって不安定性に配慮した形になっている．基金の活用と比較すれば収入がともなわない分，歳出圧力が低下すると考えられる．また，財政需要に配慮するだけでなく支出上限額との比較を取り入れることによって，立地市町村の主体的な財政運営にも配慮している点が特徴と言えるだろう．

## 注

1）電源三法交付金を経常事業に充当することは一般財源への振替が行われたことになるから，支出上限額には含まない．

2）起債もしくは既存の基金を取り崩すなどの方法が考えられる．

3）電源三法交付金を経常事業に充当すれば，それだけ交付金財源の基金が減少して一般財源の基金は増加する．

4）大規模な改修等による課税標準の変更は考慮していない．

5）1号機と2号機にかかる電源三法交付金と固定資産税（償却資産）は，出力135万kW（3号機）を基準として調整した．

6）交付金を経常事業に活用して実質的な一般財源への振替を行うことも不要となる．

7）耐用年数の延長による収入の増加分は，75%を基準財政収入額に算入した．

第 9 章
# エネルギー政策の転換と
# 電源三法交付金制度の岐路

　これまでみてきたように，原子力発電所立地市町村は大規模だが不安定な収入を一定の財政規律と制度改革によって長期・安定的な財源として活用し，持続性を備え自立した財政構造の確立を進めてきた．原子力発電所の増設が近年になって停滞したのも，一定の集積と運転の継続を前提に財政規律と制度改革によって財政面の誘因が低下したことが一因にあると考えられる．

　また，今後も財政規律や制度改革は重要である．とりわけ，主な収入である電源三法交付金と固定資産税（償却資産）が補完関係を強めていることから，それぞれの特性を踏まえつつ一体として把握し，新たな方向性を示す必要がある．すなわち，財政規律では事前に設定した支出上限額を遵守しながら基金を活用し，制度改革では電源三法交付金の財源である電源開発促進税の部分移譲や固定資産税（償却資産）の耐用年数延長にともなう税額の再計算などが実現すれば，持続性を備え自立した財政構造はさらに強固なものとなるだろう．

　しかしながら，2011（平成23）年3月11日に発生した東日本大震災とそれにともなう東京電力福島第一原子力発電所の事故を受けて，エネルギー政策が大きく変わろうとしている．とりわけ，それまでは原子力発電の割合が大きく上昇すると見込まれていたが，依存度の低減へと逆転することになった．原子力発電所立地地域では，発電所が集積し運転を継続することによって地域経済や地方財政に好ましい影響を与えてきたため，エネルギー政策の転換によって経済も財政も縮小に向かうことが懸念される．

　そこで，電源三法交付金制度も岐路に立たされていると言える．交付金制度は国のエネルギー政策と原子力発電所立地地域の政策を結びつけるうえで重要な役割を果たしてきた．特に，重点が発電所の建設や安定した運転に置かれるようになっていたので，エネルギー政策の転換によって交付金の機能も変わらざるをえないだろう．震災と原発事故の後に提起された交付金のあり方につい

ては，第2章第2節で整理したように多様な方向性が示されている．交付金制度を廃止すべきという踏み込んだ主張から，廃炉段階における交付金種目の創設，安全性向上への配慮，立地自治体への移管など，さまざまである．

また，エネルギー政策における他の課題についても，電源三法交付金を含めて財政制度による新たな対応が検討されると考えられる．すなわち，再生可能エネルギーの積極的な拡大や火力発電の高効率化，高レベル放射性廃棄物の最終処分地の選定などである．これらの課題に対応するためには，電源三法交付金をはじめエネルギー政策にかかる財政制度全体の再構築が必要になるのではないだろうか．

このように，エネルギー政策の転換によって，電源三法交付金制度は主に3つの面で新たな方向性を打ち出すことが求められている．第1に，原子力発電への依存度低減が立地地域に与える影響にどう対処するか，第2に，依存度低減を実現するために交付金の機能をどう見直すか，第3に，エネルギー政策のその他の課題にどう対応するか，である．これまで原子力発電の推進を重点としてきた交付金制度が，多様な側面で岐路に立たされていると言える．

本章では，これまでのエネルギー政策で電源三法交付金が果たしてきた役割を踏まえつつ，エネルギー政策の転換に即して交付金制度をどのように再設計すべきか述べる．

## 第1節　原子力発電への依存度低減と電源三法交付金

本節では，エネルギー政策の転換によって原子力発電所立地地域が受ける影響に対処しつつ，原子力発電への依存度低減を進めるため，電源三法交付金が果たす役割について述べる．

震災と原発事故を機に，原子力発電は建設促進・運転継続から依存度低減へと方向性が逆転した．そこで，電源三法交付金のあり方も見直す必要がある．ごく簡単に考えるならば，交付金が原子力発電所の建設や運転に寄与してきたのであれば，依存度を低減するためには交付金を廃止すればよいことになる．

しかしながら，その際に原子力発電所立地地域に与える影響など考慮しなければならない点があり，問題は単純ではない．すなわち，次の点を踏まえたうえで立地地域に対する電源三法交付金のあり方を考察する必要がある．

## ⑴　原子力発電所建設・運転の誘因は多様である

　まず，原子力発電所の建設や運転を促す誘因は多様であり，電源三法交付金は財政面での誘因の1つにすぎない，ということである．したがって，交付金だけを廃止しても原子力発電所の建設や運転が要請されなくなるとは限らない．

　1974（昭和49）年度に電源三法交付金制度が創設され，1990年代前半まで増設が活発に行われてきたのは，確かに交付金が財政面の誘因として強かったこともあるだろう．また，その後は交付金種目の多様化をともなう拡充や使途の拡大，さらに原子力発電所の集積と運転の継続によって，立地地域は安定的で大規模な収入を確保できるようになった．第5章で示したとおり，立地地域の歳入構造では交付金が大きな役割を果たしている．90年代以降に増設が停滞したのも，財政面での誘因が弱まったことが一因であろう．

　しかしながら，本シリーズ第1巻で明らかにしたように，原子力発電所立地地域では人口規模や域内総生産など地域経済の根幹を原子力発電所が支えている．また，財政の面では電源三法交付金だけでなく立地市町村における固定資産税（償却資産）の規模も大きい．したがって，原子力発電所の建設や運転について電源三法交付金が決定的な誘因になっているわけではない．エネルギー政策の転換によって立地地域の経済も財政も縮小に向かうことになれば，仮に交付金制度が廃止されても再び原子力発電所の建設が要請される可能性は高いと考えられる．[1]

　また，原子力発電所の立地による地域経済や地方財政の変化は，原子力発電の産業としての特徴が表れる部分はあるにせよ，電源三法交付金という特殊な制度を除けば他の産業が立地した場合と基本的に同じような経済活動や制度によって生じるものである．そのため，原子力発電への依存度を低減するために地域経済や地方財政の制度全般を見直すことは，他の産業にも影響が及ぶため困難であろう．

　したがって，重要となるのは経済や財政の誘因を低下させることではなく，まず国策として原子力発電への依存度低減をどのように進めるか決定し，次にそのための新たな誘因を形成することである．具体的には，国策として原子力発電所の廃炉や運転・建設に関する規模と時期を設定すると同時に，既存の原子力発電所立地地域の経済や財政に及ぼす影響への対応策を明らかにすること，他の電源立地についての見通しを示すことである．これらを同時に実現するためには，地域経済や地方財政の多様な誘因を形成しなければならないが，本節

の対象となる電源三法交付金も財政面の誘因の1つとして位置づけられる.

　近年は原子力発電所の増設が停滞していたことから,電源三法交付金は必ずしも強い誘因とは言えないが,新たなエネルギー政策でも一定の機能を果たすことが求められる.

### (2) 電源三法交付金制度の展望 ① ——廃炉対策——

　原子力発電への依存度低減が具体的にどのように進められるかは,未だ議論の段階であり明らかではない.そこで,以下では依存度低減が廃炉と増設のさまざまな組み合わせによって実現すると想定し[2],電源三法交付金が廃炉対策と増設対策の双方に果たす機能のあり方を考察する.

　まず,廃炉対策について述べる.原子力発電への依存度を低減するためには,廃炉をどの程度積極的に進めていくかが重要である.例えば,現在のように運転期間を原則40年,延長によって最長60年とする制度では,40年の時点で多くの原子力発電所を廃炉にすると同時にある程度の新増設も行う場合や,あるいは60年までの延長を多く認めて新増設は抑制する場合,さらに40年未満でも廃炉を求めて新増設も積極的に行う場合など,さまざまな方法が考えられる[3].

　しかしながら,現行制度では原子力発電所の廃炉によって電源三法交付金も固定資産税(償却資産)も途絶えることになる.また,廃炉後は解体や除染などが行われて一定の経済活動をもたらすが,規模も期間も限られると考えられるため,建設期間や運転期間と比較して地域経済が縮小することは避けられないだろう[4].そのため,立地地域は原子力発電所の廃炉ではなく運転延長を求めざるをえない.

　こうしたなかで廃炉を進めるためには,地域経済と地方財政の両面で新たな誘因が必要になる.誘因の具体的な内容は原子力発電所立地地域の状況によって多様になると考えられるが,廃炉になった場合でも地域経済や地方財政の規模や特徴を可能な限り維持しうるようなものが望ましい.地域経済の面では発電所や関連産業に従事する雇用機会の減少,あるいは定期検査需要の減少などに対処するとともに,財政の面でも収入の減少を補うことが求められる.新たな地域産業政策を推進するための財源も必要であろう.これらの対策が廃炉の前に明らかとなり,予見可能性を持って新たな状況に対応できるならば,原子力発電所の運転延長ではなく廃炉も選択肢に含まれると考えられる[5].

　では,電源三法交付金は財政面で廃炉対策としても機能しうるであろうか.

ごく簡単に言えば，廃炉期間（廃止措置が行われる期間）を対象とした交付金を創設すれば廃炉を進める誘因になるかもしれない．しかし，従来の交付金の期間を単に延長するだけでは問題も多いと考えられる．第1に，運転期間の交付金が存続すれば廃炉よりも運転延長への誘因が依然として強いかもしれない．しかし，廃炉を対象とした交付金を大きくすれば「交付金漬け」や「依存」との批判がますます大きくなり，これが第2の問題となる．そして，第3に，廃炉は電力供給による便益の享受が終了したことを意味するから，電源開発促進税を財源とする根拠が弱くなる．これらの点から，交付金の期間を単に廃炉まで延長するだけでは問題があるだろう．

　第1の問題については，地方財政よりも地域経済の面で誘因を強化することがまず必要であろう．すなわち，廃炉後の地域産業政策で国が積極的に支援を行うとともに，財政支援を地域産業政策の手段（財源）として位置づけることである．序章の冒頭で述べたように，原子力発電と地域の関係については，地域政策でも地方財政でも地域が主体性を発揮したが，両者は必ずしも表裏一体でなかった．原子力発電所が廃炉になれば電源三法交付金と固定資産税（償却資産）が途絶えることになるが，地域産業政策と地方財政の両面で国の支援が十分であれば廃炉の誘因になるだけでなく，これまでの状況にも新たな展開をもたらすであろう[6]．また，これは財政の面が突出することなく原子力発電との関係を変えるものであるから，第2の問題にも対応していると考えられる．

　また，第3の問題については，新たなエネルギー政策を実現するための手段として廃炉を位置づけることによって，また，原子力発電所の建設や運転だけではなく廃炉まで電力供給の一環に含めることによって，廃炉を電源開発として捉えることも不可能ではない[7]．

　以上から，電源三法交付金は原子力発電への依存度を低減する場合でも単に廃止するのではなく，地域経済と地方財政の両面から廃炉対策としての誘因が形成されることによって，交付金も財政面の誘因の1つになりうると考えられる．

　なお，本書では電源三法交付金の制度改革として電源開発促進税の部分移譲を提案したが，建設期間と廃炉期間の交付金は原子力発電所の立地や他の電源立地に直接寄与することになるため，廃炉対策は移譲の対象とせず国庫支出金としての機能を保持することが望ましいだろう．

### (3) 電源三法交付金制度の展望 ② ──増設対策──

　次に，電源三法交付金による原子力発電所の増設対策について述べる．エネルギー政策の転換によって原子力発電への依存度を低減させるとしても，具体的な方法が示されていない現状では，廃炉だけが手段になるわけではない．着工準備中の発電所を含めて新増設を進めながら，全体として原子力発電の割合を低下させる方法もありうる．

　また，これは決して非現実的な想定ではない．原子力発電への依存度を低減する背景には危険性（安全性への懸念）があり，新しい原子力発電所ほど安全性が向上していると考えられるからである．安全性の総合的な判断については多様な視点から考察が必要であり本書の範囲を超えるが，原子力発電所の改良は安全性の向上に寄与している．日本の軽水炉技術は1960年代にアメリカから導入され，70年代以降になると安全性向上等の改良が加えられて自らの技術が確立していった．その変遷は**図9-1**に示したとおり，第一次改良標準化計画から第三次改良標準化計画までは実際に原子力発電所の建設に活かされている．原子力発電所1基あたりの出力とともに安全性も向上してきたのである．現在は次世代軽水炉の開発が進められている．

　したがって，原子力発電の安全性に配慮して依存度を低減するためには，高経年化した発電所の廃炉を積極的に進めると同時に新しい発電所を建設することも，1つの有効な手段となりうる．

　では，新たな原子力発電所を建設するためには，電源三法交付金が現行制度のままでよいであろうか．むしろ，震災と原発事故を機に新たな立地地点での建設が見込みにくいことを考慮すれば，既存の立地地点における増設対策の充実が必要になると考えられる．

　これまで，国策としての原子力政策は原子力発電を積極的に推進するものであった．したがって，原子力発電の将来性が国策によって担保され，立地地域も地域経済や地方財政の姿を描くことができたのである．「依存」の問題も，1つの主体に地域経済や地方財政の全体が左右される側面はそれほど重要ではなかった．

　しかし，原子力発電への依存度が低減していくなかで増設を受け入れることは，これまでとは逆に原子力発電の将来性がないことを前提としなければならない．したがって，原子力発電所の増設という形は従来と同じであっても，その時点から地域経済や地方財政でも依存度の低減を見すえて新たな産業構造の

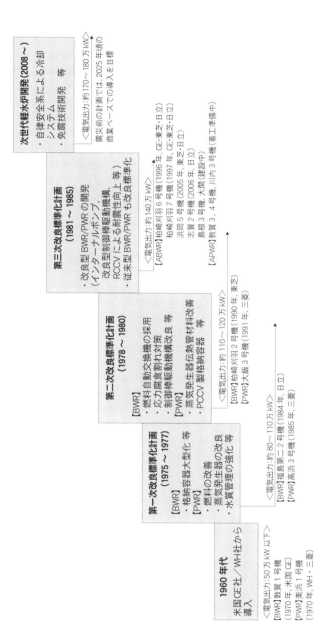

**1960 年代**
米国 GE 社／WH 社から導入

<電気出力:50 万 kW 以下>
[BWR]敦賀 1 号機
(1970 年, 米国 GE)
[PWR]美浜 1 号機
(1970 年, WH・三菱)

**第一次改良標準化計画**
**(1975 〜 1977)**

[BWR]
・格納容器大型化 等
[PWR]
・燃料の改善
・蒸気発生器の強化 等

<電気出力:約 80〜110 万 kW>
[BWR]福島第二 2 号機 (1984 年, 日立)
[PWR]高浜 3 号機 (1985 年, 三菱)

**第二次改良標準化計画**
**(1978 〜 1980)**

[BWR]
・燃料自動交換機の採用
・応力腐食割れ対策
・制御棒駆動機構改良 等
[PWR]
・蒸気発生器伝熱管材料改善
・PCCV 製格納容器 等

<電気出力:約 110〜120 万 kW>
[BWR]柏崎刈羽 2 号機 (1990 年, 東芝)
[PWR]大飯 3 号機 (1991 年, 三菱)

**第三次改良標準化計画**
**(1981 〜 1985)**

・改良型 BWR/PWR の開発
(インターナルポンプ,
改良型制御棒駆動機構,
RCCV による耐震性向上 等)
・従来型 BWR/PWR も改良標準化

<電気出力:約 140 万 kW>
[ABWR]柏崎刈羽 6 号機 (1996 年, GE・東芝・日立)
柏崎刈羽 7 号機 (1997 年, GE・東芝・日立)
浜岡 5 号機 (2005 年, 東芝・日立)
志賀 2 号機 (2006 年, 日立)
島根 3 号機 大間 (建設中)
[APWR]敦賀 3, 4 号機, 川内 3 号機 (着工準備中)

**次世代軽水炉開発(2008 〜)**

・自律安全系による冷却
システム
・免震技術開発 等

<電気出力:約 170〜180 万 kW>
震災前の計画では, 2025 年頃の商業ベースでの導入を目標

**図 9 − 1 国内の軽水炉開発の変遷**

(資料) 総合資源エネルギー調査会基本問題委員会第 9 回資料 2.

構築を想定しておくことが求められる．このような見通しを踏まえて，増設の誘因となる電源三法交付金が必要となるだろう．

ただし，既存の電源三法交付金を増額するだけでは問題解決にならない．全体として原子力発電への依存度を低減するためには，増設だけでなく廃炉との組み合わせが必要になるからである．そこで，原子力発電所の廃炉とともに増設をして依存度の低減に寄与した場合に，交付金を増やすことが考えられる．

例えば，原子力発電所1基を廃炉にして1基建設する形でリプレースをする場合には，電源三法交付金を増額する必要性は低いだろう．地域経済や地方財政への影響が小さいだけでなく，1基あたりの出力が向上しているために依存度の低減につながらないからである．そこで，建設する原子力発電所の基数や出力よりも廃炉にする基数や出力を大きくした場合に，増設対策の交付金を増やすことが考えられる[8]．

なお，その場合でも，増設する原子力発電所の建設期間や運転開始当初は地域経済や地方財政に好ましい効果を与えるため，廃炉による影響は緩和されるだろう．そこで，長期的にみれば，増設する発電所が将来廃炉になった時点で大きな打撃が生じることのないよう，運転を開始して一定期間が経過した後に交付金を増額するなどの対応が必要になると考えられる．

このように，具体的にどのような形で原子力発電への依存度低減を進めるかが明らかでないため，原子力発電所の増設を視野に入れる場合には廃炉による負の影響と増設による正の影響のバランスを加味し，地域経済や地方財政が可能な限り維持されることを立地地域が予見しうるような配慮が重要である．

### (4) 震災後に提起された電源三法交付金の見直しについての考察

では，本書で提起した電源三法交付金による廃炉対策と増設対策について，第2章で整理した交付金の見直し案と比較すると，どのようなことが言えるであろうか．

まず，金子勝は原子力発電所の廃止措置中にも電源三法交付金が交付される制度が必要と述べた．これは，廃炉による収入の減少を緩和するための措置とされている．また，金子は立地地域の雇用対策として再生可能エネルギーによる大規模な発電施設の建設を提案し，地域がエネルギー政策の転換に関わることを主張している．

次に，川瀬光義も金子と同じような提案をしている．すなわち，原子力発電

所立地地域が正常な状態に戻るまでの過渡的措置として，電源三法交付金を「廃炉交付金」として創設し，その財源も電源開発促進税ではなく「廃炉税」に名称変更して残す，ということである．エネルギー政策の長期的な方向性も金子とほぼ同様であるが，再生可能エネルギーの普及と関連した地域再生につながる事業を交付金の具体的な使途に含めている点に特徴がある．

　金子や川瀬が提案した電源三法交付金の新しい機能は，本書で述べた廃炉対策に近い内容である．ただし，その規模や趣旨は大きく異なると考えられる．すなわち，これまでの原子力発電所立地は異質な空間を生み出す政策であり，交付金は量出制入の原則に沿わないと捉えられているため，廃炉交付金等によって収入の減少を緩和しても従来の状況に匹敵するほど大きな規模にはならないと推察される．また，エネルギー政策の長期的な方向性として金子も川瀬も脱原発と再生可能エネルギーの推進を前提としており，地域産業政策との組み合わせは考慮されているものの，原子力発電所の増設は想定されていない．そのため，廃炉を対象とする交付金を提起した点は本書と同じであるが，立地地域の経済や財政に対する認識，そしてエネルギー政策の見通しの違いから，その趣旨や規模は必ずしも同じでないだろう．

　続いて，橘川武郎は原子力発電所立地地域が原子力安全対策のステークホルダーとしての性格を強化するよう，電源開発促進税の地方移管を提案した．本書でも電源開発促進税の移譲を提起したが，それは原子力発電施設等立地地域長期発展対策交付金が恒久的措置となっていることなどを根拠とした部分移譲であり，原子力安全対策のステークホルダーとなることは考慮していない[9]．

　また，橘川は原子力発電所の運転が停止しても一定水準の税収が維持される仕組みを併設することも提案した．現行制度でも安全確保のために運転を停止している場合は一定の収入が確保されるが，現行法体系では原子力発電所の安全確保等の権限と責任は一元的に国にあるため，立地地域の判断が影響している場合は必ずしも交付されるとは限らない．本書では地方譲与税による部分移譲の提案にとどめているが，収入確保が優先されて安全対策が不十分になるような場合があれば，このような制度の検討が必要になるだろう．

　最後に，金井利之は電源三法交付金の見直し論のなかで，受益と受害の一致する地域に原子力安全の判断を委ねる制度として交付範囲を設定するよう主張した．このことは，廃炉対策や増設対策と直接の関係はない．しかし，増設対策については受害の可能性もあると認識されるため，震災と原発事故を受けて

交付範囲の設定も検討課題となるだろう．ただし，原発事故によって立地地域の受害もまた受益を大きく上回ることが明らかとなったため，交付範囲を広げるだけでは十分でないかもしれない．

また，金井は安全性の高い原子力発電所・号機に電源三法交付金の配分をかさ上げすることの必要性も述べた．本書でも，安全性の向上には配慮している．すなわち，廃炉対策としての交付金では運転と比較しても十分な誘因となるような形にすることを提案した．また，増設を含めて依存度を低減する場合には同時に廃炉が進むことから，増設対策としての交付金も新しくて安全性の高い発電所に対して考慮されることになるだろう．なお，本書では金井のように多重防護策や所内自衛消防組織，避難計画などには言及していないが，これらも安全性の向上に寄与することから，具体的な制度設計の際には検討することが必要である．

## 第2節　エネルギー政策の転換と他の課題に向けた電源三法交付金制度等の見直し

次に，エネルギー政策の転換によって電源三法交付金等の機能をどう見直すか，そして，エネルギー政策の他の課題にどう対応するかについて述べる．一例として，前者は再生可能エネルギーの普及，後者については高レベル放射性廃棄物の最終処分地の選定を取りあげ，これらの実現に向けた交付金等のあるべき機能を考察する．

### (1)　エネルギー政策の転換

まず，エネルギー政策の転換について全体像を示す．2011（平成23）年3月11日に発生した東日本大震災とそれにともなう東京電力福島第一原子力発電所の事故を受けて，原子力発電の役割を軸に電源構成（エネルギーミックス）の見直しが行われた．新たなエネルギー基本計画が2014（平成26）年4月に閣議決定され，従来の計画と比較して方向性が大きく変わっている．とりわけ，原子力発電については，かつて新増設を2020（平成32）年までに9基，2030（平成42）年までには14基とし，同様に設備の稼働率も2020年に85％，2030年には90％にまで高めるとされていた．それが，新しい計画では「エネルギー需給構造の安定性に寄与する重要なベースロード電源である」としながらも，依存度を可能

な限り低減させる方針の下で，確保していく規模を見きわめることになったのである．

エネルギー基本計画で示された電源ごとの依存度について総括すれば，省エネルギー・節電対策による総発電の抑制を行いつつ，次のように方向性が変わると考えられる．

① 上昇から，低下への修正　　　　原子力
② 上昇から，さらに上昇への修正　再生可能エネルギー
③ 低下から，さらに低下への修正　石炭火力，石油火力
④ 低下から，上昇への修正　　　　LNG 火力[10]

従来のエネルギー基本計画では，二酸化炭素の排出量を抑制するために原子力発電の役割も最大限に上昇させることとなっていた．それが，新しい計画では可能な限り低減させることに逆転している．そして，再生可能エネルギーの役割をさらに上昇させるとともに，火力発電についても排出量の比較的少ないLNG などの役割が見直される形になった．

このようなエネルギー政策の転換によって，原子力発電の建設や運転の促進に重点が置かれてきた電源三法交付金制度にも新たな役割が求められることになるだろう．また，他の電源の方向性も変わっていることから，エネルギー政策を支える財政制度の全体像を踏まえて交付金の位置づけを行うことが必要になると考えられる．

## (2) エネルギー対策特別会計の概要

そこで，エネルギー政策にかかる財政制度について把握しておきたい．財務省の決算説明資料によると，一般会計におけるエネルギー対策費は「エネルギーの長期的・安定的な供給を確保するため，原子力平和利用研究の促進，エネルギー需給対策の推進，電源開発の促進等の諸施策を実施するために要した経費」であり，2010（平成22）年度の歳出合計は約8453億円となっている．[11]その内容は，独立行政法人日本原子力研究開発機構運営費交付金等と国際原子力機関分担金等（合計約897億円）を除けば，エネルギー対策特別会計への繰入金である．したがって，エネルギー政策の大半がエネルギー対策特別会計で実施されているとみることができる．

エネルギー対策特別会計は，燃料安定供給対策，エネルギー需給構造高度化

対策，電源立地対策および電源利用対策に関する経理を明確にするため「特別会計に関する法律」により設置された特別会計であり，**図 9−2** のとおりエネルギー需給勘定と電源開発促進勘定に区分されている[12]．エネルギー対策を総合的に推進する観点から，2007（平成19）年度に石油及びエネルギー需給構造高度化対策特別会計と電源開発促進対策特別会計が統合されてエネルギー対策特別会計となっている．

　エネルギー需給勘定は，石油，可燃性天然ガスおよび石炭資源の開発の促進，石油の備蓄の増強ならびに石油，可燃性天然ガスおよび石炭の生産・流通の合理化，エネルギーの需給構造の高度化を促進するための事業に関する経理を行うものである．2010（平成22）年度における歳入合計は 2 兆1356億円余りで，このうち約4352億円（構成比20.4％）が一般会計からの繰入金となっている．すなわち，石油・石炭・天然ガス・LP ガス等に課税される石油石炭税をいったん一般会計の歳入としたうえで，必要な金額が特別会計に繰り入れられている．一般会計決算における石油石炭税の歳入額は約5019億円であったから，税収の86.7％が特別会計に繰り入れられたことになる．

　また，エネルギー需給勘定では歳入の大半が石油証券及借入金収入であり，2010（平成22）年度の歳入合計は約 1 兆3977億円（構成比65.4％）であった．これは国家備蓄石油の購入や国家備蓄施設の設置に要する費用に充てるための石油証券や借入金収入であり，大半が国債整理基金特別会計への繰出金として支出されている．

　次に，エネルギー需給勘定の歳出面では，2010（平成22）年度決算で国債整理基金特別会計への繰出金を除いて最も大きかったのが，エネルギー需給構造高度化対策費の約2288億円（歳出合計約 1 兆9206億円に対する構成比11.9％）である．これは，省エネルギー・新エネルギー対策等の措置やエネルギー起源二酸化炭素の排出の抑制のための措置に向けられている．次いで歳出額が大きいのが燃料安定供給対策費の約1954億円（同10.2％）で，石油・天然ガス等の開発や備蓄などの措置が講じられている．

　電源開発促進勘定は，電源立地対策と電源利用対策を実施し，発電用施設の周辺の地域における安全対策，発電用施設の設置の円滑化に資する事業および発電用施設の利用の促進，安全の確保，発電用施設による電気の供給の円滑化を図るための諸施策に関する経理を行うものである．2010（平成22）年度の歳入合計は3732億円余りで，このうち約3204億円（構成比85.8％）が一般会計から

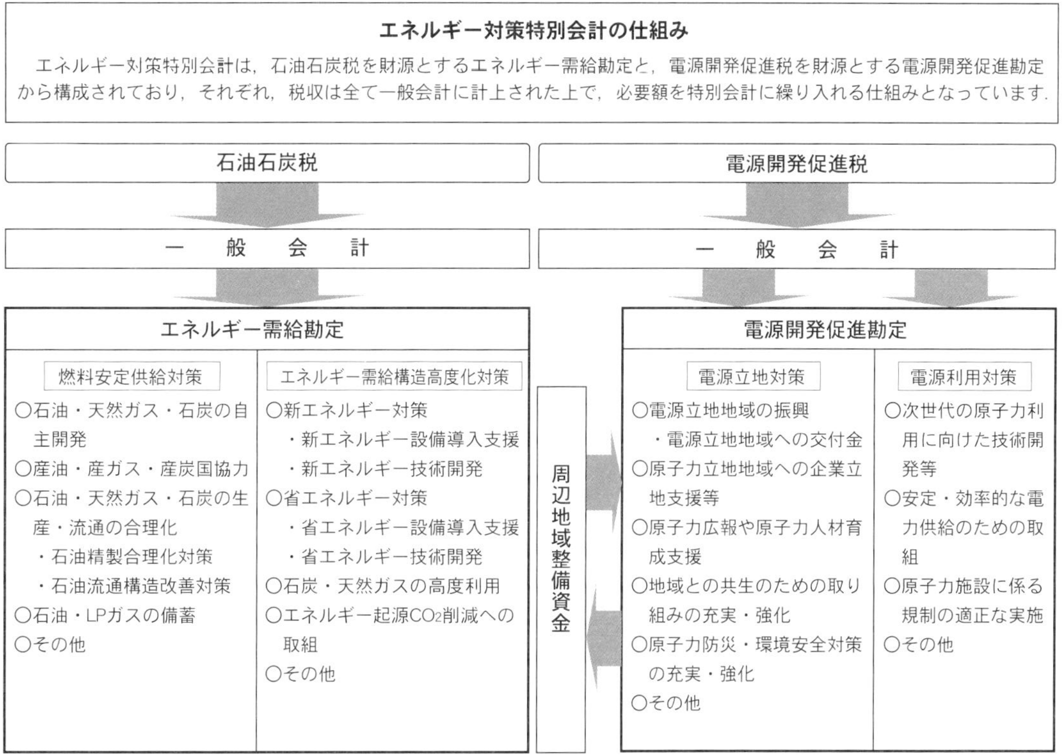

# エネルギー対策特別会計の仕組み

エネルギー対策特別会計は、石油石炭税を財源とするエネルギー需給勘定と、電源開発促進税を財源とする電源開発促進勘定から構成されており、それぞれ、税収は全て一般会計に計上された上で、必要額を特別会計に繰り入れる仕組みとなっています。

| 石油石炭税 | | | | 電源開発促進税 |
|---|---|---|---|---|
| 一般会計 | | | | 一般会計 |

## エネルギー需給勘定

### 燃料安定供給対策
○石油・天然ガス・石炭の自主開発
○産油・産ガス・産炭国協力
○石油・天然ガス・石炭の生産・流通の合理化
・石油精製合理化対策
・石油流通構造改善対策
○石油・LPガスの備蓄
○その他

### エネルギー需給構造高度化対策
○新エネルギー対策
・新エネルギー設備導入支援
・新エネルギー技術開発
○省エネルギー対策
・省エネルギー設備導入支援
・省エネルギー技術開発
○石炭・天然ガスの高度利用
○エネルギー起源のCO2削減への取組
○その他

**周辺地域整備資金**

## 電源開発促進勘定

### 電源立地対策
○電源立地地域の振興
・電源立地地域への交付金
・原子力立地地域への企業立地支援等
○原子力広報や原子力人材育成支援
○地域との共生のための取り組みの充実・強化
○原子力防災・環境安全対策の充実・強化
○その他

### 電源利用対策
○次世代の原子力利用に向けた技術開発等
○安定・効率的な電力供給のための電源立地のための取組
○原子力施設に係る規制の適正な実施
○その他

図 9－2　エネルギー対策特別会計の仕組み

（資料）財務省『平成23年度版　特別会計ガイドブック』。

の繰入金である．その原資は電源開発促進税（目的税）であり，石油石炭税と同様に一般会計の歳入としたうえで必要額が特別会計に繰り入れられている．一般会計決算における電源開発促進税の歳入額は約3492億円であったから，税収の91.8%が特別会計に繰り入れられたことになる．また，他の主な歳入（周辺地域整備資金より受入約56億円，前年度剰余金受入約442億円）も大半が電源開発促進税を起源としていることから，電源開発促進勘定の歳入はほぼ電源開発促進税<sup>13)</sup>であると言える．

次に，歳出面で最も大きいのが電源立地対策費の約1426億円（歳出合計約3176億円に対する構成比44.9%）である．これは，電源立地地域の振興としての電源立地地域対策交付金や周辺の地域における安全対策のための財政上の措置などが含まれる．次に大きいのが，独立行政法人日本原子力研究開発機構運営費の約1045億円（同32.9%）である．独立行政法人については，他にも原子力安全基盤機構や新エネルギー・産業技術総合開発機構（NEDO）の運営費等が計上さ<sup>14)</sup>れている．また，電源利用対策費として約396億円（同12.5%）が支出され，次世代の原子力利用に向けた技術開発や安定的・効率的な電力供給のための施策などが含まれる．

以上を総括すると，エネルギー対策特別会計は国策としてのエネルギー政策を総合的に推進するための会計上の受け皿となっている．このうち，エネルギー需給勘定では石油石炭税を財源として石油・石炭・天然ガスに関する政策と新エネルギーや省エネルギーに関する政策が主に実施されている．また，電源開発促進勘定では電源開発促進税を財源として原子力発電に関する政策が主に実施されている．このような財政制度によって現在のエネルギー政策が推進されてきたと言えるだろう．

**(3)　電源三法交付金制度の展望③**——**再生可能エネルギーなど交付対象の拡大**——

では，エネルギー政策の転換を踏まえた電源三法交付金制度および関連制度のあり方とは，どのようなものであろうか．

第1に，原子力発電にほぼ特化していた電源三法交付金制度について，再生可能エネルギーの普及拡大などに向けて対象と使途を広げることが考えられる．同時に，エネルギー対策特別会計における石油石炭税と電源開発促進税の分担についても見直しが求められるのではないだろうか．

電源三法交付金の財源となる電源開発促進税は，販売電気1000kWhにつき

375円が課税される．したがって，課税対象は原子力発電に限らず，火力・水力をはじめ，あらゆる電源による販売電気である．また，課税根拠は同法第1条に規定されているように「原子力発電施設，水力発電施設，地熱発電施設等の設置の促進及び運転の円滑化を図る等のための財政上の措置並びにこれらの発電施設の利用の促進及び安全の確保並びにこれらの発電施設による電気の供給の円滑化を図る等のための措置に要する費用に充てる」ことにある．

　なお，電源三法交付金は当初，火力発電施設も対象に含まれており，石油代替エネルギーによる発電のための利用を促進することも目的に加えられていた．それが，現在はいずれも削除されている．電源開発促進税は大規模電源の開発が中心である点こそ当初から変わっていないが，従来は原子力発電だけでなく多様な電源開発の促進手段として位置づけられていたのである．

　このように，電源開発促進税はあらゆる電源による電力消費が課税対象となり，これを財源とする電源三法交付金の対象も多様であった．それが，現在は原子力発電にほぼ特化した形になっており，原子力発電の割合が高い地域ほど交付金額も大きくなる．しかし，現実は原子力発電所の立地状況が電力事業者によって多様であるため，原子力発電の割合が低い地域では電源開発促進税の負担に見合う立地が実現されていないことになる．販売電気に占める原子力発電の割合を電力事業者ごとにみると，震災と原発事故によって国内の原子力発電所が停止するまで約5割を供給していた関西電力や約1割の中国電力など，幅広い．

　以上から，原子力発電所の立地が地域ごとに必ずしも一様でない状況では，全体としてエネルギーミックスにおける原子力発電の割合は確かに高まりつつあったものの，実質的に原子力発電所に特化した電源三法交付金制度があらゆる地域で目的を十分に達成しているとは言いがたい[15]．

　さらに，大規模電源の開発は今や原子力発電だけでなく火力発電（LNGなど）や再生可能エネルギー，とりわけ大規模太陽光発電（メガ・ソーラー）の設置など[16]，多様な電源で今後積極的に推進されることが見込まれる．これらの電源も原子力発電を含めた新たなエネルギーミックスを実現するために重要であり，電源三法交付金の対象とすることに大きな問題はないと考えられる[17]．

　原子力発電の方向性が従来とは逆になるうえに，再生可能エネルギーなど新たな電源の普及拡大が重要になる状況では，電源三法交付金が原子力発電にほぼ特化した現状から変わらざるをえない．大規模電源の状況に応じて交付金の

対象を拡大することによって，交付金が各地で多様な電源開発を促し，新しいエネルギーミックスを推進するための財政面での誘因となりうるだろう．

　また，このような制度改革によって，中長期的にはエネルギー対策特別会計の構造も変わるのではないだろうか．ここでは，2つの点を指摘しておきたい．

　第1に，再生可能エネルギーの推進について，石油石炭税と電源開発促進税の区分を見直すことである．大規模な水力発電や地熱発電の開発は，金額は少ないが電源三法交付金の対象となっている．したがって，電源開発促進勘定における電源開発促進税が財源である．しかし，水力発電は大規模電源の開発余地が限られることから，河川や上下水道に設置するなど小規模な開発が模索されている．また，その他の電源や新エネルギー等の推進はエネルギー需給勘定の財源である石油石炭税によって行われる．そして，再生可能エネルギーでは大規模化と小規模化による普及拡大が同時に進んでいる．例えば，太陽光発電は大規模なメガ・ソーラーとともに小規模な住宅用設備としても設置される．このように，水力発電や再生可能エネルギーの普及拡大については規模の大小[18]を問わず進められているのが実態である．今後も技術革新とともに多様な規模での対応が見込まれることも考慮すれば，規模や電源に基づく石油石炭税と電源開発促進税の区分を柔軟に見直すことが必要になるだろう．

　第2に，省エネルギーの位置づけを見直すことである．現在，省エネルギーのための施策はエネルギー需給勘定で推進され，石油石炭税が財源となっている．しかしながら，エネルギー政策の転換のなかで省エネルギーも電源開発の一環として捉えられており，電源開発促進税による施策として位置づけることも不可能ではない．例えば，ネガワット取引（需用家による節電量を供給量と見立て，需給ひっ迫が想定される場合などに需要サイドの負荷抑制による節電分を入札等で確保すること）では，省エネルギーも電力供給すなわち電源開発の一部になると捉えられている．省エネルギーの推進が電源開発に寄与するという見方に立つならば，電源三法交付金の対象を省エネルギーまで広げることも検討課題になるだろう．

　以上から，電源三法交付金の対象を再生可能エネルギーなど多様な電源開発に拡大することをはじめ，現在のエネルギー対策特別会計における石油石炭税と電源開発促進税の財源の区分や，エネルギー需給勘定と電源開発促進勘定の区分を見直すことが今後の課題になると考えられる．

## ⑷　電源三法交付金制度の展望 ④
### ──高レベル放射性廃棄物の最終処分地選定に向けて──

　次に，エネルギー政策の他の課題への対応として，高レベル放射性廃棄物の最終処分地選定に向けて電源三法交付金の機能がどうあるべきか論じる．

　原子力政策のなかで，バックエンド問題への対応が大きな注目を集めている．バックエンドとは，原子力発電によって生じた放射性廃棄物の中間貯蔵や再処理，高レベル放射性廃棄物の最終処分の実施などである．日本では核燃料サイクルのなかでバックエンドの部分が大きく遅れていることから，原子力政策全体に重要な影響を与えるようになっている．

　特に深刻なのが，高レベル放射性廃棄物の最終処分地が依然として選定されていないことである．最終処分地の選定は，市町村からの応募を受けて文献調査，概要調査，精密調査という3段階の調査を，原子力発電環境整備機構（NUMO）が主体となって行うことになっている．しかし，平成20年代中頃には概要調査に入る計画であったが，高知県東洋町のように応募によって町長がリコールを受ける事態になるなど，最終処分地の選定に関する地域の合意形成がきわめて難しい状況となっている．2007（平成19）年には市町村からの応募だけでなく国が申し入れを行って市町村が受諾すれば調査に入れる制度が追加されたものの，現在までに具体的な市町村名は浮かび上がっていない．そこで，新しいエネルギー基本計画では「高レベル放射性廃棄物については，国が前面に立って最終処分に向けた取組を進める」ことになり，選定に向けた国の役割が強化された．

　こうしたなかで，最終処分地の選定を実現するためには安全性の保証とともに財政面でも強い誘因が必要となるが，多くの問題が生じると考えられる．とりわけ，最終処分地の管理が数万年単位となるため，原子力発電所とは桁違いの期間にわたる立地となることである．そのため，最終処分地の立地や管理・運営までを電源三法交付金の対象とする場合は，国内の原子力発電所が廃炉となった後も受益（原子力発電）の裏づけがない負担を電力消費者に求める可能性がある．原子力発電所の廃炉と同様に最終処分が電気事業の一環に位置づけられるとしても，交付期間が長期にわたれば問題は大きいだろう[19]．また，「交付金漬け」や「依存」という批判も原子力発電所の場合と同様である．そこで，高レベル放射性廃棄物の最終処分地の選定についても，電源三法交付金を用いるかどうかも含めて制度のあり方を考える必要がある．

　これらの問題については，日本学術会議の報告が示唆に富む．2010（平成22）年9月，日本学術会議は原子力委員会から「高レベル放射性廃棄物の処分に関する取組みについて」と題する審議依頼を受け，2012（平成24）年9月に回答『高レベル放射性廃棄物の処分について』を発表した．そのなかで，高レベル放射性廃棄物の最終処分をめぐる社会的合意の形成が極度に困難なことを述べ，受益圏と受苦圏の双方を含む形で広範な人々の真剣な議論を促進するよう国民的な協議の過程を取り入れる工夫が必要である，との提言をした．そのうえで，電源三法交付金のあり方について次のように述べている．

　　　この［引用者注：受益圏と受苦圏が分離するという］不公平な状況[20]に由来する批判と不満への対処として，電源三法交付金などの金銭的便益提供を中心的な政策手段とするのは適切でない．金銭的手段による誘導を主要な手段にしない形での立地選定手続きの改善が必要であり，負担の公平／不公平問題への説得力ある対処と，科学的な知見の反映を優先させる検討とを可能にする政策決定手続きが必要である［日本学術会議 2012：iv］．

　　　限られたステークホルダーの間での合意を軸に合意形成を進め，これに当該地域への経済的な支援を組み合わせるといった手法は，かえって問題解決過程を紛糾させ，行き詰まりを生む結果になることを再確認しておく必要がある［日本学術会議 2012：iv］．

　　　短期的な利害のレベルを超えた国民的課題である本事案の議論を前に進めるためには，この電源三法制度の適用をやめることも含め，立地選定手続きを再検討する必要がある．もっともこれは，立地選定の後に，しかるべき補償措置が地域に対してなされることを妨げるものではない［日本学術会議 2012：9］．

　電源三法交付金制度は創設以来，交付金種目の多様化をともなう拡充や使途の拡大という変化を重ねて，確かに原子力発電所の立地や運転の促進に寄与してきた．しかしながら，高レベル放射性廃棄物の最終処分地の選定については，原子力発電と同様に交付金の増額や使途の拡大を進めても，むしろ行き詰まることになる，という指摘である．

　そこで，受益圏と受苦圏の双方を含む形で，広範な人々の真剣な議論を促進するよう国民的な協議の過程を取り入れる工夫が必要である．そして，科学的

な知見に基づいた検討を行い，そのうえで適切な補償措置を含めた政策を決定することが求められる，ということである．

では，高レベル放射性廃棄物の最終処分地の選定に向けて，電源三法交付金など財政面での誘因はどうあるべきか．本シリーズ第1巻で述べたように，最終処分地を選定するためには，原子力発電をめぐる「推進か反対か」の二項対立を乗り越えることが必要である．そのための1つの視点になりうるのが立地地域における「自治の実践」であり，広範な人々の真剣な議論を促すうえで原子力発電と地域政策に対する理解が共通基盤となることが期待される．本書で述べてきた原子力発電と地方財政に対する理解も同様であろう．

すなわち，これまで原子力発電所立地地域が「財政規律」と「制度改革」の両面で持続性を備え自立した財政構造の確立を進めてきたことが，これからのエネルギー政策を推進するための制度改革を検討する際に，そして，高レベル放射性廃棄物の最終処分地の選定に向けた社会的合意の形成や受け入れの判断を行う際に，活かされるのではないだろうか．

電源三法交付金など財政面の誘因が前面に出るのは，議論ではなく利益誘導の性格が強まることから「依存」との批判を招く可能性がある．また，選定が遅れれば遅れるほど，電源開発促進税による負担と受益のバランスも失われることになる．そこで，原子力発電所立地地域における財政規律と制度改革の展開を踏まえつつ，最終処分地の選定に関する議論のなかに適切な補償の規模を組み込み，具体的な候補地とともに交付金等のあり方を決定することが必要であろう．

バックエンド対策は核燃料サイクルの一環であり，原子力発電には欠かせないものである．しかし，それだけで電源三法交付金によるバックエンド対策の推進が正当化されるわけではない．核燃料サイクルの軸となる原子力発電のあり方について「推進か反対か」の二項対立を乗り越えるために，本シリーズで明らかにした原子力発電と地域政策・地方財政の関係を踏まえた議論を経てこそ，社会的合意の形成とともにバックエンド問題の解決に向けた具体的な見通しが立つと考えられる．そのうえで，電源開発促進税の目的に即した電源三法交付金が活用できるのかどうか，あるいは他の方法が必要になるかどうかが判断されることを期待して，本書を締め括ることにしたい．

注 ───────────────────────────────────────────

1）電源地域振興センター［2002］では，電源立地の決定における電源三法交付金制度の位置づけについて，新設・増設や年代に応じて原子力発電所立地市町村の幹部や電力事業者の当時の立地担当者に対するインタビューを行った．その結果,「原子力発電所の新規立地に関しては，電源三法交付金制度は創設当初は受入決定に寄与したと判断されるが，その後の寄与は大きくないと判断される．一方，増設に関しては，4地点中2地点では寄与が認められる」（p. 245）と述べた．

2）廃炉の方が大きいことは言うまでもない．

3）民主党政権下で策定された『革新的エネルギー・環境戦略』では，原発に依存しない社会の実現に向けた3つの原則として，①40年運転制限制を厳格に適用する，②原子力規制委員会の安全確認を得たもののみ再稼働とする，③原発の新設・増設は行わない，ことを原則として適用するなかで,「2030年代に原発稼働ゼロを可能とするよう，あらゆる政策資源を投入する」こととされた．これも依存度低減の方法の1つと言える．

4）原子力発電所の廃止措置に必要な期間は20～30年程度とされ，その費用は小型炉（50万kW級）で360～490億円程度，中型炉（80万kW級）で440～620億円程度，大型炉（110万kW級）で570～770億円程度とされている（総合資源エネルギー調査会　電力・ガス事業部会　電気料金審査専門小委員会　廃炉に係る会計制度検証ワーキンググループ『原子力発電所の廃炉に係る料金・会計制度の検証結果と対応策』2013（平成25）年9月より）．

5）全国原子力発電所所在市町村協議会の河瀬一治会長（敦賀市長）は，『原子力依存度低減に伴う立地地域における課題』（総合資源エネルギー調査会　原子力小委員会　第3回会合資料5）のなかで,「国に求める立地地域への取組」として，①廃炉に伴う地域経済への影響に関する詳細調査，②自治体が行う地域経済対策への支援，③自立した産業構造の構築のための取組，④自治体財政への影響緩和のための取組，を挙げた．

6）なお，原子力発電所は震災と原発事故の前から，高経年化対策により60年の運転が可能とされていた．したがって，原子力発電所が運転開始から60年で廃炉になる見通しであることは以前と変わっていない．そのため，60年で廃炉になった場合に財政支援が必要であるかどうかの検討は震災と原発事故やエネルギー政策の転換に必ずしも配慮する必要はないかもしれない．しかしながら，エネルギー政策の転換が国内のあらゆる原子力発電所に及ぶと見込まれる以上，考慮に入れざるをえない．原子力発電への依存度低減が具体的にどのように進められるかが明らかになった段階で，このような場合も含めた誘因のあり方を検討する必要があるだろう．

7）これまでも，原子力発電所の廃止措置に要する費用は原子力発電施設解体費として料金原価に含めることが認められてきた．そのうえで，注4）に挙げた『原子力発電所の廃炉に係る料金・会計制度の検証結果と対応策』では,「他方で，バックフィット制度の導入をはじめとする新たな規制等により，長期間の運転停止や想定外の早期運転終了に伴う（a）原子力発電設備の簿価の一括費用計上，（b）解体引当金の積立不足といった事態が生じ，本来的には電気料金で回収することが認められていた費用が実際には回収できなくなるという懸念や問題が生じている」として，廃炉に関する新たな対応が求められることを述べている．そこで,「廃止措置中も電気事業の一環として事業の用に供される設備については，（a）原子力を利用して電気の供給を行うに当たっては，

運転終了後も長期にわたる廃止措置が着実に行われることが大前提であり，原子力発電の特殊性として，廃止措置を完遂するまでが電気事業の一環であること，（b）廃止措置中も電気事業の一環として事業の用に供される設備については，廃止措置期間中の安全機能を維持することも念頭に追加や更新のための設備投資が行われており，引き続き使用している実態があること，を踏まえれば，運転終了後もその減価償却費を料金原価に含め得る」こととした．

8) 原子力発電への依存度をどのような数値で表すかについては，さまざまな考え方がありうる．エネルギー基本計画では発電電力量に占める割合が重視されているが，原子力発電の安全性に配慮するならば基数の増減なども 1 つの基準になるかもしれない．

9) 原子力発電所立地地域による原子力安全対策については，本シリーズ第 1 巻第 4 章と第 8 章で述べたように，実質的な原子力安全規制の権限を制度化するかどうかが焦点になると考えられる．橘川の提案もその 1 つと言える．

10) ただし，二酸化炭素排出量抑制の見地から，高効率の石炭火力発電は有効利用することが示されている．

11) 震災と原発事故の影響による決算額の変動に配慮し，2010（平成22）年度の数値とした．なお，2011（平成23）年度のエネルギー対策費の歳出合計は約9535億円，2012（平成24）年度は約8467億円であった．

12) 原子力損害の賠償の迅速かつ適切な実施を確保するため，原子力損害賠償支援機構法（原賠機構法）に基づく原子力損害賠償に係る交付国債の支払等に関する経理として，2011（平成23）年度に原子力損害賠償支援勘定が設置された．

13) 周辺地域整備資金は，原子力発電所の新増設に備えて将来必要となる電源三法交付金の一部を積み立てるものである．エネルギー対策特別会計の前身となる電源開発促進対策特別会計では，電源開発促進税が特別会計に直接計上され歳入のほぼ全額を占めていたことから，周辺地域整備資金や前年度剰余金もまた電源開発促進税が財源になっていると言える．

14) 2014（平成26）年 4 月に原子力規制庁に統合された．

15) 道路特定財源にも同様の問題が生じる可能性がある．しかしながら，自動車は必ず道路を利用するものであり，道路特定財源によって新たに道路を整備する際，自動車の利用状況を反映していると考えられる．電力事業者によって原子力発電の割合が大きく異なることは，電源三法交付金制度の重要な問題の 1 つと言える．

16) 近年では太陽光発電でもメガ・ソーラー発電が各地で整備されており，電源三法交付金の対象となる出力1000kW の水力発電施設を上回るものも多くなっている．

17) 再生可能エネルギーについては，固定価格買取制度との関係にも配慮しなければならない．

18) 水力発電は，純国産の再生可能エネルギーと位置づけられている．

19) 後述する日本学術会議の報告書策定に関わった清水修二は，電源開発促進税が高速増殖原型炉もんじゅの研究開発等にも活用され，その規模が電源三法交付金を上回っている状況を「目的外使用」と批判した．すなわち，1980（昭和55）年に創設された電源開発促進対策特別会計の電源多様化勘定について，財源を代替エネルギー新税とする提案もあったが，結局は受益者負担の論理を再構成し，技術の実用化に要する時間幅によって電源開発促進税を充当することになった．しかし，高速増殖炉の実用化は当初の

見通しよりも大幅に遅れ，清水は次のように批判している．

　　　予測が外れたといえばそれまでである．しかし少なくともこのような不確定要因をかかえた事業に目的税の最大部分が充当され，結果的にはそれが受益者負担論の成り立ちうる範囲を大幅に逸脱する事態になっていることは否定できない．現在においてもなお，30〜40年先にしか実用化の見込みのない技術開発に「受益者負担金」が動員されているのである［清水　1991b：166］．

20）受益圏と受苦圏の分離とは，受益圏は電力消費による利益を享受するが最終処分の受苦は受容できないために，これを電力消費が少ない他の主体に委ねる状態のことである．

# あ と が き

　「シリーズ 原子力発電と地域」と題して，およそ 2 年かけて 2 冊の書籍を刊行した．地域政策と地方財政の両面から，原子力発電所立地地域が主体的に原子力発電と関わってきた側面を明らかにすることができたと考えている．

　しかしながら，2 年前には，現状がこのような状態にとどまっているとは想像していなかった．本書が刊行される頃には国策としての原子力政策について具体的な方向性が明らかになり，原子力発電所の再稼働や廃炉も多くの立地地域で判断されていると予想していた．本シリーズでは，このような想定に立って，地域政策と地方財政の分野で新たな動きや議論が起こり始める頃に，これまでの経緯とあわせて今後の方向性を明確に示したいと考えていたのである．

　ところが，現状は 2 年前からほとんど進んでいない．具体的なエネルギーミックスの議論は，2015（平成27）年から総合エネルギー調査会　基本政策分科会の下に設置される長期エネルギー需給見通し小委員会で，1 月30日から始められたところである．また，原子力発電所の再稼働や廃炉についても，ごく一部の立地地域に限られている．2014（平成26）年には発電所の長期稼働停止による敦賀市と美浜町への経済的影響が示されたが，当面はこのような影響が多くの立地地域で続くことを踏まえているようにも思われる．

　こうしたことから，本シリーズで述べた今後の地域政策や地方財政のあり方については，さまざまな可能性を考慮せざるをえず，大まかな方向性を示すにとどまる部分もあった．

　国策としての原子力政策のなかで最近の動向として注目されるのは，総合資源エネルギー調査会　電力・ガス事業分科会　原子力小委員会が2014（平成26）年12月に『中間整理』を公表したことである．委員会では，原子力発電への依存度低減や電力システム改革などを実現するためのさまざまな課題を整理し，必要な措置のあり方について検討してきた．原子力発電と地域の関係については，『中間整理』で以下のような考え方が示されている．

　　原子力発電所の立地地域は，長期にわたり国のエネルギー政策に貢献し

てきた．そうした中で，多くの地域において，原子力発電が基幹産業となっており，立地市町村の財政に占める電源立地地域対策交付金や固定資産税収等の原子力関連の歳入の割合が大きいという事実を踏まえる必要がある．

　限られた国の財源の中で，電源立地地域対策交付金の制度趣旨（発電用施設の設置・運転の円滑化）や現状を認識し，稼働実績を踏まえた公平性の確保など既存の支援措置の見直し等と併せて，立地市町村の実態に即した産業振興や安全対策等のための政策措置など，必要な対策について検討を進め，将来に向けたバランスの取れた展望を描いていくべき．

　また，2015（平成27）年度当初予算が1月に閣議決定され，福島特定原子力施設地域振興交付金や原子力発電所の再稼働等を条件とした新たな電源三法交付金，多様な種目に及ぶ既存の交付金などが盛り込まれた．

　これらの動向から今後の展開を見通すことは依然として難しいが，これから検討される具体的なエネルギーミックスなどを踏まえて，地域政策や地方財政の面で原子力発電と地域の新たな関係を描くことは，やはり重要である．それは，立地地域に共通する部分だけでなく，それぞれの地域に独自のものもあるだろう．しかも，立地地域の主体性が強ければ強いほど独自性も強くなり，この点を本シリーズでは重視している．原子力発電と地域の関係について，引き続き地域政策の面では「国策への協力」と「自治の実践」として，そして，地方財政の面では「財政規律」と「制度改革」として展開することを想定しつつ，地域の多様性や主体性を踏まえた独自の具体的な対応から，原子力発電と地域の今後の関係について論じるべき機会がいずれ訪れるのではないだろうか．

　そこで，本シリーズは当初2巻で完結する予定であったが，議論の進展や立地地域ごとの対応，国の具体的な政策などが明確になってきた段階で，第3巻を刊行することも視野に入れることにしたい．

　しばらくの間は展開を見守りながら，再び原子力発電と地域の関係について論じる機会があることを願っている．

　2015年1月

井 上 武 史

# 参 考 文 献

朝日新聞青森総局［2005］『核燃マネー——青森からの報告——』.

朝日新聞経済部［2013］『電気料金はなぜ上がるのか』岩波書店〔岩波新書〕.

石橋克彦［2011］『原発を終わらせる』岩波書店〔岩波新書〕.

伊東光晴［2004］『岩波　現代経済学事典』岩波書店.

―――――［2013］『原子力発電の政治経済学』岩波書店.

井上武史［2004］「電源立地自治体の財政運営はどうあるべきか——敦賀市における自律的かつ持続的な財政構造の確立に向けての提言——」『地域公共政策研究』第10号.

―――――［2006］「電源開発促進対策特別会計の改革について——特別会計の意義を保持し、地方分権の視点を取り入れた改革の提案——」『地域公共政策研究』第12号.

―――――［2008］「原子力発電設備の耐用年数延長問題について」『地域公共政策研究』第15号.

―――――［2010a］「事業仕分けを受けた電源立地地域対策交付金制度改正の成果と課題」『地域公共政策研究』第18号.

―――――［2010b］「原子力立地と地方財政のあり方——持続可能性が財政健全化のカギに——」『エネルギーレビュー』第30巻第12号.

―――――［2011a］「事業仕分けを受けた電源立地地域対策交付金制度改正の成果と課題（後編）」『地域公共政策研究』第19号.

―――――［2011b］「福井県下9市における財政の持続可能性についての一考察——経常収支比率と将来負担比率から——」『ふくい地域経済研究』第13号.

―――――［2012a］「原発立地自治体の財政と自治」『自治体学』第26巻第1号.

―――――［2012b］「福井県下8町における財政の持続可能性についての一考察——経常収支比率と将来負担比率から——」『ふくい地域経済研究』第14号.

―――――［2014］『原子力発電と地域政策——「国策への協力」と「自治の実践」の展開——』晃洋書房.

大島堅一［2011］『原発のコスト——エネルギー転換への視点——』岩波書店〔岩波新書〕.

―――――［2013］『原発はやっぱり割に合わない——国民から見た本当のコスト——』東洋経済新報社.

岡田知弘・川瀬光義・にいがた自治体研究所［2013］『原発に依存しない地域づくりへの展望——柏崎市の地域経済と自治体財政——』自治体研究社.

金井利之［2012］『原発と自治体――「核害」とどう向き合うか――』岩波書店〔岩波ブックレット〕.

金子勝［2012］「異質な空間の経済学――立地自治体から見た原発問題――」『世界』8月号

――――［2013］『原発は火力より高い』岩波書店〔岩波ブックレット〕.

金子勝・高端正幸［2008］『地域切り捨て――生きていけない現実――』岩波書店.

橘川武郎［2011］『原子力発電をどうするか――日本のエネルギー政策の再生に向けて――』名古屋大学出版会.

――――［2012］『電力改革――エネルギー政策の歴史的大転換――』講談社〔講談社現代新書〕.

経済産業省資源エネルギー庁［2004］『電源立地制度の概要――平成15年度大改正後の新たな交付金制度―地域の夢を大きく育てる――』.

――――［2010］『電源立地制度の概要――地域の夢を大きく育てる――』.

原子力委員会［1975］『原子力白書（昭和50，49年版）』大蔵省印刷局.

――――［1996］『原子力白書（平成7年版）』大蔵省印刷局.

――――［1997］『原子力白書（平成8年版）』大蔵省印刷局.

小池拓自［2013］「原発立地自治体の財政・経済問題」『調査と情報』第767号.

構想日本［2007］『入門 行政の事業仕分け――現場発！行財政改革の切り札――』ぎょうせい.

固定資産税務研究会［2014］『平成26年度版 要説固定資産税』ぎょうせい.

小西砂千夫［2012］『地方財政のヒミツ』ぎょうせい.

笹生仁［1985］『新しい明日を創る地域と原子力』実業公報社.

財政調査会［2013］『平成25年度 補助金総覧』日本電算企画.

芝田英昭［1986a］「原発立地の経済効果①福井県美浜町から」『経済評論』第35巻第9号.

――――［1986b］「原発立地の経済効果②寄付金（協力金）の正体――福井県美浜町から――」『経済評論』第35巻第10号.

――――［1986c］「原発立地の経済効果 完 原子力発電所誘致の後遺症――福井県美浜町から――」『経済評論』第35巻第11号.

――――［1990］「原子力発電所立地と自治体」日本科学者会議福井支部『地域を考える――住民の立場から福井論の科学的創造をめざして――』日本科学者会議福井支部.

清水修二［1991a］「電源立地促進財政制度の成立――原子力開発と財政の展開（1）――」『商学論集』第59巻第4号.

――――［1991b］「電源開発促進対策特別会計の展開――原子力開発と財政の展開（2）――」『商学論集』第59巻第6号.

─────［1992］「電源立地促進財政の地域的展開」『福島大学地域研究』第3巻第4号.

─────［1994］『差別としての原子力』リベルタ出版.

─────［1997］「パブリック・アクセプタンスの政治社会論（1）──原子力開発と自治体・住民の権利──」『商学論集』第65巻第3号.

─────［1999］『NYMBYシンドローム考──迷惑施設の政治と経済──』東京新聞出版局.

─────［2002］「パブリック・アクセプタンスの政治社会論（2）──高レベル放射性廃棄物処分場の立地問題を中心に──」『商学論集』第70巻第4号.

─────［2011］『原発になお地域の未来を託せるか　福島原発事故──利益誘導システムの破綻と地域再生への道──』自治体研究社.

─────［2012］『原発とは結局なんだったのか──いま福島で生きる意味──』東京新聞.

神野直彦［2007］『財政学　改訂版』有斐閣.

全国原子力発電所所在市町村協議会［2008］『30年のあゆみ』.

全国原子力発電所所在市町村協議会新税検討ワーキンググループ［2003］『使用済核燃料税に係る法定外税──共生を基本に「課税は妥当」、新税創設に電気事業者・関係省庁は理解を──』.

高寄昇三［2014］『原発再稼働と自治体の選択──原発立地交付金の解剖──』公人の友社.

地方財務協会［2013］『類似団体別市町村財政指数表』.

地方財政研究会［2011］『六訂　地方財政小辞典』ぎょうせい.

通商産業省資源エネルギー庁［2000］『電源三法活用事例集』.

通商産業省資源エネルギー庁公益事業部［1985］『電源三法ハンドブック──電源立地促進対策交付金制度の運用と通達集──』財団法人日本立地センター.

電源地域振興センター［2002］『電源三法交付金制度による地域振興等のより効果的な推進のための施策改善調査報告書』.

徳間書店出版局［2012］『この国はどこで間違えたのか──沖縄と福島から見えた日本──』徳間書店.

日本原子力産業会議［1984］『地域社会と原子力発電所──立地問題懇談会地域調査専門委員会報告書──』.

平岡和久［2014］「原発立地地域の経済と財政──福井県おおい町を事例として──」『商学論集』第82巻第4号.

福井県［2009］『福井県の原子力　別冊　改訂第13版』.

─────［2014a］『福井県電源三法交付金制度等の手引き』.

─────［2014b］『市町財政要覧』.

福井県立大学地域経済研究所［2009］『電源立地自治体の財政運営を長期安定化させるため

の方策に関する調査研究』.

─────［2010］『原子力発電と地域経済の将来展望に関する研究　その1──原子力発電所立地の経緯と地域経済の推移──』.

─────［2011］『原子力発電と地域経済の将来展望に関する研究　その2──原子力発電所による経済活動の特性と規模──』.

─────［2012］『原子力発電と地域経済の将来展望に関する研究　その3──エネルギー・原子力政策の転換と立地地域の将来展望──』.

─────［2013］『原子力発電と地域経済の将来展望に関する研究　その4──原子力発電所立地地域からみた新しいエネルギーミックスと地域経済──』.

福島県［2014］『福島県における電源立地地域対策交付金等に関する資料』.

福島県エネルギー政策検討会［2002］『あなたはどう考えますか？──日本のエネルギー政策──電源立地県　福島からの問いかけ（中間とりまとめ）』.

福島民報編集局［2013］『福島と原発　誘致から大震災への五十年』早稲田大学出版部.

三好ゆう［2009］「原子力発電所と自治体財政──福井県敦賀市の事例──」『立命館経済学』第58巻第4号.

─────［2011］「原子力発電所所在地自治体の財政構造──福井県若狭地域を事例に──」『立命館経済学』第60巻第3号.

森裕之・岩本正輝［2013］「原発立地自治体の財政問題──福井県おおい町を事例に──」『季刊　自治と分権』第52号.

吉岡斉［2011］『新版　原子力の社会史──その日本的展開──』朝日新聞出版.

─────［2012］『脱原子力国家への道（叢書　社会と震災）』岩波書店.

# 索　引

《著者紹介》

井 上 武 史 (いのうえ　たけし)

1971年　生まれ
1993年　横浜国立大学経営学部卒業
　　　　敦賀市役所（税務・財政・企画部門勤務）
2001年　福井県立大学大学院経済・経営学研究科後期博士課程修了
現　在　福井県立大学地域経済研究所　准教授

**主要業績**

単著『地方港湾からの都市再生』晃洋書房，2009年．
単著『原子力発電と地域政策』晃洋書房，2014年．
共著『持続性あるまちづくり』創風社，2013年．

シリーズ 原子力発電と地域　第2巻

原子力発電と地方財政
——「財政規律」と「制度改革」の展開——

2015年3月20日　初版第1刷発行　　＊定価はカバーに表示してあります

著　者　井 上 武 史ⓒ
発行者　川 東 義 武
印刷者　出 口 隆 弘

著者の了解により検印省略

発行所　株式会社　晃 洋 書 房
〒615-0026　京都市右京区西院北矢掛町7番地
電話　075 (312) 0788番代
振替口座　01040-6-32280

ISBN978-4-7710-2594-3　　印刷・製本　㈱エクシート